化学工业出版社“十四五”普通高等教育本科规划教材

Organic Chemistry Experiment

有机化学实验

黄燕敏　主编
刘志平　谌文强　肖军安　副主编

化学工业出版社
·北京·

内容简介

《有机化学实验》共分为六章：有机化学实验基础知识、基本操作与实验技术、有机化学基础实验与性质实验、有机化学制备实验、有机化学创新实验和有机化学综合性实验。内容涵盖有机化学基本理论、基本操作、基础实验和创新性实验，并在基础实验中适当引入较前沿的实验内容，兼顾本科教学内容的基础性和完整性的同时，融入合成化学领域最新研究动态。

本书可用作高等院校化学、应用化学、高分子材料与工程、环境科学、环境工程、生物科学及化学相关专业教材，同时也可以供其他专业或相关实验人员参考。

图书在版编目（CIP）数据

有机化学实验/黄燕敏主编；刘志平，谌文强，肖军安副主编．—北京：化学工业出版社，2023.8（2025.2重印）

ISBN 978-7-122-43397-8

Ⅰ.①有…　Ⅱ.①黄…②刘…③谌…④肖…　Ⅲ.①有机化学-化学实验　Ⅳ.①O62-33

中国国家版本馆CIP数据核字（2023）第075031号

责任编辑：汪　靓　宋林青　　　文字编辑：刘志茹

责任校对：边　涛　　　装帧设计：史利平

出版发行：化学工业出版社（北京市东城区青年湖南街13号　邮政编码100011）

印　　装：三河市双峰印刷装订有限公司

787mm×1092mm　1/16　印张12¼　字数311千字　2025年2月北京第1版第3次印刷

购书咨询：010-64518888　　　售后服务：010-64518899

网　　址：http://www.cip.com.cn

凡购买本书，如有缺损质量问题，本社销售中心负责调换。

定　　价：35.00元

版权所有　违者必究

前言

党的二十大报告提出“深入实施科教兴国战略、人才强国战略、创新驱动发展战略”，教材作为教育目标、理念、内容、方法、规律的集中体现，是人才培养的重要支撑、引领创新发展的重要基础，必须紧密对接国家发展重大战略需求，不断更新升级，更好地服务于高水平科技自立自强、拔尖创新人才培养。我校化学专业自招生以来，一直使用五院校合编的《有机化学实验》教材，取得了很好的教学效果。随着国家、广西对创新人才及人才服务地方经济的需求，南宁师范大学决定编制与专业培养目标、地方经济发展需求更加匹配的有机化学实验教材，在保证有机化学基础知识完整的基础上，增加了创新实验和综合性实验，着力培养具有创新精神和自我发展能力的人才 。

本教材包括了六个方面的内容：第 1 章为有机化学实验基础知识；第 2 章为基本操作与实验技术；第 3 章为有机化学基础实验与性质实验；第 4 章为有机化学制备实验；第 5 章为有机化学创新实验；第 6 章为有机化学综合性实验。前 4 章主要叙述基本原理、基本操作，重在基础实验的训练，同时第 3 章有部分性质实验，主要是为了满足师范专业的需求。第 5 章主要将部分老师的科研成果引入本科教学，目的是在不断夯实基础实验知识的过程中，培养学生的创新意识和创新能力；第 6 章主要是培养学生独立解决实际问题的能力、组织管理能力和科研能力。本书共列入 56 个实验。

参与本教材编写的老师有：黄燕敏（第 1 章主要内容），刘志平（第 2 章 2.1～2.7 节、第 3 章实验 3-4～实验 3-6 和第 6 章实验 6-1 和实验 6-3），谌文强（第 2 章 2.8～2.13 节），肖军安（第 1 章部分内容、第 2 章 2.14～2.21 节、第 5 章、实验 6-2、实验 6-4 和部分附录），黄俊（第 4 章实验 4-16～实验 4-18），张远飞（第 3 章实验 3-16 和第 4 章实验 4-20～实验 4-24），展军颜（第 3 章实验 3-7～实验 3-9 和第 4 章实验 4-1～实验 4-5），朱其明（第 3 章实验 3-10～实验 3-12 和第 4 章实验 4-6～实验 4-10），贺益苗（第 3 章实验 3-13～实验 3-15、实验 3-17、实验 3-18 和第 4 章实验 4-11～实验 4-15），杜娟（第 3 章实验 3-19、第 4 章实验 4-25～实验 4-29 和部分附录），王巍（第 3 章实验 3-1～实验 3-3），尹民海（第 4 章实验 4-19）。全书由肖军安老师整理修改，谌文强和刘志平老师校订，黄燕敏老师最后定稿。谨此致谢。

本教材适用于化学一级学科下所有专业、环境类专业、材料类专业等。

由于我们的水平和编写时间均有限，不足之处恐难避免，敬请提出宝贵意见。

编者

2022 年 12 月于南宁师范大学

目录

第3章 有机化学基础实验与性质实验 75

第4章 有机化学制备实验 107

第1章

有机化学实验基础知识

1.1 有机化学实验安全常识

1.1.1 有机化学实验室规则

良好的实验素养是有机化学实验成功的关键。为了保证实验室安全和学生的人身安全，一定要培养良好的实验素养。

① 进入实验室前应该先对实验内容进行预习，了解实验设备的使用方法和实验药品的性质。

② 进入实验室前应当查看实验场地，了解消防器材、紧急淋浴装置和洗眼器所在区域及位置，了解火灾逃生通道及紧急撤离方向。如发生意外，能及时、妥善地进行处理。

③ 严禁将食物、水或其他私人物品带进实验室，严禁在实验室内饮食。

④ 进入实验室一定要穿好实验服，佩戴好护目镜。严禁穿高跟鞋、拖鞋、短裤或不束发进入实验室。

⑤ 实验过程中应该保持安静，不可大声喧哗、追逐打闹或者擅自离开，也不可玩手机。

⑥ 实验过程中应当遵从老师的安排，使用规定的试剂用量进行反应，不可擅自改变试剂用量，也不可擅自在实验室混配试剂或做其他与本次实验无关的实验。

⑦ 应该保持实验台面的清洁。使用过的无害固体垃圾应该倒入垃圾桶，有害固体垃圾应当单独存放和处理。液体废弃物应该倒入废液桶中进行集中处理。实验完成后用过的玻璃仪器一定要清洗干净并烘干后放入指定位置，经老师检查无误后方可离开。

⑧ 实验室值日生应该填写好实验室使用记录表、贵重仪器使用记录表，清理好垃圾，打扫实验室，清洁称量区域等公共区域，关好窗、门、通风橱，关闭仪器设备和总电源，确认无人且安全后方可离开。

⑨ 实验完成后应该及时、准确地填写实验报告，实验原始数据严禁涂改。实验报告应保持干净整洁且各部分填写完整。

1.1.2 实验事故的预防

1.1.2.1 火灾的预防

有机化学实验所用溶剂大多具有易燃性。在使用有机化学溶剂时应当先查阅、了解溶剂的物理化学性质。使用前应充分做好发生火灾的预案，做到有备无患。

（1）易燃溶剂的操作注意事项

① 使用易燃溶剂应远离火源。

② 请勿使用敞口玻璃仪器加热有机溶剂。

③ 使用易燃试剂时应该移开试剂瓶旁易燃溶剂，确定桌面清洁、安全后再在通风橱中取用。

④ 玻璃仪器组装后应仔细检查装置的气密性，防止实验过程中易燃有机蒸气泄漏引发爆燃。

（2）仪器设备的短路起火的预防

① 使用电炉加热烧杯时请勿将烧杯中水装太满，以防溢出烧杯造成电炉短路起火或烧坏设备。

② 实验室用电设备请勿过载。当用电负荷过大时保护器会关闭电源闸门，请仔细检查设备是否短路或过载。如用电负荷过载应该减少用电设备，切不可在没有老师指导下私自合上电闸强行使用设备。

③ 如发现设备插头或插头电线破损，应当及时报告并更换设备，防止触电或短路。

1.1.2.2 爆炸的预防

① 蒸馏、分馏、回流等装置一定要按照要求装配，绝对不能形成密闭体系。减压蒸馏时应当仔细检查玻璃仪器是否完好无损。有裂缝的玻璃仪器在减压蒸馏时容易发生爆裂。

② 玻璃装置搭建好后要仔细检查气密性。玻璃装置气密性不好容易发生有机蒸气泄漏，当达到有机蒸气的爆炸极限时容易发生爆炸。

③ 使用有爆炸危险的金属和金属盐时应当在通风橱中规范操作。例如镁粉、铝粉等在一定条件下容易引发粉尘爆炸，使用时附近绝对不能有火源，或做插拔电插头操作。用完的金属钠如果量较多应当放回原试剂瓶；少量的金属钠应该使用乙醇淬灭后再处理。称量易爆金属盐时应该使用牛角勺或塑料勺，绝对不能使用金属药勺或不锈钢刮刀。

1.1.2.3 中毒的预防

① 剧毒化学品应当按照要求规范管理，落实双人双锁管理及登记领用原则。实验完成后被剧毒化学品污染的物品应当妥善处理。

② 使用有毒、有害、刺激性和腐蚀性化学品时应该在通风橱中称量，并佩戴好防护用具。

③ 严禁在实验室饮食或将食物、水等带进实验室。实验后应该仔细清洗双手后再离开。

1.1.2.4 触电的预防

使用电器时不能用湿手或者湿的物品接触插座、插头以及其他带电设备。为了防止触电的发生，大型仪器设备应当接有地线。

1.1.3 实验事故的处理

（1）火灾

实验室一旦发生火灾，如果火势不大且在可控范围内，应当有序地组织人员参与灭火。

首先应当确定起火原因，才能选择正确的灭火方式灭火。

如果是电器起火，应该首先拉下电闸，切断电源，然后使用二氧化碳、四氯化碳或1211灭火器灭火。绝对不能使用水或泡沫灭火器灭火。

如果是有机物起火，对于油类化合物和有机溶剂，应该选择沙土、灭火器或灭火毯灭火，也可以撒上干燥的碳酸氢钠粉末。

对于密闭体系有机溶剂或有机物着火，可以选择石棉网、表面皿、蒸发皿或大烧杯封口，使其隔绝空气而熄灭。

对于衣物着火，切勿奔跑或快速走动，否则加速空气对流会增大火势。应该顺势在地上滚灭火源，或使用灭火毯盖灭。

当火势较大且已超出实验室常用灭火设备的灭火范围时，应当组织实验人员有序撤离并立即拨打火警电话。

（2）割伤

对于小范围割伤且并不严重，伤口也没有碎玻璃渣，可以先涂抹消毒水后再贴上创可贴。如果伤口处有玻璃渣，应该先清创后涂抹消毒药水再做处理。如果伤口较深且血流不止，应当先按压伤口压迫止血或在伤口上部10cm处绑上绷带后送医院就诊。

（3）灼伤

灼伤分为有机物灼伤和蒸气灼伤。对于蒸气灼伤，应该立即用大量的冷水冲洗或使用冰敷，然后涂上烫伤软膏，伤势较严重的应立即就医。

有机物灼伤分为强酸、强碱、液溴和其他化合物灼伤。

酸灼伤处理：如果被酸灼伤皮肤，应当立即用大量清水冲洗灼伤部位，然后用5%碳酸氢钠溶液洗涤后涂上软膏后再包扎处理。如果被酸灼伤眼睛，应当立即用洗眼器冲洗，然后送医院就诊。

碱灼伤处理：碱灼伤皮肤后可以先使用大量清水冲洗，然后使用10%硼酸水溶液或1%醋酸水溶液洗涤，涂上软膏后包扎处理。碱灼伤眼睛后应当先使用清水冲洗，然后送医就诊。

液溴灼伤处理：被液溴灼伤后可以在患处使用2%硫代硫酸钠溶液洗涤伤口至白色，然后用甘油按摩后包扎处理并送医诊治。

（4）烫伤

如果烫伤不严重，可以在烫伤处涂上烫伤软膏。较严重的烫伤则需要立即送医院诊治。

（5）中毒

如果是吸入性毒气中毒，应当将中毒者移至室外通风处，解开衣领及纽扣并拨打急救电话送医院就诊。

溅入口中的有毒化学品应当立即吐出并用大量的清水冲洗口腔。如已吞下应根据毒物性质服用解毒剂，并立即送医院就诊。

实验室水银温度计的水银球破裂后，应当尽量收集洒落在地上的水银珠集中回收处理，并就近撒上硫黄粉，使其形成低毒、不宜挥发的硫化汞，降低汞蒸气中毒风险。

1.1.4 常用实验室应急设备

实验室应急设备是实验室安全的有力保障。开始实验前应当熟悉并学会使用实验室应急设备。应急设备包括灭火器材、喷淋装置和急救药箱等。

（1）灭火器材

灭火器材包括灭火器、灭火毯、干沙土等。灭火器是有机化学实验室常备的高效灭火器材。其种类包括泡沫灭火器、干粉灭火器、二氧化碳灭火器、1211 灭火器等。目前有机化学实验室配备的灭火器主要以干粉灭火器和二氧化碳灭火器为主。

干粉灭火器是一种通用型的灭火器。它是依靠喷出的灭火粉末盖在燃烧物上形成阻碍燃烧的隔离层，以及粉末受热还会分解出不燃性气体，降低燃烧区中的含氧量来灭火的，适用于扑救油类、可燃气体、电器设备和遇水燃烧的物质的初期火灾。

二氧化碳灭火器以高压气瓶内储存的二氧化碳气体作为灭火剂进行灭火，二氧化碳灭火后不留痕迹，适宜于扑救贵重仪器设备、档案资料、计算机室内火灾，它不导电也适用于扑救带电的低压电器设备和油类火灾，但不可用它扑救钾、钠、镁、铝等物质火灾。

灭火器在使用前需要先拔掉保险栓，将灭火器喷头对准起火处再往下按压阀门，由外向内灭火。

(2) 喷淋装置

紧急喷淋装置是有机化学实验室装备的一种应急设备，包含淋浴装置和洗眼器，主要用于在紧急状态下冲洗身体及眼部。紧急喷淋装置通常安装在实验楼固定位置，而洗眼器也可安装在实验室水槽旁，方便紧急状态下使用。紧急喷淋装置应该每周测试其运行状况，确保在任何时候都能正常工作。

(3) 急救药箱

急救药箱是有机化学实验室必备的医疗设备。药箱内至少应当配备碘酒、双氧水、烫伤软膏、棉签、绷带、剪刀、纱布、橡胶管压脉带、镊子、消毒酒精、创可贴等常用医疗用品。急救药箱中的医疗用品使用后应当及时补充，以备后用。

1.2 化学试剂的分类与使用

1.2.1 化学试剂的分类

化学试剂数量繁多，种类复杂，按照其用途可分为一般试剂、基础试剂、高纯试剂、色谱试剂、生化试剂、光谱试剂和指示试剂。按照试剂的纯度分为四个等级，分别为：实验试剂、化学纯、分析纯及优级纯。此外，还有基准试剂、色谱纯试剂、光谱纯试剂等。有机化学实验室常用试剂通常为一般试剂，大多以纯度分级为主。

(1) 实验试剂

实验试剂为四级品，常以 LR 表示，其标签多为棕色或黄色。实验试剂含较多杂质，纯度比化学纯低，但比工业品纯度高，主要用于一般化学实验，不能用于分析化学实验。

(2) 化学纯

化学纯为三级品，常以 CP 表示，其标签颜色为蓝色。化学纯的杂质含量略高于分析纯，可用于一般的化学实验。

(3) 分析纯

分析纯为二级品，常以 AR 表示，其标签颜色为红色。分析纯的杂质含量较低，可用于分析实验和科研实验。分析纯是有机化学实验中使用最为广泛的一般化学试剂，它能满足一般的分析化学实验和有机化学实验。

(4) 优级纯

优级纯为一级品，常以 GR 表示，其标签颜色为绿色。优级纯的杂质含量极低，可用于精准的分析实验，并且可以作为基准物质。

1.2.2 化学试剂的使用

化学试剂在使用前应当仔细查看标签上的内容，了解试剂的分类，不要使用不符合纯度要求的试剂。化学试剂标签上都会标明试剂名称、纯度分类、物理性质相关信息以及试剂的潜在危险。对于标签不明或不全的试剂不要贸然打开使用。化学试剂在使用前应当先了解试剂的物理、化学性质，例如熔沸点、是否具有腐蚀性、刺激性，是否属于剧毒品、管制品等。不要在无人指导下使用不熟悉的化学试剂。下面列举一些实验室常用危险化学试剂及其使用注意事项。

（1）强腐蚀性试剂

实验室常用的强酸（例如浓硫酸、浓磷酸、浓盐酸、浓硝酸、三氟乙酸、甲基磺酸、对甲苯磺酸等），强碱（氢氧化钠、氢氧化钾、氢化钠、乙醇钠、叔丁醇钾等），强路易斯酸（无水三氯化铝、四氯化钛、四氯化锡等），液溴等都属于强腐蚀性试剂。在使用时一定要在通风橱中称量，且要戴好护目镜，必要时要佩戴防毒面具。

（2）刺激性试剂

大多数卤代烃都有极强的刺激性，尤其是卤代烃蒸气有极强的催泪性。因此在制备或使用卤代烃（例如溴乙烷、叔丁基氯、氯化苄、溴化苄、烯丙基溴等）时一定要在通风橱中进行，并且要佩戴好护目镜。

（3）剧毒品

氰化钠、叠氮化钠、氯甲酸甲酯、氯甲酸乙酯、二氧化硒、四氧化锇等都属于剧毒品。在使用时要仔细检查防护手套是否破损。盛放剧毒药品的玻璃仪器要仔细清洗干净，洗涤废水要单独收集处理。剧毒品的使用应当按照实验室特殊管制品管理和登记使用。

（4）其他管制品

其他管制品包括易制毒化学品和易制爆化学品。实验室常用的乙醚、甲苯、丙酮、高锰酸钾、哌啶等属于易制毒化学品，锌粉、金属钠、硼氢化钠、硝酸银、浓硝酸、重铬酸钠、双氧水、硝基甲烷、水合肼等属于易制爆化学品。上述试剂需要按照易制毒化学品和易制爆化学品管理要求双人双锁管理和登记使用。

1.3 有机化学实验常用仪器与使用

1.3.1 有机化学实验常用普通玻璃仪器

有机化学实验常用普通玻璃仪器如图 1-1 所示。普通玻璃仪器为非磨口玻璃仪器，或其磨口为非标准磨口，不能与标准磨口玻璃仪器适配。在使用时应当特别注意非标准磨口分液漏斗的玻璃塞和玻璃阀门只能与匹配的分液漏斗配合使用，不能用于其他分液漏斗。

1.3.2 有机化学实验常用标准磨口玻璃仪器

1.3.2.1 标准磨口玻璃仪器

标准磨口玻璃仪器采用国际标准制造。由于标准磨口玻璃仪器的大/小端口尺寸标准化、系统化，相同型号的标准磨口玻璃仪器之间可以相互组装且密封性好。不同型号的标准磨口玻璃仪器可以通过转接头连接。

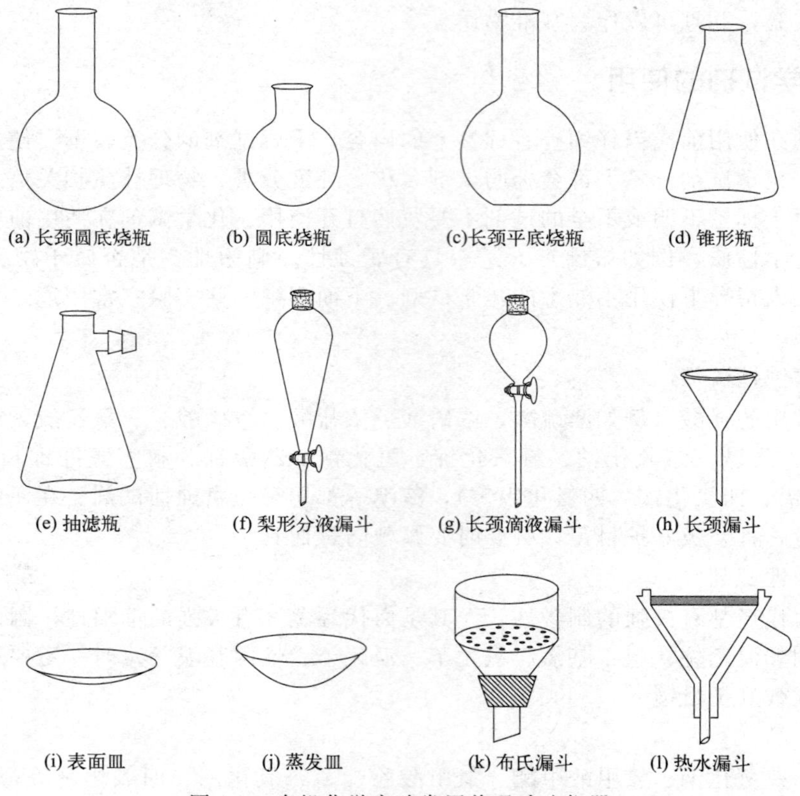

图 1-1　有机化学实验常用普通玻璃仪器

目前世界上磨口玻璃仪器采用的制造标准主要有美国标准和欧洲标准。我国标准磨口玻璃仪器执行的是国标 GB/T 15725.6—1995。根据玻璃仪器内/外径和磨砂面深度分为不同口径的玻璃仪器。常用的标准磨口玻璃仪器口径有 14＃、19＃、24＃、29＃、34＃、40＃和 50＃。玻璃仪器口径通过一组数字表示。例如 14＃、19＃、24＃和 29＃玻璃仪器口径通常为 14/20、19/22、24/40 和 29/42。每组口径数据前面的数字表示磨口大端的直径，后面的数字表示磨砂锥面的高度，单位为 mm（见图 1-2）。相同口径的标准磨口仪器可以组装在一起，例如 24 口圆底烧瓶（24/40 口径）可以与转接头小端 24/40 口径端口相互组装。

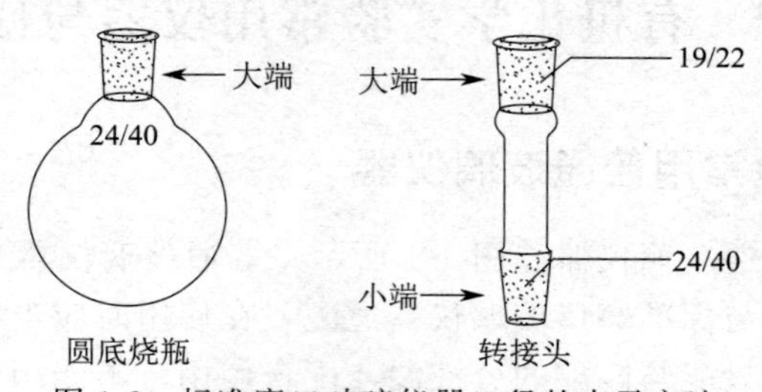

图 1-2　标准磨口玻璃仪器口径的表示方法

常用磨口玻璃仪器型号和大端内径见表 1-1。

表 1-1　常用磨口玻璃仪器型号和大端内径

型号	14＃	19＃	24＃	29＃	34＃	40＃
大端内径/mm	14.5	18.8	24	29.2	34.5	40
磨口高度/mm	20	22	40	42	45	48

1.3.2.2 标准磨口玻璃仪器简介

图 1-3 所示为有机化学实验常用的标准磨口玻璃仪器。

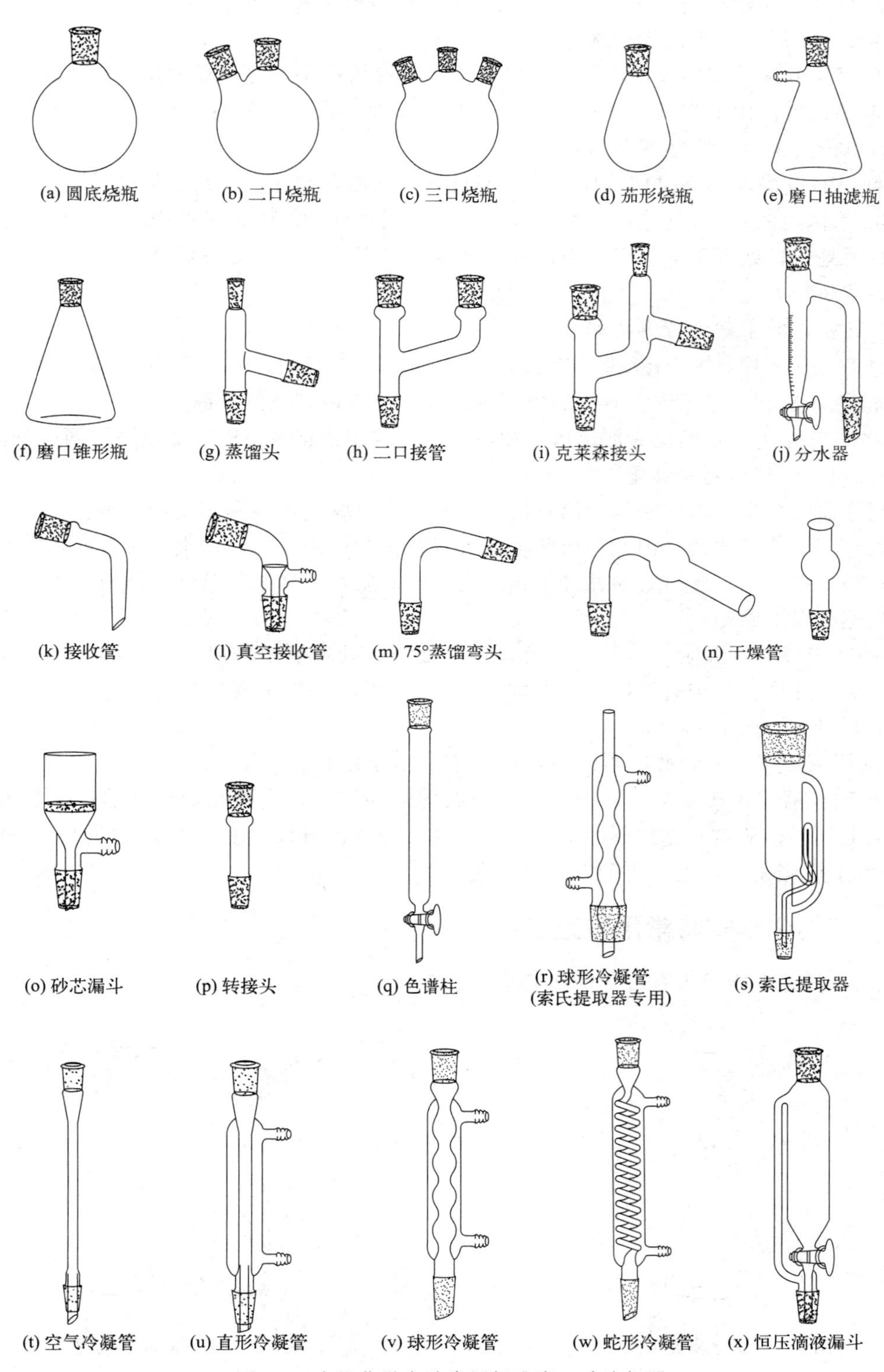

图 1-3 有机化学实验常用标准磨口玻璃仪器

1.3.2.3 磨口玻璃仪器使用注意事项

使用磨口玻璃仪器时应当注意以下事项：

① 磨口玻璃仪器在使用前应仔细检查是否破损或有裂痕。破损或有裂痕的玻璃仪器不要再继续使用，以免发生危险。

② 口径不匹配的玻璃仪器不要强行装配对接，应该使用合适口径的转接头转接。

③ 玻璃仪器使用前应当仔细检查磨口处是否干净。磨口处粘有灰尘、纸屑或有机物容易导致磨口位置密封不紧密或磨口粘连。

④ 涉及真空操作的磨口玻璃仪器应在磨口处涂抹高真空硅脂或凡士林以增强气密性。

除此之外，磨口位置粘连也是磨口玻璃仪器使用过程中较为常见的现象。磨口粘连发生的主要原因是磨口处不干净。出现磨口处粘连现象时不能使用蛮力硬拆硬拔，否则可能导致玻璃仪器破裂伤人。

磨口处粘连的正确处置方法如下：

① 可以使用木棒或木锥轻敲磨口连接处使其分离，切勿使用金属、玻璃或石头敲击磨口处。

② 将磨口处置于超声清洗器中超声一段时间，磨口两端自然分离。

③ 将磨口处使用吹风机或加热风枪加热，然后置于冰箱中急速冷却使磨口两端分离。

1.3.2.4 玻璃仪器的装配

玻璃仪器的装配在以气密性为第一准则的基础上兼顾美观性和实用性。装置的气密性好坏直接决定了实验的成败，因此在组装玻璃仪器装置时一定要反复检查装置各连接点是否连接紧密，必要时可以在磨口处涂抹凡士林或高真空硅脂，以增强气密性。同时，玻璃仪器的装配应当遵循以下原则：

① 铁夹夹持的位置应当尽量位于磨口连接处，此处玻璃壁较厚实，不易开裂。在某些情况下（例如蒸馏操作中直形冷凝管的固定），铁夹可以夹持在其他位置。此外，固定铁夹的十字夹开口应该向上。

② 选用玻璃仪器时，瓶中溶剂不要超过瓶子容量的1/2。

③ 玻璃仪器应该按照从下到上，从左至右的顺序装配。实验完毕后玻璃仪器的拆卸应该按照从上到下，从右到左的顺序。此外，玻璃仪器装置组装完成后还要尽量保持“横平竖直”，外观上应当是“横看一个面，竖看一条线”。

1.3.3 有机化学实验常用装置

图1-4～图1-8所示为有机化学实验常用装置。

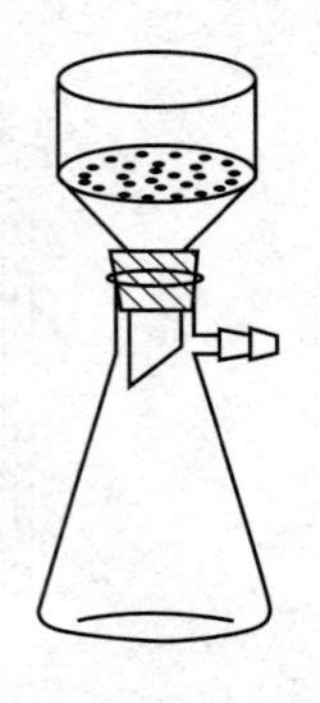

图1-4　抽滤装置示意图

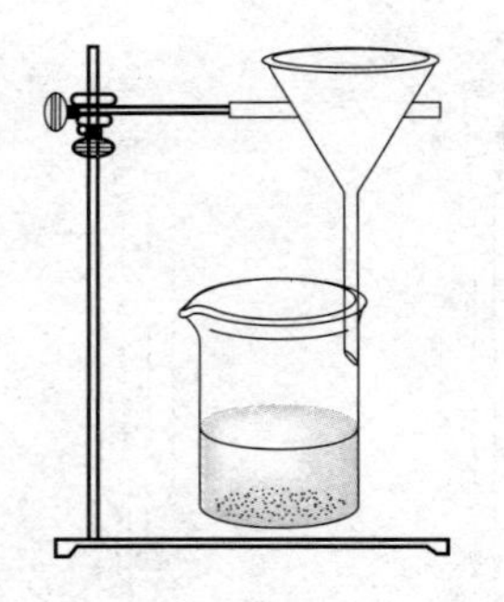

图1-5　过滤装置示意图

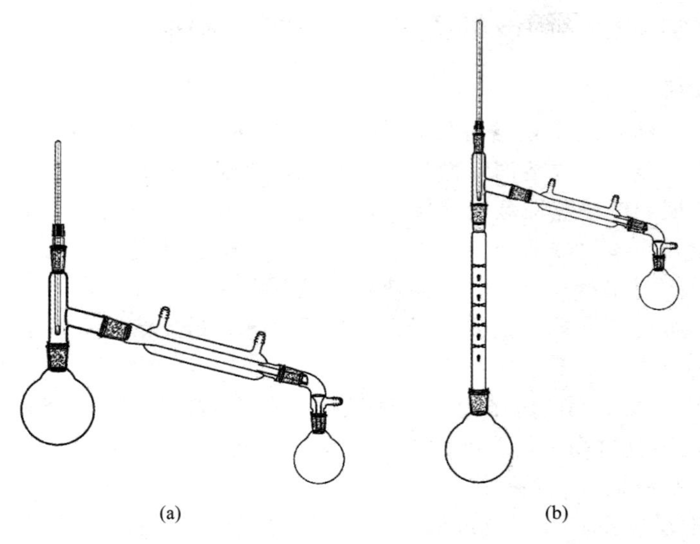

图 1-6　蒸馏装置（a）和分馏装置（b）示意图

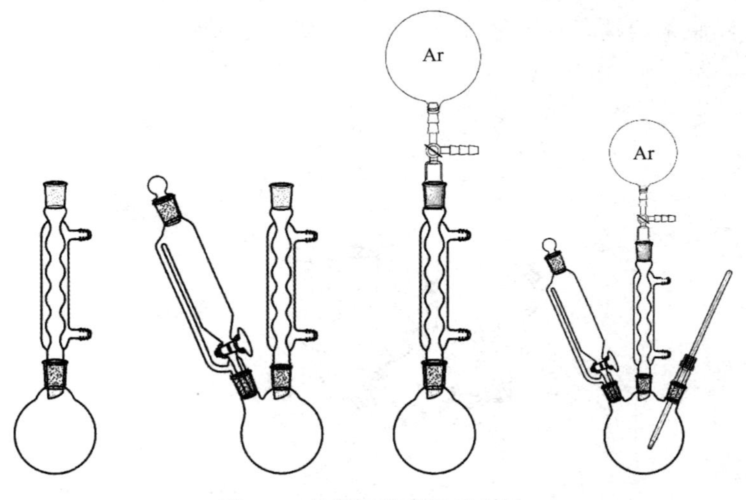

图 1-7　常用回流装置示意图

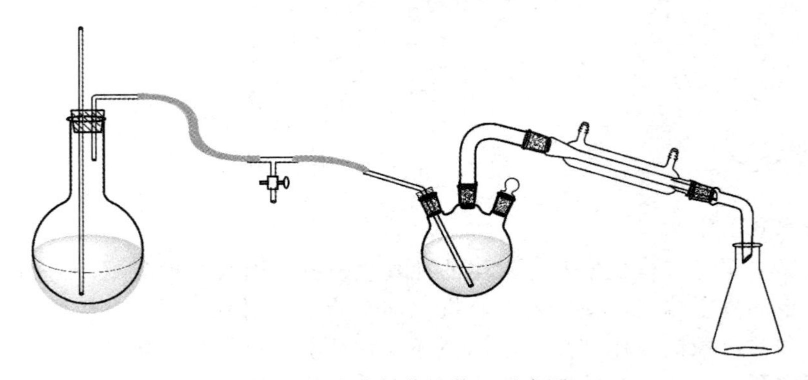

图 1-8　水蒸气蒸馏装置示意图

1.3.4 有机化学实验常用设备及其使用方法

（1）旋转蒸发仪

旋转蒸发仪，简称旋蒸仪，是有机化学实验室常用的减压蒸馏设备（见图 1-9）。由于其可以在常温下快速蒸发回收溶剂，而且操作简便，该仪器在有机化学实验室尤其是合成实验室中常用来代替玻璃减压蒸馏装置。旋蒸仪通常由冷凝管、溶剂接收瓶、变速器、蒸发瓶和水浴锅组成。此外，该仪器需与专用冷凝器和真空泵配合使用。其原理是变速器电机带动蒸发瓶旋转，此时溶剂在蒸发瓶内壁形成液膜。液膜在真空泵抽真空的减压环境中迅速蒸发形成溶剂蒸气，而溶剂蒸气被冷凝管冷凝重新形成溶剂，最后溶剂在溶剂接收瓶中汇聚。使用旋转蒸发仪时应当注意以下事项：

① 蒸发瓶中待蒸发溶剂的量不要超过蒸发瓶容量的 1/2，否则旋蒸时容易爆沸冲料。

② 变速器调速不宜过高，通常变速器设置旋转速度在 120 r/min 为宜。且蒸发瓶中待蒸发液体液面应当与水浴锅液面相平齐。

③ 水浴锅温度设置不宜过高或过低，应当根据待蒸发溶剂沸点确定水浴锅温度。例如蒸发乙醚或二氯甲烷等低沸点溶剂时，水浴锅温度设置 25～40℃为宜。而蒸发甲苯等高沸点溶剂时应当设置水浴锅温度为 50～60℃为宜。此外，水浴锅温度设置还因不同的真空泵而异。空气泵、隔膜泵的抽真空效果普遍比循环水式真空泵好，旋蒸时水浴锅设置温度应当适当降低。

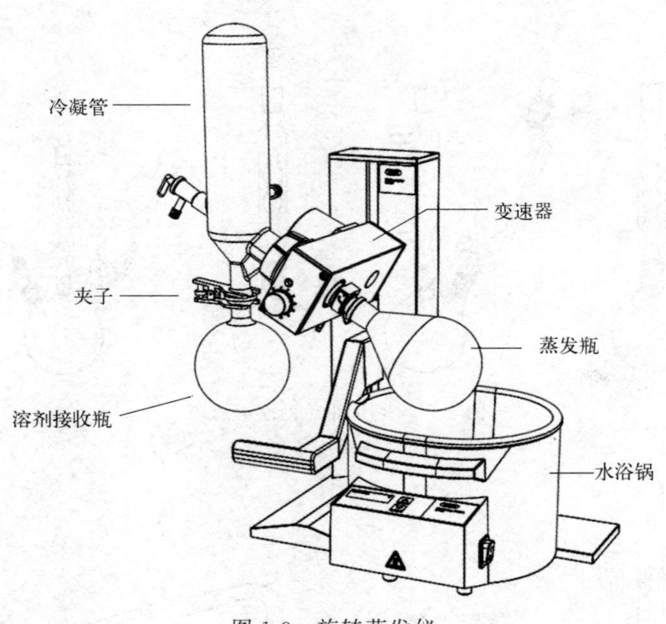

图 1-9　旋转蒸发仪

（2）循环水式真空泵

循环水式真空泵是有机化学实验常用的抽真空设备。因其结构简单、价格低廉、使用方便且能提供稳定的真空输出，该设备在有机化学实验中使用非常广泛。例如，有机化学实验室的抽滤操作和减压蒸馏操作都需要使用循环水式真空泵提供真空环境。该泵以水为工作介质。循环水真空泵的工作水与被压缩气体是一起排出的。因此水箱中工作水需用新的冷水连续补充，以保持稳定的温度和真空度。需要注意的是，循环水式真空泵长时间工作时水箱中的水温会升高，从而影响真空度。此时，可将进水软管与水源连接，溢水嘴作排水出口，适当控制自来水流量即可保持水箱内水温不升，使真空度稳定。

（3）磁力加热搅拌器

磁力加热搅拌器是有机化学实验常用的通用设备。其既可以加热也可以利用磁力进行搅拌，大大提高反应速率的同时又不产生明火。磁力搅拌器的搅拌功能需要配合特氟龙磁力搅拌子使用。在使用前应当在圆底烧瓶中加入合适大小的磁搅拌子，搅拌力度不宜过大或过小。

（4）气流烘干器

气流烘干器是一种高效的玻璃仪器烘干设备。其通过设备底部电热丝加热并产生高温热气流。高温热气流随后通过气流导管输送至玻璃仪器内部，借助于高温气流将玻璃仪器吹干。气流导管有不同型号，适合不同口径的玻璃仪器。使用时应注意不要将不适合的气流导管强行插入玻璃仪器内部，否则容易导致玻璃仪器破裂。

1.4 玻璃仪器的洗涤与保养

1.4.1 玻璃仪器的洗涤

干净的玻璃仪器是实验成功的关键。有机化学实验室中玻璃仪器大多是在公共实验室中分组共用，且有机化学实验往往需要用到不同种类的有机化合物，如果不及时清洗干净会给后续实验带来不利影响。因此，每次实验结束后清洗干净本组同学使用过的玻璃仪器并将其分类妥善存放是对实验人员的最基本要求。

有机化学实验中玻璃仪器的洗涤方式有很多种。常用的方式有使用洗涤剂、有机溶剂和洗液洗涤。有时会使用两种或多种方式依次洗涤，以保证玻璃仪器的洁净。

（1）洗涤剂

实验室常用的洗涤剂有洗衣粉、洗衣液和洗洁精等。洗涤剂只能清洗玻璃表面少量的有机物，而且对于大块板结性污垢去污能力较弱。使用洗涤剂之前应先用大量清水冲洗干净玻璃仪器内部的残留溶剂和污垢，然后加入洗涤剂和少量清水，使用合适大小的毛刷刷洗，最后使用清水反复冲洗玻璃仪器三次，直至内部无泡沫为止。

（2）有机溶剂

根据相似相溶原理，有机溶剂对有机化合物的溶解性较强，因此可以作为优良的去污溶剂。实验室常用乙醇、丙酮等水溶性有机溶剂作为玻璃仪器清洗溶剂。此外，二氯甲烷、乙酸乙酯等低沸点有机溶剂也可用于玻璃仪器的清洗。乙醇和丙酮由于沸点低、溶解性强，玻璃仪器经洗涤后能快速晾干，因此在有机化学实验中常用来清洗一些洗涤剂难以清洗的玻璃仪器。

（3）洗液

洗液是有机化学实验室常用的一类强力清洗剂。因其操作简单、可回收重复使用、清洗范围广等特点，在精密量具、精密玻璃仪器和一些常规有机溶剂、洗涤剂难以清洗的玻璃仪器洗涤方面具有优势。洗液按其种类可分为铬酸洗液和碱液。

铬酸洗液是一种强酸性洗液，其配制方法为：重铬酸钾 120 g，浓硫酸 200 mL，蒸馏水 1000 mL。先将重铬酸钾溶解在蒸馏水中，然后缓慢将浓硫酸在搅拌下加入上述溶液中。冷却后装入厚壁缸内，称为酸缸。新配制的铬酸洗液为棕红色。随着使用次数的增加，酸缸内水分逐渐增多。当溶液颜色变为绿色时，说明铬酸洗液已失效，需要重新配制。使用时注意需要将待清洗玻璃仪器完全浸入酸缸内铬酸洗液中，一段时间后捞出用大量清水冲洗干净即可。捞取和放置玻璃仪器时一定要戴好厚长筒橡胶手套。注意铬酸洗液具有强腐蚀性，不要溅到衣物和身上。

碱液是另一类强碱性洗液。碱液的配制方法是将适量固体氢氧化钠溶解于工业乙醇中，也可以根据需要调节氢氧化钠的浓度。碱液储存在厚壁塑料桶中，称为碱缸。碱液在配制时随着氢氧化钠的溶解会释放大量热量，因此氢氧化钠需要分批加入，防止过热乙醇挥发引起危险。随着使用次数的增加乙醇会不断挥发，在碱缸内壁也会析出白色氢氧化钠固体。当碱液清洗能力变差时需要重新配制。碱缸使用与酸缸类似，将玻璃仪器浸入碱液中一段时间，然后捞出用清水冲洗干净即可。碱液也具有强腐蚀性，使用时应当格外小心，不要将其溅到衣服或身上。

玻璃仪器清洗完成后玻璃内、外面应当没有明显可见的污渍，且表面附着一层均匀的液膜而不挂水珠。在清洗时应当注意玻璃仪器内、外面都得到彻底的清洗。

1.4.2 玻璃仪器的干燥

某些有机化学反应对水非常敏感，因此玻璃仪器的干燥尤为重要。玻璃仪器的干燥有自然晾干、烘干、吹干等方法。

(1) 自然晾干

使用清水洗涤之后的玻璃仪器常温下晾干需要较长时间。急用的玻璃仪器不建议使用自然晾干法。可以先用清水洗涤然后用无水乙醇或丙酮荡洗，这样能快速干燥玻璃仪器。

(2) 烘干

鼓风干燥箱能快速干燥玻璃仪器，这一方法是目前实验室最为常用的。干燥前将玻璃仪器分类摆放好后设置温度100～110℃，20～30 min即可烘干。注意烘箱中的玻璃仪器温度很高，一定要关闭烘箱一段时间，待稍冷却后再戴好耐火手套取出玻璃仪器。烘干前要注意需要先将橡胶塞、磨口玻璃塞、玻璃阀门等拆卸下来，再将玻璃仪器放进烘箱中烘干，以防粘连。

需要注意的是，并不是所有玻璃仪器都适合烘干。量器类玻璃仪器上有刻度或标线，烘干时热胀冷缩会导致精密量具的准确性变差。因此像量筒、移液管、刻度吸管、滴定管、容量瓶等精密量具不能使用烘干法干燥，只能自然晾干。

(3) 吹干

玻璃仪器也可以使用气流烘干器或吹风机吹干。吹风机热风能快速干燥玻璃仪器，适合急用的玻璃仪器。气流烘干器是一种能同时干燥多个玻璃仪器的烘干设备。其能够通过气流导管吹出常温或高温气流进入玻璃仪器内部，以达到快速干燥的目的。吹干前也可以先用乙醇或丙酮荡洗玻璃仪器，这样玻璃仪器能在5～10 min内快速完成干燥。

1.4.3 玻璃仪器的保养

某些玻璃仪器具有特殊结构，在使用和洗涤、干燥时应特别注意以防止损坏玻璃仪器。下面介绍几种常用玻璃仪器的保养方法。

(1) 温度计

实验室常用温度计有煤油温度计和水银温度计。水银温度计的水银球为银白色，煤油温度计通常为红色，两者较好区分。温度计通常保存在温度计套管中防止撞击破损，在使用和存放时应平取平放。此外，温度计绝对不能当搅拌棒使用，也不能测量超出其量程的温度。水银温度计中的水银有剧毒，水银球破裂之后应当及时报告，尽力收集颗粒较大的水银于水密封的瓶内，少量难收集汞需撒上硫黄粉，防止汞蒸气中毒。

（2）分液漏斗

实验室使用的分液漏斗分为标准磨口分液漏斗和普通非标磨口分液漏斗。非标磨口分液漏斗的玻璃塞和玻璃阀门不能互换使用。在使用前应当检查分液漏斗的密封性。使用完毕后洗涤干净并在磨口处垫小纸片塞好磨口塞，以防时间长了磨口粘紧打不开。

（3）恒压滴液漏斗

恒压滴液漏斗的支管非常细，在使用时应当轻拿轻放、小心存放，以防损坏。使用前应当装入待滴加液体检查其密封性。使用完毕后支管不易清洗，应当使用乙醇或丙酮充分润洗支管，不要使用毛刷刷洗支管。

（4）其他具有精细结构的玻璃仪器

韦氏分馏柱、索氏提取器等玻璃仪器具有精细结构，在取用和存放时应当特别注意不要损坏玻璃仪器。韦氏分馏柱内部有很多玻璃刺状物，绝对不能使用毛刷刷洗，否则玻璃刺脱落导致玻璃仪器不能使用。索氏提取器虹吸管非常细，极容易损坏。上述玻璃仪器在洗涤时尽量使用有机溶剂荡洗后烘干或吹干。

1.5　实验室废弃物的分类与处理

实验室废弃物是指在实验过程中产生的废弃物。按照性质可分为化学废弃物、生物废弃物和放射性废弃物。有机化学实验室的废弃物属于化学废弃物，按照其性质分为一般废弃物和危险废弃物，按照其状态又可分为气体废弃物、液体废弃物和固体废弃物。有机化学实验室的废弃物通常按照其状态分类存放和处理。有机废弃物成分复杂多样，又有一定的危险性，因此废弃物一定要分类存放并交由有资质的实验室废弃物处理公司统一处理，绝对不能随意丢弃。

（1）气体废弃物的处理

有机化学实验室气体废弃物通常在工业气体的使用过程中或化学反应中产生。在实验过程中应当尤其注意刺激性、危险性和有毒、有害气体的处理。例如，某些反应需要不间断通入氯化氢气体或氨气，多余的气体废弃物应该先通入气体吸收装置处理后再经通风橱抽走。某些有机反应在反应过程中会产生有毒、有害、刺激性气体，反应装置应该连接气体吸收装置处理后经通风橱排放。常见的气体吸收装置如图 1-10 所示。

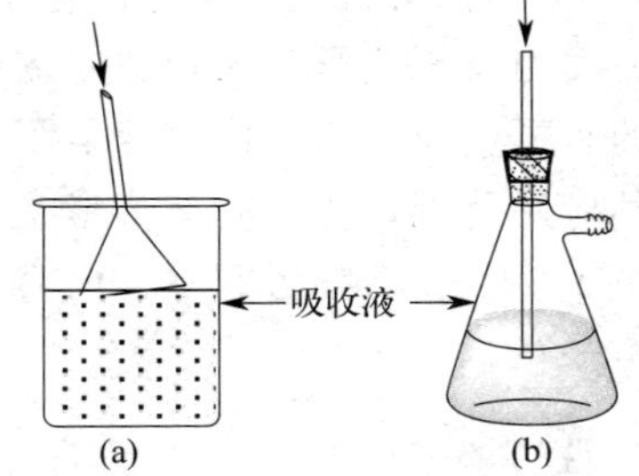

图 1-10　常见气体吸收装置

（2）液体废弃物的处理

液体废弃物也称为废液，是有机化学实验室中产生量较大、成分最为复杂的一类废弃物。按照其成分分为废水和有机废液。废水中含有微量的有机物和其他无机物，不含有大量强酸、强碱或其他无机物的废水通常经特殊的水管排放至废液处理装置处理后再排放。有机废液则需分类存放后交由有资质的废液处理公司处理。处理前应当贴好标签，写明其成分、存放时间、所属实验室及联系人，由专门的废液存储桶盛放，且每桶溶剂不要超过其容积的三分之二。

(3) 固体废弃物的处理

有机化学实验室固体废弃物按其性质可分为一般固体废弃物和特殊固体废弃物。一般固体废弃物可按一般固体垃圾处理。特殊固体废弃物，例如废弃试剂瓶、废弃注射器针头、废弃破损玻璃仪器、废弃固体试剂等需要分类处理。废弃试剂瓶在处理前应该清理干净瓶内试剂后再装箱交由专业公司回收处理。废弃注射器针头和废弃破损玻璃仪器属于危险固体废弃物，处理不当容易引起扎伤或割伤，这类废弃物应该装入特制容器中集中回收处理。例如废弃注射器针头应该装入特制铁罐中密封后交由有资质的公司处理。废弃固体试剂按照其成分是否明确分为有明确成分的废弃固体试剂和不明成分废弃固体试剂。废弃固体试剂绝对不能随意丢弃或自行处理，应该交由有资质的专业公司集中销毁处理。

1.6 有机化学文献检索与化学工具简介

1.6.1 工具书

(1)《Organic Reactions》

本书是由 John Wiley & Sons 公司出版的连续出版物。自 1942 年首次出版以来约每一年半出版一卷，每卷都由在本领域有极高造诣的有机化学家编撰。迄今为止一共收录 24 万个有机化学反应案例，书中也对反应机理及反应的应用范围做了详细的探讨，是有机化学领域最具参考价值的读物。目前最新的第 82 卷由 Scott E. Denmark 教授和 Larry E. Overman 教授编撰。

(2) e-EROS

有机合成试剂百科全书（e-EROS）是由 John Wiley & Sons 公司出版的一款收录有机合成试剂和催化剂性质及用途的百科全书式数据库，共收录近 5 万个有机反应和 3800 多种常用有机合成试剂。e-EROS 每年更新两次，可支持结构、试剂名称、反应类型、反应条件检索，每条记录收录有试剂的物理性质、谱图数据、制备与纯化方法以及参考文献等信息。

(3)《现代有机反应》

《现代有机反应》是由化学工业出版社出版的一套有机化学工具书。该书一共十卷，每一卷由有机化学领域权威专家编写。前五卷每卷包括 10 种反应，后五卷共涵盖了 45 个重要的有机反应类型，内容涵盖了有机化学领域重要的有机反应类型及其历史背景、反应机理及其应用范围，书后附有参考文献方便读者检索。该书制作了近万幅精美的图片和反应式，列举了 14000 条参考文献，内容上注重完整性和系统性，是有机化学领域工作者重要的中文参考书籍。

1.6.2 期刊

(1)《Chemical Reviews》

中文名“化学评论”，缩写为 *Chem. Rev.*，于 1924 年由美国化学会发行。此期刊只发表化学类综述性论文，且每年发文量非常少，而引用量却非常大。最新影响因子高达 60.6，常年处于化学类学术期刊影响因子榜首。

(2)《Nature Chemistry》

中文名“自然化学”，于2010年创刊，是一个专门发表综合化学领域最重要、最尖端研究工作的期刊。该期刊由Springer出版集团出版发行，论文出版模式为开放获取（Open Access，OA）模式。自创刊发行以来该期刊已发展成为综合化学领域最具影响力的顶级权威期刊之一。该期刊目前为SCI收录、中科院一区TOP期刊，最新影响因子为23.2。

(3)《Journal of the American Chemical Society》

中文名“美国化学会志”，缩写为*J.Am.Chem.Soc.*（JACS），于1879年创刊，是由美国化学会出版的化学、化学综合、材料类期刊，也是化学领域最老牌的顶级权威期刊之一。杂志主要发表具有高度原创性的成果且对文章的创新性要求极高。目前为SCI期刊、中科院一区TOP期刊，最新的影响因子为15.4。

(4)《Angewandte Chemie International Edition》

中文名“德国应用化学国际版”，缩写为*Angew.Chem.Int.Ed.*（ACIE），是1962年John Wiley & Sons Ltd出版的老牌化学综合类国际顶级权威期刊。*Angew.Chem.Int.Ed.*上收录的文章以简讯类为主，也收录综述类论文。简讯主要分布在有机化学、生命有机化学、材料学、高分子化学等领域，无机化学、物理化学涉及相对较少。收录的论文要求具有高度原创性。目前为SCI期刊、中科院一区TOP期刊，最新影响因子为15.3。

(5)《CCS Chemistry》

中文名“中国化学会会刊（英文版）”，是中国化学会独立创办的第一本国际杂志。该期刊于2019年创刊，旨在刊载变革性研究成果，成为化学领域的国际一流学术期刊，发表化学科学各个领域真正鼓舞人心的研究以及化学相关交叉领域的重要进展。CCS Chemistry收录文章类型分为通讯、小型综述和原始研究论文，有时也会发表高质量的长综述。该杂志为SCI收录期刊，目前尚未获得影响因子和分区。

(6)《Organic Letters》

中文名“有机化学通讯”，缩写*Org.Lett.*或OL，1999年由美国化学会第一次发行。OL自发行以来发展迅速并已赶超有机化学领域老牌权威期刊The Journal of Organic Chemistry（JOC），主要发表合成化学领域高度原创性成果，目前主编为Erick M. Carreira，该期刊为SCI期刊，同时也是中科院一区期刊，最新影响因子6.0。

(7)《Science China Chemistry》

中文名“中国科学：化学（英文版）”，创刊于1950年，是由中国科学院和国家自然科学基金委员会主办、《中国科学》杂志社出版的自然科学专业性、综合性学术刊物。《中国科学》任务是反映中国自然科学各学科中的最新科研成果，以促进国内外的学术交流。主要报道化学基础研究及应用研究方面具重要意义的创新性研究成果，涉及的学科主要包括理论化学、物理化学、无机化学、有机化学、高分子化学、生物化学、环境化学、化学工程等。目前的主编为万立骏，SCI收录期刊，最新的影响因子为10.13，为中科院一区期刊。

(8)《Science Bulletin》

中文名“科学通报”，是由中国科学院和国家自然科学基金委员会共同主办、《中国科学》杂志社出版的自然科学综合性学术刊物。致力于快速报道自然科学各学科基础理论和应用研究的最新研究动态、消息、进展，点评研究动态和学科发展趋势。该期刊为SCI收录期刊，目前主编为王恩哥，最新影响因子20.57，为中科院一区期刊。

（9）《Chinese Journal of Chemistry》

中文名“中国化学（英文版）”，由中国科协主管，中国化学会、中国科学院上海有机化学研究所主办。刊载物理化学、无机化学、有机化学和分析化学等各学科领域基础研究和应用基础研究的原始性研究成果，涉及物理化学、无机化学、有机化学、分析化学和高分子化学等。该期刊是目前国内最早以全英文形式出版的化学类学术期刊之一，目前为 SCI 收录期刊，最新的影响因子为 6.0，为中科院二区期刊。

（10）《有机化学》

创刊于 1975 年，是由中国科学院主管，中国化学会、中国科学院上海有机化学研究所主办的学术期刊。主要刊登有机化学领域基础研究和应用基础研究的原始性研究成果，设有研究专题、综述与进展、研究通讯、研究论文、研究简报、学术动态、亮点介绍等栏目。本刊由中国科学院院士陈庆云任名誉主编、中国科学院院士丁奎岭任主编。

（11）《高等学校化学学报》

由教育部主管，吉林大学和南开大学主办的化学学科综合性学术期刊（中文/月刊），目前由吉林大学于吉红院士任主编，以研究论文、研究快报和综合评述等栏目集中报道我国高等院校和各科研院所在化学学科及其相关的交叉学科、新兴学科、边缘学科等领域所开展的基础研究、应用研究和重大开发研究所取得的最新成果。

（12）《化学教育》

创刊于 1980 年，是由中国科学技术协会主管，中国化学会和北京师范大学主办的国家级化学教育类学术期刊，全国中文核心期刊，美国化学文摘（CA）收录源期刊。读者群涵盖中学化学教师与学生，大学化学教师、大学生、研究生，广大的化学教育工作者和化学爱好者。杂志主要发表化学教育领域内的改革动态和研究成果、化学教育的新理论和新观念、化学教育教学改革新经验以及化学学科的新成就和新发展相关论文。

1.6.3 化学软件

（1）ChemBioDraw

ChemBioDraw 是已故著名有机化学家 David A. Evans 教授联合 Stewart Rubenstein 于 1985 年开发的一款结构式绘图软件，最初名为 ChemDraw。随后的几十年里由美国 CambridgeSoft 公司逐步开发完善并发展成为 ChemBioOffice 系列软件。ChemBioDraw 作为 ChemBioOffice 核心工具之一，是一款专业的化学结构绘制工具，它是为辅助专业学科工作者及相关科技人员的交流活动和研究开发工作而设计的。它给出了直观的图形界面，开创了大量的变化功能，只要稍加实践，便会很容易地绘制出高质量的化学结构图形。ChemBioDraw 在世界范围内应用极为广泛，现已成为化学工作者必备工具和交流语言之一。

（2）Origin

Origin 是由 OriginLab 公司开发的一款科学绘图、数据分析软件，支持在 Microsoft Windows 下运行。Origin 支持各种各样的 2D/3D 图形。Origin 中的数据分析功能包括统计、信号处理、曲线拟合以及峰值分析。Origin 拥有强大的数据导入功能，支持多种格式的数据，包括 ASCII、Excel、NI TDM、DIADem、NetCDF、SPC 等。Origin 既可以满足一般用户的映射需求，也可以满足高级用户数据分析和功能拟合的需求。图形输出格式多样，例如 JPEG、GIF、EPS、TIFF 等。

（3）MestRe Nova

MestRe Nova 是 Mestrelab Research SL 公司推出的一款核磁数据处理软件。该软件主要应用于核磁、HR-MS及GC/LC-MS数据的处理分析。MestRe Nova具有核磁共振数据处理、视觉化和分析高解析度核磁共振资料等功能，在Microsoft Windows平台下功能强大。该软件用户界面友好，适应性强。软件还提供了大量的转换工具，支持绝大部分核磁共振的数据格式，并且有常规的处理、显示和绘图功能，支持将核磁数据导出为PDF、JPEG、GIF、TIFF等格式。

（4）NoteExpress

NoteExpress是北京爱琴海软件公司开发的一款专业级别的文献检索与管理系统，其核心功能涵盖“知识采集，管理，应用，挖掘”的知识管理的所有环节，是学术研究、知识管理的必备工具。NoteExpress是国内最专业的文献检索与管理软件。其支持多种文件导入方式并支持题录信息智能更新。同时该软件也支持附件关联功能和笔记功能，方便科研工作者随时查看文献题录信息和正文附件以及笔记。该软件可嵌入Microsoft Word环境使用，通过NoteExpress的Word插件在文档中输出各种格式化的参考文献信息，极大地提高了教学、科研工作者的参考文献编辑与插入效率。

（5）Diamond

Diamond是德国波恩大学Crystal Impact GbR公司开发研制的一款晶体结构可视化专业软件。该软件通过加载CIF文件创建晶体结构模型，并通过多种形式（例如线状图、球棍图、热椭球图、晶体堆积图等）展示晶体模型，同时可以对不同原子进行颜色变换和标记编号。

1.6.4 文献检索工具

（1）SciFinder

SciFinder是美国化学学会（ACS）旗下的化学文摘服务社CAS所出版的《Chemical Abstract》化学文摘的在线版数据库学术版。目前各高校使用最广泛的是网络版化学文摘SciFinder Scholar。网络版SciFinder Scholar基于IP进行访问，用户只要在高校IP范围内即可在网页登录窗口登录使用，不限制用户并发数，也不需要另外安装应用。SciFinder整合了Medline医学数据库、欧洲和美国等近50家专利机构的全文专利资料以及化学文摘1907年至今的所有内容。它涵盖的学科包括应用化学、化学工程、普通化学、物理学、生物学、生命科学、医学、聚合体学、材料学、地质学、食品科学和农学等诸多领域。可以通过网络直接查看“化学文摘”1907年以来的所有期刊文献和专利摘要，以及六千多万的化学物质记录和CAS注册号。它支持多种先进的检索方式，比如关键字、化学结构式和化学反应式检索等。

（2）Reaxys

Reaxys数据库是由爱思唯尔（Elsevier）公司出品的一个专为帮助化学家更有效地设计化合物合成路线而开发的新型工具，为CrossFire Beilstein/Gmelin的升级产品。Reaxys将贝尔斯坦（Beilstein）、专利化学数据库（Patent）和盖墨林（Gmelin）的内容整合为统一的资源，包含了2800多万个反应、1800多万种物质、400多万条文献。全面升级的网络版Reaxys改变了原有CrossFire的客户端访问模式，成为基于网络访问的工作流模式。用户只要在有效IP范围内，在网络浏览器输入Reaxys网站就可以直接进入数据库。Reaxys提供大量有机合成、药物化学、生物化学和生命科学的权威信息，它将化学反应和化合物数据检索与合成线路设计功能完美地无缝对接，使科技检索工作更加高效、精准。

(3) 中国知网

中国知网始建于1999年6月，是中国核工业集团资本控股有限公司控股的同方股份有限公司旗下的学术平台。国家知识基础设施（National Knowledge Infrastructure，NKI）的概念，由世界银行于1998年提出。CNKI工程是以实现全社会知识资源传播共享与增值利用为目标的信息化建设项目。通过与期刊界、出版界及各内容提供商达成合作，中国知网已经发展成为集期刊、博士论文、硕士论文、会议论文、报纸、工具书、年鉴、专利、标准、国学、海外文献资源为一体的具有国际领先水平的网络出版平台。

1.7 实验预习与实验报告

1.7.1 实验预习

为了使实验能达到较好的实验效果，防止因误操作导致实验失败，实验开始前进行充分的预习是非常必要的。有机化学实验持续时间长、操作烦琐，实验预习能帮助理清实验步骤和实验顺序，理解实验目的、实验内容和注意事项。因此，实验开始前一定要对下列内容进行预习：

① 实验目的和意义；

② 实验内容和实验步骤；

③ 实验装置及实验用到的玻璃仪器；

④ 反应式、投料量；

⑤ 实验过程中可能的副产物；

⑥ 产物的物理、化学性质；

⑦ 各操作的目的与意义。

1.7.2 实验报告

实验报告是记录原始实验数据和实验过程的第一手资料。一份好的实验报告应该保持实验报告干净、整洁，没有涂改和缺损，各实验板块填写、记录完整。实验报告应当每人一份装订成册，以防丢失或损毁。实验报告是记录教学活动的重要档案之一，课程完成后需上交统一存档。一份完整的实验报告除了包含实验基本信息外，还应该包含以下几个部分：

一、实验目的与要求

二、实验原理

三、主要试剂及常数

四、实验装置图

五、实验步骤与现象记录

六、数据处理

七、问题回答与总结

实验报告的每个部分都应该在实验完成后认真填写完整，不能留空。附录5附有实验报告示例，仅供参考。

（黄燕敏、肖军安编写）

第2章 基本操作与实验技术

2.1 称　　量

称量操作是有机化学实验的常用操作，按照操作对象的状态分为“称”和“量”。通常固体化合物和黏稠状物使用“称”取操作，液体化合物使用“量”取操作。不同的操作其操作要点和适应场景不同，需要根据样品的状态、特点以及实验要求选择合适的称量操作。

2.1.1 称取操作

实验室进行称取操作最常用的设备是电子天平。根据天平精度分类，可分为0.1g、0.01g、0.001g和0.1mg精度电子天平。在使用时应根据实验要求选用合适的电子天平。例如，称量4.3g样品宜使用0.1g精度电子天平，称量10.5mg样品宜使用0.1mg精度分析天平（万分之一天平）。

在进行样品称取操作时应当注意以下几个问题：

① 称取操作必须使用专用称量纸，切不可使用滤纸、报纸、打印纸或者笔记本纸张进行称取操作。

② 称取时应使用药匙少量多次添加样品。

③ 有刺激性气味或易挥发样品应当在通风橱中进行称取。

2.1.2 量取操作

液体化合物应使用合适量程的量筒进行量取。进行量取操作时应该在通风橱中进行，并佩戴好护目镜。对于某些易挥发、刺激性样品和剧毒品，必要时应佩戴防毒面具进行量取操作。

使用量筒进行量取操作时，视线应当与液体凹液面最低处相平齐［图2-1(c)］。如果俯视则读数偏大［图2-1(a)］，如果仰视则读数偏小［图2-1(b)］。

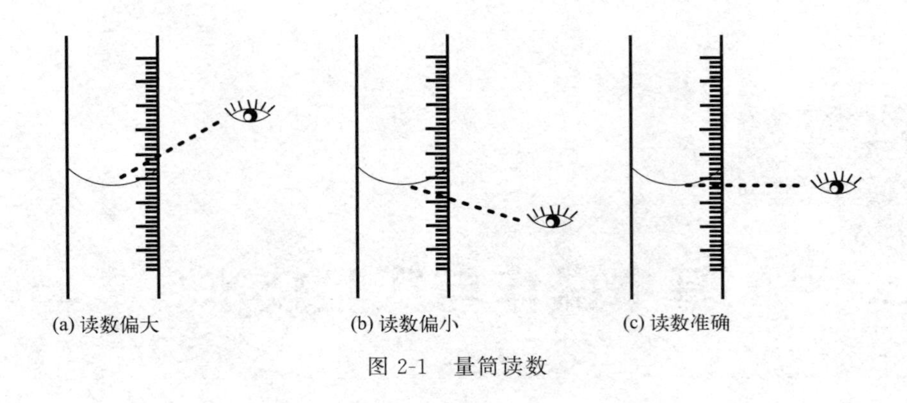

图 2-1　量筒读数

2.2　加热与冷却

2.2.1　有机化学实验常用加热方法

有机反应的速率往往与温度有直接的关系。温度每提高 10℃，反应速率会提高 2～4 倍。为提高化学反应速率，常需要在加热的条件下进行。此外，有机化学实验中的基本操作如重结晶、提取、回流、蒸馏、升华等都要用到加热。

加热可分为直接加热和间接加热。直接加热包括酒精灯加热、电热套加热、电炉加热等，这种加热温度不均匀，安全性较差，适宜于不需搅拌且无低沸点溶剂的情况。有机化合物大多能燃烧，因此应避免使用明火直接加热。为保障受热均匀，有机化学反应一般使用间接加热法，其传热介质有空气、水、有机液体、沙子、金属等。从安全角度考虑，有机化学实验中涉及的绝大多数加热操作（水为溶剂除外）必须将有机溶剂置于烧瓶中，采用电热套或浴液间接加热，以避免事故的发生。

（1）电热套

电热套是石棉或玻璃纤维包裹着电热丝织成帽状的加热器，具有升温快、加热温程广、操作简便、无明火的优点，是有机化学实验中一种简便、安全的加热装置。电热套是电热丝不外露的封闭式电炉，不属于明火加热，加热温度用调压变压器控制，最高温度可达 400℃左右。

初次使用电热套时，套内有白烟和异味冒出，颜色由白色变为褐色再变成白色属于正常现象，因玻璃纤维在生产过程中含有油质及其他化合物，应在通风橱加热数分钟无异味后再使用。在使用电热套加热时，可让受热烧瓶与电热套之间保持 3～5 cm 间隙，注意调节和控制温度，防止瓶壁过热使得样品被烤焦。使用电热套时应注意加热前一定要将温度传感器插入套内，否则加热失控，轻者加热过度导致反应失败，重者损坏设备或引发火灾。此外，还应防止化学试剂进入电热套而对其造成腐蚀。电热套使用完毕后套内仍有余热，注意不要将插头、电线缠绕放入电热套内，以防烧坏插头、电线等。

（2）水浴

当加热的温度在 80℃以下时，可以使用水浴对反应进行加热。具体操作是将容器浸入装有适量水的广口容器（如水浴锅或烧杯）中，利用水为传热介质进行加热，注意容器不要触及水浴容器底部，也不能把水浴锅烧干。水浴加热操作方便、使用安全，但水浴加热不适宜于要求无水操作的实验，也不能用于涉及金属钾、钠等活泼性金属的反应。使用水浴加热时，水浴液面应略高于容器中待加热样品的液面。如果加热温度稍高于100℃，可选择用适当的无机盐的饱和水溶液作为热浴液，其沸点见表2-1。

表2-1 某些无机盐类饱和水溶液的沸点

盐类	饱和水溶液沸点/℃
NaCl	109
$MgSO_4$	108
KNO_3	116
$CaCl_2$	180

(3) 油浴

油浴加热与水浴加热原理相同，只是导热介质不同。常用的油浴介质包括液态石蜡、植物油、甘油和甲基硅油等。

① 甘油：可加热到140～150℃，温度过高时会分解。

② 植物油：如菜籽油、花生油，可加热到220℃，常加入1%的对苯二酚，增加油在受热时的稳定性。

③ 石蜡油：可加热到200℃，温度稍高并不分解，但较易燃烧。

④ 甲基硅油：无色、无味、无毒的难挥发液体，属于聚硅氧烷类高分子化合物，性质稳定，透明性和安全性好，在300℃下长时间加热而不变黑不发烟，是实验室常用油浴液之一。

使用油浴时油量不宜过多，一般约放入油浴锅容量的1/2。停止加热时，将烧瓶提离油浴液面，待烧瓶外壁黏附的油流尽后，再用布或纸将黏附瓶壁的油擦净。

(4) 沙浴

沙浴可加热至350～400℃。常用铁盆盛装干燥的细沙，将容器半埋在沙中，底部沙层应较薄，以利于传热，四周沙层较厚，以利于保温，适合于加热温度大于220℃者。

(5) 金属浴

金属浴是一种采用高纯铝材料为导热介质以代替传统介质的装置。金属浴有很多类型，常见的有干式恒温金属浴和恒温金属浴。干式恒温金属浴将导热介质铝合金制成固定穴孔大小的托盘，可直接将待加热容器置于穴内。恒温金属浴将铝合金制成导热微球置于铝合金浴锅中，可放置任意形状的加热容器，使用非常方便。

与其他加热方式相比，金属浴具有加热/冷却速度快、加热范围广、导热介质损失少、使用安全可靠等优点。

2.2.2 有机实验常用冷却方法

有机化学反应中，为了增加反应的稳定性，减少副反应的发生，常需要对反应进行冷却。此外，在回流、重结晶操作以及在制备低沸点化合物中为了减少产物挥发损失，也需用到冷却。冷却剂是根据冷却温度和产生的热量来决定的，常用的冷却剂有以下几种。

① 水：水廉价且高热容量，一般蒸馏、回流冷却循环均用水冷却。

② 冰-水混合物：用水和碎冰混合，冷却效果比单纯冰块冷却好，可冷却至0～5℃。

③ 冰-盐混合物：使用碎冰和无机盐按照不同比例混合做冷却剂，可冷却至－18～－5℃。一般按照碎冰盐质量比3∶1的比例，将盐均匀撒在碎冰上，边加边搅拌，防止碎冰

结块。常见冰-盐混合物的冷却温度见表2-2。

表2-2 冰-盐混合物的质量比及冷却温度

盐名称	盐的质量配比	冰的质量配比	冷却温度/℃
NaBr	66	100	−28
NH_4NO_3	45	100	−16.8
$NaNO_3$	50	100	−17.8
$CaCl_2$	100	246	−9

④ 干冰：干冰是固体的二氧化碳，气化时由于吸热而具有冷却效果。使用时干冰与乙醇、异丙醇、丙酮、乙醚和氯仿等有机溶剂混合，可冷却到−78℃。

⑤ 液氮：液氮凝固点−196℃，冷却温度可达−190℃。冷却时不可让玻璃仪器骤然降低，否则玻璃仪器会炸裂。取用液氮时必须戴手套和护目镜，防止冻伤或玻璃仪器炸裂刺伤。不能使用水银温度计测温，需要使用专用的低温温度计。

2.3 搅拌与回流

2.3.1 搅拌

反应过程中为使反应物混合得更均匀，避免因局部浓度过大或温度过热而导致其他反应发生或有机物分解，有利于反应体系的平稳进行，操作中需进行不间断搅拌操作。搅拌操作不但可以较好地控制反应温度，同时也能缩短反应时间和提高反应产率。

（1）机械搅拌

机械搅拌系统由支架、电机、调速变压器、搅拌棒组成。搅拌的强度是通过调节变压器的电压来实现的。搅拌棒通常是用玻璃加工而成，与电机的转轴连在一起。启动搅拌系统前，首先将调速旋钮调至最小，然后方可打开电源开关。启动时，缓慢加快搅拌速率至合适的速率。在搅拌过程中要随时注意搅拌棒的转动情况，防止搅拌棒因转速过高而振断或从电机上脱落。使用完毕后必须将调速旋钮调至最小。

机械搅拌速度快，强度大，但安装麻烦。搅拌过程中搅拌棒会不可避免地震颤，可能导致玻璃搅拌棒在快速转动中断裂，因而具有一定的潜在危险。因此，在非均相反应的一般搅拌中，电磁搅拌已逐步代替了机械搅拌，一般用于处理高黏度反应物或产物。此外，在某些不适应于磁力搅拌的情况下，例如铁粉还原反应中使用机械搅拌效果要好于磁力搅拌。

（2）磁力搅拌

磁力搅拌器是利用垂直固定于电机转轴上旋转的条形磁铁带动玻璃容器里的磁力搅拌子转动来工作的。搅拌磁棒的中心是一根磁条，其外层包裹热稳定性和化学稳定性的聚四氟乙烯（特氟龙），以保证磁条不会被腐蚀。磁力搅拌子一般为5～50 mm，形状有橄榄形、圆柱形、圆柱带节形和三角形，可根据反应瓶大小和用途选择适合大小和形状的磁力搅拌子。

磁力搅拌使用方便，噪声小，搅拌力强，调速平稳，适合于多数化学反应的搅拌。

2.3.2 回流

许多有机反应和操作需要在一定温度下进行长时间的加热，为防止反应物和溶剂蒸气的溢出，常采用回流操作。回流装置包括加热和冷却两个功能单元，受热液体在烧瓶中汽化，然后在冷凝管中冷却液化流回烧瓶中。有机化学实验室常用的冷凝管有空气冷凝管、直形冷凝管、球形冷凝管和蛇形冷凝管。蒸馏、分馏沸点小于 130℃的有机化合物冷凝用直形冷凝管，蒸馏沸点大于 130℃的有机化合物冷凝可用空气冷凝管。球形冷凝管冷却效果远好于直形冷凝管，因此回流装置宜选用球形冷凝管，低沸点溶剂也可选用直形冷凝管进行回流操作。在加热回流时，回流的速率应控制在冷凝管中溶剂的汽液界面不高于冷凝管高度的 1/3。

实际操作中，根据反应需要回流操作分为多种形式（图 2-2）。如图 2-2(a）是普通加热回流装置，图 2-2(b）是带滴液功能加热回流装置，图 2-2(c）为带氩气保护的无水无氧加热回流装置，适用于对空气和水敏感的实验。图 2-2(d）为带滴液和测温功能的无水无氧加热回流装置。

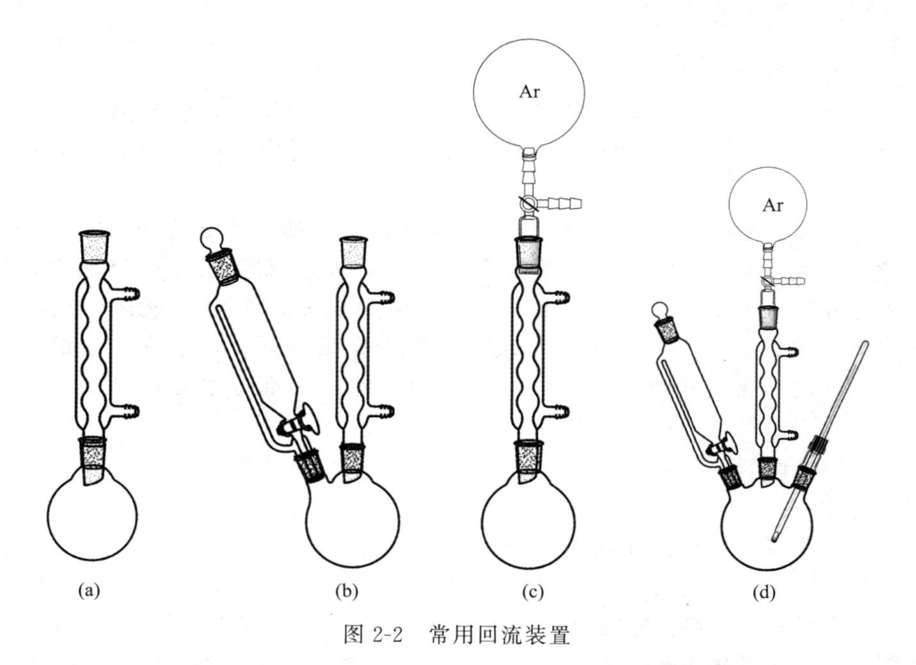

图 2-2　常用回流装置

回流加热前应先放入沸石，以防止暴沸。若已使用磁力搅拌，回流时不需再加沸石。进行回流操作时，应先将冷凝管中通入冷却水，然后加热，冷却水下进上出，水流速度应能保持蒸气得到充分冷却为宜。需要注意的是，除带氩气保护的回流操作外，其他回流操作都不能在密闭体系中进行，以防蒸气压过大导致装置炸裂，甚至导致爆炸。

2.4　干　　燥

干燥是除去固体、液体或气体中少量水分或有机溶剂的方法。干燥方法按原理可分为物理方法和化学方法两种。

2.4.1　干燥的分类

（1）物理方法

物理干燥方法有烘干、晾干、吸附、共沸蒸馏和冷冻干燥等。烘干、晾干主要适用于性质稳定且不易挥发的试剂，常用的设备有干燥器、干燥箱、真空干燥箱、红外干燥箱等。吸附多用于液态试剂中少量水分的去除，常用的干燥剂有分子筛、离子交换树脂等。含水分较多的溶剂常用分馏和共沸的方法处理，主要是通过水分和试剂沸点或物理性质差异较大而分离。冷冻干燥主要用于高温条件下不稳定试剂中水分的去除。

（2）化学方法

化学方法干燥是通过干燥剂与水发生化学反应而除去水。按其化学反应是否可逆，可将干燥剂分为两类。第一类干燥剂能与水可逆地结合生成含不同数目结晶水的化合物，其特点是干燥容量大，干燥效能差，不能去除全部水分，如硫酸钠、硫酸镁、氯化钙、浓硫酸、碳酸钾等；第二类干燥剂能与水发生不可逆的化学反应而生成一个新的化合物，如金属钠、五氧化二磷、氢化钙等，其特点是干燥容量小，干燥效能好。

2.4.2 液体有机物的干燥

（1）干燥剂的选择

干燥剂应选择与被干燥的液体有机化合物不发生化学反应，包括溶解、络合和催化作用的，例如酸性化合物不能用碱性干燥剂等。此外，还应考虑干燥剂的吸水容量和干燥效能。

干燥效能是指达到平衡时液体被干燥的程度，常用吸水后结晶水的蒸气压来表示。水蒸气压愈低，则干燥效能愈强，干燥得愈彻底。如硫酸钠形成 10 个结晶水，蒸气压为 260 Pa；氯化钙最多能形成 6 个结晶水，水蒸气压为 39 Pa。因此，硫酸钠的吸水容量较大，但干燥效能弱，而氯化钙吸水容量较小，但干燥效能强。在干燥含水量较大而又不易干燥的化合物时，常先用吸水容量较大的干燥剂除去大部分水分，再用干燥效能强的干燥剂进行干燥。

（2）常用的干燥剂

① 无水氯化钙

无水氯化钙能与水形成氯化钙的水合物（30℃以下，$CaCl_2 \cdot 6H_2O$），吸水容量较大，价格便宜，是实验室中使用最为广泛的干燥剂之一，但其干燥速度较慢。它适用于烃类、卤代烃、醚类等有机物的干燥。它能与醇、酚、胺、酰胺、酮和某些醛、酯等有机物形成络合物，不适用于上述有机物的干燥。由于 $CaCl_2$ 中可能含有少量 $Ca(OH)_2$，因此也不宜用于酸性有机物的干燥。

② 无水硫酸镁

无水硫酸镁与水可形成 $MgSO_4 \cdot 7H_2O$ 的水合物（48℃以下），吸水容量较大，干燥速度快，价格便宜，并且它不与各类有机物以及酸性物质起反应，可用于各类有机物的干燥。当不能用无水氯化钙干燥时，大多用它来代替。

③ 无水硫酸钠

无水硫酸钠可与水形成 $Na_2SO_4 \cdot 10H_2O$ 的水合物（32℃以下），吸水容量大，但干燥效能较弱，一般用于液体的初步干燥。它不与各类有机物和酸性物质起反应，使用范围较广。

④ 无水碳酸钾

无水碳酸钾与水形成 $K_2CO_3 \cdot 2H_2O$，干燥速度慢，干燥效能弱，一般用于水溶性醇、酮的初步干燥，但不能用于酸性物质的干燥。

⑤ 金属钠、钾

醚、烷烃、芳烃和叔胺类有机化合物用无水氯化钙或无水硫酸镁处理后，仍有微量水分时，可加入金属钠、钾（切成薄片）除去，但不能用于醇、酯、酸、卤代烃和醛酮等易与钠钾起反应或易被还原的有机化合物的干燥。各类液态有机化合物的常用干燥剂见表 2-3。

表 2-3 各类液态有机化合物的常用干燥剂

液态有机物	适宜干燥剂
醚、烷烃、芳烃	$CaCl_2$，钠，P_2O_5
醇类	$MgSO_4$，Na_2SO_4，K_2CO_3
酮类	$MgSO_4$，Na_2SO_4，K_2CO_3
酸类	$MgSO_4$，Na_2SO_4
酯类	$MgSO_4$，Na_2SO_4，K_2CO_3
卤代烃	$CaCl_2$，P_2O_5，$MgSO_4$，Na_2SO_4
胺类	K_2CO_3，CaO，KOH，NaOH

（3）常用的用量

干燥剂只适合于干燥少量水分。水分含量较大时，干燥效果不好，在瓶底易形成干燥剂的泥浆。因此萃取时应尽量将水层分净，这样干燥效果好，产物损失少。干燥剂应适量，干燥剂用量不足达不到干燥的目的，用量大则易吸附造成液体的损失。操作时，一般投入少量干燥剂到液体中，进行振摇，如出现干燥剂附着器壁、干燥剂形成黏稠浆状物或相互黏结，则说明干燥剂用量不够，干燥没有彻底，应再添加干燥剂。如投入干燥剂后出现水相，则必须用吸管将水吸出，然后再添加新的干燥剂。

干燥前，液体呈浑浊状，经干燥后变澄清，这可简单作为水分基本除去的标志。一般干燥剂的用量为每 10 mL 液体需 0.5～1 g，需根据含水量、干燥剂类别、干燥剂颗粒大小、干燥时温度等因素确定。

（4）液体有机化合物干燥操作

液体有机化合物的干燥一般在干燥的锥形瓶内进行。按照条件选定适量的干燥剂投入液体里，振荡片刻、静置，使水分全被吸去。若干燥剂用量太少，致使部分干燥剂溶解于水时，用吸管吸出水层，再加入新的干燥剂，放置一定时间，至液体变澄清、干燥剂不粘连不团聚为止。然后过滤进行后续操作。

2.5 过 滤

过滤是常用固液分离方法，常用的有常压过滤、热过滤和减压过滤三种。一般无机水溶液的固液分离采用常压过滤或减压过滤。接近饱和溶液的固液分离采用热过滤或减压过滤。

（1）常压过滤

常压过滤装置如图 2-3。过滤时使用长颈漏斗配合滤纸进行。将漏斗放在铁圈上，下放一洁净的烧杯，使烧杯内壁与漏斗管尖端紧贴。将玻璃棒对着漏斗中三层滤纸的一边，但不接触滤纸。沿玻璃棒移入待分离的溶液，每次倒入的溶液最多不超过滤纸锥体高度的 2/3。

（2）减压过滤

减压过滤又称“抽滤”，是利用循环水真空泵产生负压，配合抽滤瓶和布氏漏斗进行快速过滤的一种过滤操作（图 2-4）。与常压过滤相比，减压过滤（抽滤）具有速度快、效率高、操作简便的特点。

减压过滤前的准备工作：减压过滤之前准备好大小合适的滤纸（一般用中速定性滤纸，常用的有7cm、9cm、11cm和12.5cm直径滤纸）。滤纸要与布氏漏斗口的大小匹配，如过大则需要对滤纸进行修剪，修剪好的滤纸要略小于漏斗内径，并盖住所有的孔洞。漏斗安装时，布氏漏斗下方的斜口要远离吸滤瓶的支管口（漏斗的斜口与抽滤瓶的支管口相对），以免滤液被抽入支管。漏斗下部的橡皮塞插入吸滤瓶内的部分不得超过塞子高度的2/3。用少量蒸馏水润湿滤纸，用橡胶管连接吸滤瓶和真空泵，先开动真空泵，使滤纸紧贴在漏斗底部，然后使用玻璃棒引流进行减压过滤。抽滤完成后应先拔下与真空泵相连的橡胶管，确认无人正在使用真空泵后再关泵，防止倒吸。

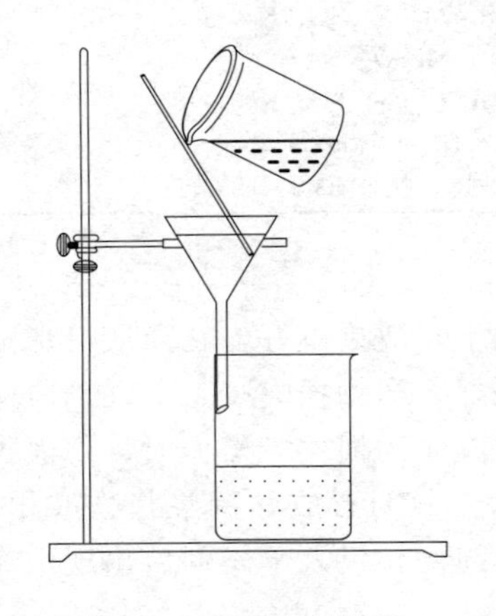

图2-3　常压过滤装置

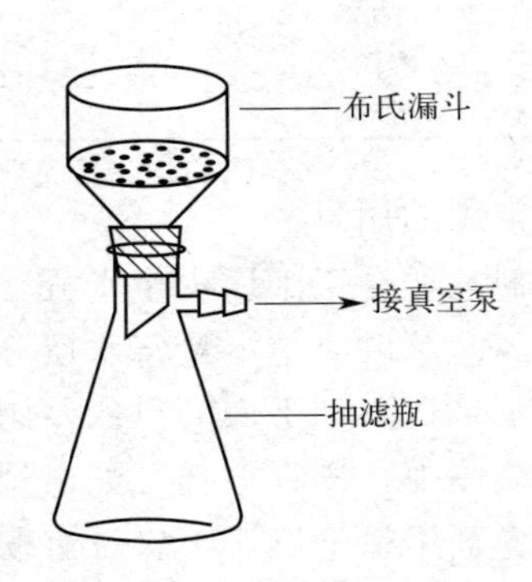

图2-4　抽滤装置

(3) 热过滤

当分离含不溶性杂质的饱和或接近饱和的溶液时，使用常压过滤时间较长，溶液的急速冷却会导致产物析出，因此不能使用常压过滤操作。此时，热过滤能有效减少溶剂挥发，防止溶液过冷析出产物。热过滤的原理是利用酒精灯加热热水漏斗，使热水漏斗保持一定温度。热过滤可以减少过滤过程中待过滤溶剂的挥发和产物的析出（见图2-5）。

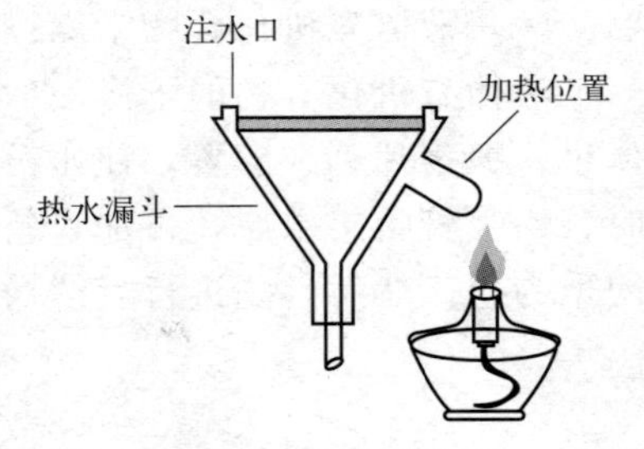

图2-5　热过滤装置

热过滤常用铜制热水漏斗配合菊花形滤纸来完成快速过滤，以避免漏斗下部管颈遇冷而析出结晶。使用菊花形滤纸表面积增大，待过滤液体与滤纸的接触面积大大增加，其过滤效率比普通对折两次的滤纸高。热水漏斗具有中空结构，顶部有两个开口用来注入蒸馏水和通气，侧旁有侧管用来使用酒精灯加热，使过滤时漏斗保持在较高的温度，防止待过滤溶液饱和析出晶体。

图2-6为菊花形滤纸的折叠方法。将滤纸对折，然后再对折成四份；将2与3对折成4，1与3对折成5，如图(a)；2与5对折成6，1与4对折成7，如图(b)；2与4对折成8，1与5对折成9，如图(c)。这时，折好的滤纸边全部向外，角全部向里，如图(d)；再将滤纸反方向折叠，相邻的两条边对折即可得到图(e)的形状；然后将图(e)中的1和2向相反的方向折叠一次，可以得到一个完好的折叠滤纸，如图(f)。在折叠过程中应注意：所有折叠方向要一致，滤纸中央圆心部位不要用力折，以免破裂。

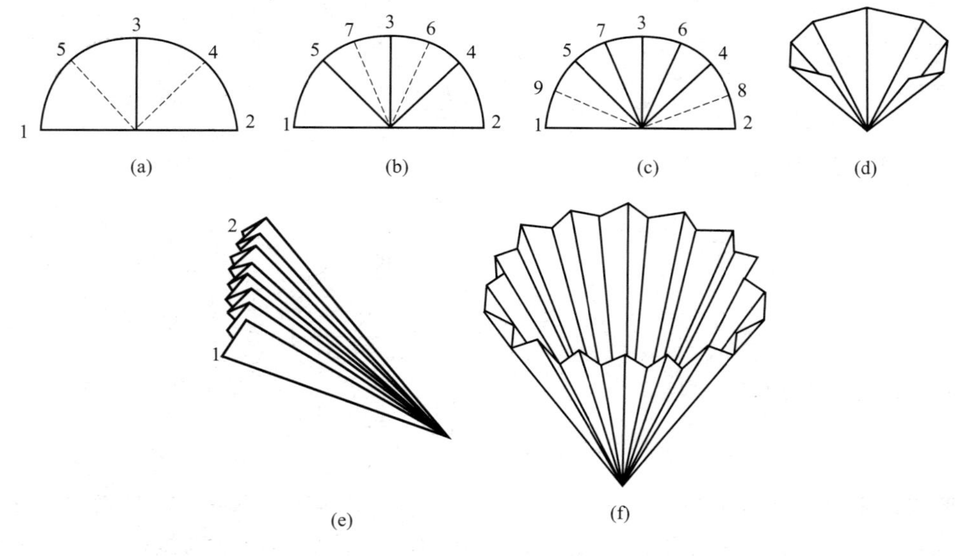

图 2-6 菊花形滤纸折叠方法

2.6 萃 取

萃取是提取或提纯有机物的常用方法之一，是利用待萃取物在两种互不相溶的溶剂中溶解度或分配比的不同，使其从一种溶剂转移到另一种溶剂中，从而与混合物分离的过程。应用萃取可以从液体或固体中提取出所需要的物质，也可以洗去混合物中的少量杂质，通常称前者为“抽提”或“萃取”，后者为“洗涤”。

2.6.1 液液萃取

液液萃取次数取决于有机物在两种互不相溶溶剂中的分配系数，而且遵循“少量多次”的原则，一般为 3～5 次。萃取后将各次萃取液合并，加入适当的干燥剂进行干燥，然后蒸去溶剂，所得有机物视其性质可再用蒸馏、重结晶等方法进一步提纯。

(1) 液液萃取的原理

设溶液为有机化合物 X 溶解于溶剂 A 而成，现要从其中萃取 X，可选择一种对 X 溶解度极好，而与溶剂 A 不相混溶和不发生化学反应的溶剂 B。将溶液放入分液漏斗中，加入溶剂 B，充分振荡。静置后，由于 A 与 B 不相混溶，故分为两层。此时 X 在 A、B 两相间的浓度比，在一定温度下为一常数，叫做分配系数，以 K 表示，这种关系叫做分配定律。用公式来表示：

$$\frac{\text{X 在溶剂 A 中的浓度}}{\text{X 在溶剂 B 中的浓度}}=K(\text{分配系数})$$

设：V 为原溶液的体积，m_0 为萃取前化合物的总量（质量），m_1 为萃取一次后化合物的剩余量，m_2 为萃取二次后化合物的剩余量，m_n 为萃取 n 次后化合物的剩余量，V_e 为萃取溶液的体积。经一次萃取，原溶液中该化合物的浓度为 m_1/V，而萃取溶液中该化合物的浓度为 $(m_0-m_1)/V_e$；两者之比等于 K，即

$$\frac{\frac{m_1}{V}}{(m_0-m_1)/V_e}=K$$

$$m_1=m_0\frac{KV}{KV+V_e}$$

同理，经二次萃取后，则有

$$\frac{\frac{m_2}{V}}{(m_1-m_2)/V_e}=K$$

$$m_2=m_1\frac{KV}{KV+V_e}=m_0\left(\frac{KV}{KV+V_e}\right)^2$$

因此，经 n 次提取后：

$$m_n=m_0\left(\frac{KV}{KV+V_e}\right)^n$$

当溶剂一定时，在水中的剩余量越少越好。而上式中 $KV/(KV+V_e)$ 总是小于 1，所以 n 越大，m_n 就越小。即把溶剂分成数份做多次萃取比全部量的溶剂做一次萃取效果更好（上面公式适用于几乎与水不相溶的溶剂）。

注意：分配定律是假定所选用的溶剂 B，不与 X 发生化学反应时才适用的。依照分配定律，要节省溶剂而提高萃取效率，用一定体积的溶剂一次加入溶液中萃取，则不如将这个体积的溶剂分成几份作多次萃取好。

（2）萃取剂的选择

萃取时溶剂的选择是萃取操作的关键，直接影响到萃取操作能否进行，对萃取产品的产量、质量和过程的经济性也有重要的影响。选择萃取剂应考虑的原则有：①萃取剂对被萃取物质有很大的溶解度，而对非萃取组分或杂质有较小的溶解度；②萃取剂与溶液的溶剂不互溶或微溶，两溶剂的密度差异明显；③溶剂与混合物不起化学反应；④萃取后溶剂便于用常压蒸馏回收；⑤价格低廉，毒性小，不易着火。

（3）萃取操作方法

液体的萃取一般在分液漏斗中进行，操作时选择容积比溶液体积大 1～2 倍的分液漏斗。具体操作过程如下：

① 分液漏斗使用前加水检查是否漏液，确认不漏液后方可使用。

② 将漏斗放在铁圈中，关好活塞，并在漏斗颈下面放一个锥形瓶，分别将要萃取的溶液和萃取剂自上而下倒入漏斗中，塞紧上口的塞子。用右手食指末节将分液漏斗上端玻璃塞顶住，再用大拇指、食指和中指握住漏斗，左手握住漏斗活塞处，大拇指压紧活塞，上下振摇分液漏斗，每振摇几次后，将漏斗的上口向下倾斜，下部支管指向斜上方无人处，用拇指和食指缓慢打开活塞，释放出因振摇产生的气体，以平衡内外压力（图 2-7）。重复操作 2～3 次，使两不相溶的液体充分接触，提高萃取的效率。

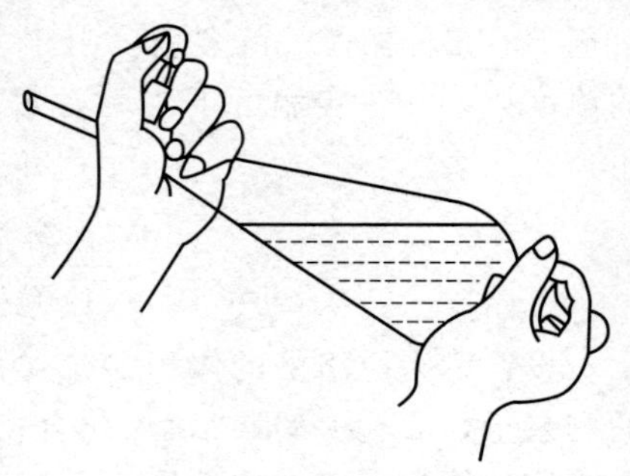

图 2-7　分液漏斗振摇示意

③ 再将分液漏斗放回铁圈中静置，待两层液体完全分开后，缓缓打开活塞，将下层液体从下端口处放出。

放出下层液体时先快后慢，待两液界面接近活塞时，关闭活塞再静置片刻，下层液体会略有增多，再将下层液体缓慢放出。

④ 然后将上层液体从分液漏斗的上口倒出，切不可将上层液体经下端口放出，以免被漏斗活塞以及颈部所附着的残液污染。

需要注意的是，对于配套非标准磨口玻璃塞和玻璃阀门的分液漏斗，其玻璃塞和玻璃阀门与该分液漏斗可以匹配使用，但不能将其用于匹配其他分液漏斗，否则会密封不严导致漏液。

2.6.2 固液萃取

(1) 固液萃取原理

从固体混合物中萃取所需的物质，最简单的方法是把固体混合物先研磨，再用适当溶剂浸泡，然后用过滤或倾析的方法把萃取液和残留固体分开。也可以把固体混合物放在有滤纸的锥形玻璃漏斗中，用溶剂洗涤，所需的物质可以溶解在溶剂中而被滤取出来。

(2) 索氏提取器

当萃取的物质溶解度很小时，用洗涤的方法要消耗大量的溶剂和很长的时间，一般用索氏提取器来完成萃取。索氏提取器由提取瓶、提取管和冷凝管三部分组成（见图 2-8）。它利用溶剂回流及虹吸原理使固体物质每次都被纯的热溶剂所萃取，减少了溶剂用量，缩短了提取时间，提取效率较高。

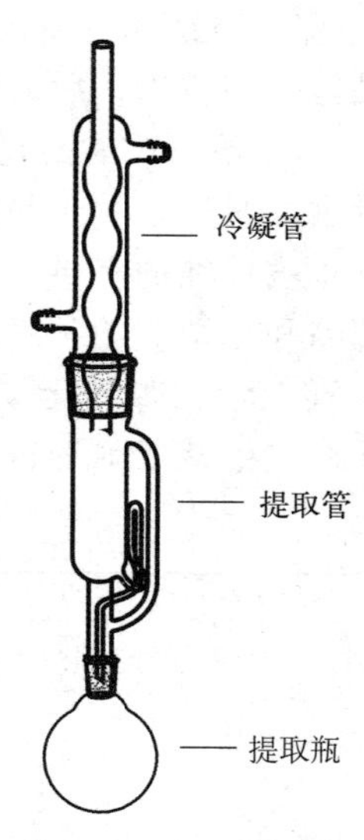

图 2-8　索氏提取器

萃取前，先将固体物研细，以增加溶剂的浸溶的面积。然后将研细的固体物质装入滤纸筒内，滤纸筒直径略小于提取管内径，其高度不得高于虹吸管最高处。将滤纸筒置于提取管内，提取瓶内盛溶剂与提取管相连，提取管上端接冷凝管，溶剂受热沸腾，其蒸气沿提取管侧管上升至冷凝管冷凝为液体后滴入滤纸筒内，并浸泡滤纸筒内样品。当液面超过虹吸管最高处时，抽提筒内液体利用虹吸原理回到提取瓶内，从而萃取出溶于溶剂的物质。如此重复多次，把要提取的物质富集于提取瓶内。提取液经浓缩除去溶剂后，即得到产物，必要时再用其他方法进一步纯化。

2.7 重　结　晶

有机化学反应合成的目标化合物往往含有少量未反应完的原料、副产物或其他杂质。杂质的存在会影响目标产物的物理化学性质，因此需要进一步纯化。重结晶是有机化学中分离、纯化固体化合物的重要方法之一，因其溶剂用量少、纯化后产物纯度高、操作简便等特点在有机化学实验中应用极为广泛。

2.7.1 重结晶原理

重结晶是利用被提纯物和杂质的溶解度不同而进行的一种分离纯化方法。绝大部分有机化合物的溶解规律一般是温度升高，溶解度增大。若将固体溶解在热的溶剂中达到饱和，冷却时由于溶解度降低，溶液变成过饱和状态而析出晶体。利用溶剂对被提纯物质及杂质的溶解度不同，可以使被提纯物质从过饱和溶液中析出，而让杂质全部或大部分仍留在溶液中（若在溶剂中的溶解度极小，则配成饱和溶液后被过滤除去），从而达到提纯的目的。

2.7.2 溶剂的选择

选择适宜的溶剂是重结晶提纯法的关键之一。适宜的溶剂应符合下述条件：

① 不与被提纯物质发生化学反应。例如，脂肪族卤代烃类化合物不宜用作碱性化合物结晶和重结晶的溶剂；醇类化合物不宜用作酯类化合物结晶和重结晶的溶剂，也不宜用作氨基酸盐酸盐结晶和重结晶的溶剂。

② 被提纯的有机物应易溶于热溶剂中，而在冷溶剂中几乎不溶或溶解度较小。

③ 对杂质的溶解度非常大或者非常小（前一种情况是使杂质留在母液中不随被提纯物晶体一同析出；后一种情况是使杂质在热过滤时被滤去）。

④ 溶剂的沸点适中。若沸点过低时，溶解度改变不大，难以结晶，且操作也较难。沸点过高时，附着于晶体表面的溶剂不易除去。一般所选择溶剂的沸点应高于60℃，但为了防止被提纯的有机物随着溶剂流出，溶剂的沸点至少低于被提纯物质的熔点10℃。应用于结晶和重结晶的常用溶剂有：水、甲醇、乙醇、异丙醇、丙酮、乙酸乙酯、氯仿、冰醋酸、二氧六环、四氯化碳、苯、石油醚等。此外，甲苯、硝基甲烷、乙醚、*N*,*N*-二甲基甲酰胺、二甲基亚砜等也常使用。表2-4列出一些常用的重结晶溶剂及其性质。

表 2-4　常用的重结晶溶剂

物质名称	沸点/℃	相对密度	极性	物质名称	沸点/℃	相对密度	极性
水	100	1	很大	环己烷	80.8	0.78	小
甲醇	64.7	0.792	很大	苯	80.1	0.88	小
95%乙醇	78.1	0.804	很大	甲苯	110.6	0.867	小
丙酮	56.2	0.791	小～中	二氯甲烷	40.8	1.325	中
乙醚	34.5	0.714	中	乙酸乙酯	77.1	0.901	中

N,*N*-二甲基甲酰胺和二甲基亚砜的溶解能力强，当找不到其他适用的溶剂时，可以使用。但往往不易从溶剂中析出结晶，且沸点较高，晶体上吸附的溶剂不易除去。

乙醚虽是常用的溶剂，但是若有其他适宜的溶剂，最好不用乙醚。因为一方面由于乙醚易燃、易爆，使用时危险性特别大，应特别小心；另一方面乙醚易沿壁爬行挥发而使欲纯化的化学试剂在瓶壁上析出，以致影响结晶的纯度。

⑤ 溶剂易挥发，易与结晶分离，能得到较好的晶体。

⑥ 廉价易得，毒性低，回收率高，操作安全。

2.7.3 操作方法

重结晶的一般过程为：选择合适的溶剂→溶解固体制备近饱和溶液→活性炭脱色→趁热过滤→冷却结晶→抽滤和洗涤晶体→干燥。对于溶液中无深色杂质的可以不用经过活性炭脱色过程直接过滤后冷却结晶。

（1）重结晶溶剂的筛选

在选择溶剂时应根据“相似相溶”原理对溶剂进行广泛的筛选。溶质往往易溶于结构与其相似的溶剂中。一般来说，极性溶剂溶解极性化合物，非极性溶剂溶解非极性化合物。然而，在实际工作中往往需通过试验来选择重结晶溶剂，溶剂的筛选方法如下：

取0.1g待提纯的固体物质置于试管中，加入1mL待选溶剂，振摇。如在室温下样品全溶解，则说明溶解度过大，不宜使用。如不溶，可加热至沸腾，振荡后观察，仍然不溶时，可分批每次加入0.5 mL溶剂，每次加液后均加热煮沸，振荡观察，当总量达3 mL后仍不溶解，说明样品在该溶剂中难溶，也不适用。只有当溶剂量在2～3 mL内，样品能全部溶于沸腾的试剂中，且在冷却后有较多的结晶析出者，方可作为重结晶的候选溶剂。通常要做几种溶剂试验，相互比较，选出结晶速度适当，产率高者，作为最佳重结晶溶剂。

按照上述方法逐一试验不同的溶剂，将试验结果加以比较，从中选择最佳的溶剂作为重结晶的溶剂。如果难以找到一种合适的溶剂时，则可采用混合溶剂，混合溶剂一般由能以任何比例互溶的溶剂组成，其中一种对被提纯物质的溶解度较大的溶剂称为良性溶剂，而另一种对被提纯物质的溶解度较小的称为不良溶剂。一般常用的混合溶剂有乙醇-水、乙醇-乙醚、乙酸乙酯-石油醚、乙醚-石油醚、二氯甲烷-石油醚等。

（2）固体物质的溶解

将待重结晶的粗产物放入锥形瓶中，加入比计算量略少的溶剂，加热到沸腾，若仍有固体未溶解，则在保持沸腾下逐渐添加溶剂至固体恰好溶解，最后再多加20%的溶剂将溶液稀释，否则在热过滤时，由于溶剂的挥发和温度的下降导致溶解度降低而析出晶体。重结晶中溶剂的添加宜采用“少量多次、分批加入”原则，加入溶剂后需要再次煮沸观察固体溶解情况。如果溶剂过量太多，则难以析出结晶，造成晶体收率降低，此时需将溶剂蒸出部分再冷却析出晶体。

在溶解过程中，有时会出现油状物，这对物质的纯化很不利，因为杂质会伴随着油状物析出，并夹带少量的溶剂，故应尽量避免这种现象的发生，可从以下几方面加以考虑：

① 所选用的溶剂的沸点应低于溶质的熔点。

② 低熔点物质进行重结晶，如不能选出沸点较低的溶剂，则应在比熔点低的温度下溶解固体。

用低沸点易燃有机溶剂重结晶时，必须按照安全操作规程进行，不可粗心大意，有机溶剂往往不是易燃的就是具有一定的毒性，或两者兼有，因此容器应选用锥形瓶或圆底烧瓶，装上回流冷凝管。严禁使用敞口容器在石棉网上使用明火直接加热低沸点易燃溶剂。

用混合溶剂重结晶时，一般先用适量溶解度较大的溶剂，加热使样品溶解，溶液若有颜色则用活性炭脱色，趁热过滤除去不溶性杂质，将滤液加热至接近沸点的情况下，慢慢滴加溶解度较小的热溶剂至刚好出现浑浊，加热浑浊不消失时，再小心地滴加溶解度较大的溶剂直至溶液变澄清，放置结晶。若已知两种溶剂的一定比例适用于重结晶，可事先配好混合溶剂，按单一溶剂重结晶的方法进行。

（3）杂质的除去

① 趁热过滤：溶液中如有不溶性杂质，应保持滤液的温度的同时使过滤操作尽快完成。如果过滤速度较慢，由于温度降低而在滤纸上析出结晶会显著降低产物收率。为了完成快速过滤，提高过滤效率，可以使用趁热抽滤的减压过滤法，或者使用菊花形滤纸配合热滤漏斗热过滤。

② 活性炭脱色：若溶液有颜色或存在某些树脂状物质、悬浮状微粒等难以用一般过滤方法过滤时，则要用活性炭处理，活性炭对水溶液脱色较好，对非极性溶液脱色效果较差。

使用活性炭时，不能向正在沸腾的溶液中加入活性炭，以免溶液暴沸而溅出。一般来说，应使溶液稍冷后加入活性炭，较为安全。活性炭的用量视杂质的多少和颜色的深浅而定，由于它也会吸附部分产物，故用量不宜太大，一般用量为固体粗产物的1%～5%。加入活性炭后，在不断搅拌下煮沸5～10 min，然后趁热过滤，如一次脱色不好，可再用少量活性炭处理一次。过滤后如发现滤液中有活性炭应予重滤，必要时使用双层滤纸。

（4）晶体的析出

结晶过程中，如晶体颗粒太小，虽然晶体包含的杂质少，但由于表面积大而吸附杂质多。而晶体颗粒太大，则会在晶体中夹杂母液，难以干燥。因此，应将滤液静置，使其缓慢冷却，不要急冷和剧烈搅动，以免晶体过细。当发现大晶体正在形成时，轻轻摇动使之形成较均匀的小晶体。为使结晶更完全，可使用冰水冷却。如果溶液冷却后仍不结晶，可投“晶种”或用玻璃棒摩擦器壁引发晶体形成。如果被纯化的物质不析出晶体而析出油状物，其原因之一是热的饱和溶液温度比被提纯物质的熔点高。油状物中含杂质较多，可重新加热溶液至澄清后，让其自然冷却至开始有油状物出现时，立即剧烈搅拌，使油状物分散，也可搅拌至油状物消失。如果结晶不成功，可用其他方法提纯。

（5）晶体的收集和洗涤

把结晶从母液中分离出来，通常用减压过滤法（即抽滤）。布氏漏斗使用带孔橡胶塞与抽滤瓶相连，漏斗下端斜口正对抽滤瓶支管，抽滤瓶的支管套上连接安全瓶的橡胶管，安全瓶再与水泵相连。关闭安全瓶旋塞，抽气，使滤纸紧紧贴在漏斗上，将要过滤的混合物倒入布氏漏斗中，使固体物质均匀分布在整个滤纸面上，用少量滤液将黏附在容器壁上的结晶洗出，继续抽气，并用玻璃钉挤压晶体，尽量除去母液。当布氏漏斗下端不再滴出溶剂时，慢慢旋开安全瓶旋塞，关闭水泵，滤得的固体（即滤饼）用少量预先冷却的干净溶剂洗涤，洗涤完毕后，打开水泵，关闭安全瓶旋塞，抽去溶剂，重复操作两次，即可将滤饼洗净。

（6）晶体的干燥

用重结晶法纯化后的晶体，其表面还吸附有少量溶剂，应根据所用溶剂及晶体的性质选择恰当的方法进行干燥。

① 空气晾干（使用低沸点溶剂重结晶的样品在空气中晾干是最简单的干燥方法）。

② 烘干（对空气和温度稳定的物质可在烘箱中干燥，烘箱温度应比被干燥物质的熔点低 20～50℃）。

③ 置于干燥器中干燥。

2.8 熔点与沸点的测定

2.8.1 熔点测定

（1）熔点测定原理

化合物的熔点是指在常压下该物质的固-液两相达到平衡时的温度，通常把晶体物质受热后由固态转化为液态时对应的温度称为该化合物的熔点。纯净的固体有机化合物一般有固定的熔点，自初熔至全熔的温度范围称为该化合物的熔程。纯固体有机化合物的熔程一般小于1℃。若化合物中混有杂质，其熔点往往下降，且其熔程扩大。因此，通过测定化合物的熔点，依据其熔程估计和判断有机化合物纯度是有机化学中常用的表征手段之一。

（2）熔点测定的操作方法

熔点测定主要有三种方法：毛细管法、升华法和显微熔点测定法。下面以毛细管法测定熔点为例，进行详细阐述。

① 熔点管的制备

通常用内径为 1 mm，长度为 60～70 mm，一端封闭的毛细管作为熔点管。如果实验室提供的为两端开口的熔点管，则在实验前需要自己烧制一端封闭的熔点管。熔点管的封闭可以使用酒精灯。当两端开口的熔点管其一端在酒精灯上加热时会逐渐熔化，此时应一边加热一边不断转动熔点管，使其熔化后封闭端口而不会使熔点管弯曲。待封闭好的熔点管冷却后即可使用。无论是直接购买的一端封闭的熔点管还是自己烧制的，使用前都需要仔细检查密封性。如果一端封闭不完全则不能使用。

② 样品的装填

将样品研成粉末，聚成小堆，将毛细管一端的开口插入样品堆中，使样品挤入管内，然后将开口端向上竖立，通过一根直立于玻璃片（或蒸发皿）上的玻璃管（长约 40 cm）自由地落下，重复几次，直至样品的高度为 2～3 mm 时为止。操作要迅速，防止样品吸潮；装入的样品要结实，受热时才均匀，如果有空隙，不易传热，会影响实验结果。

③ 熔点测定装置的搭建

毛细管法测定熔点的装置很多，本实验采用以下两种常用的装置。

第一种装置［见图 2-9(a)］，首先取一个 100 mL 高型烧杯，置于放有石棉网的铁环上，在烧杯中放入一支玻璃搅拌棒（最好在玻璃棒底呈环状，便于上下搅拌，均衡溶液温度）。其次，将毛细管紧附在温度计旁，样品部分应靠在温度计水银球的中部，并用橡胶圈将毛细管紧固在温度计上［如图 2-9(b)］；最后，在温度计上端套一缺口软木塞或橡胶塞，温度计刻度面向软木塞缺口，用铁夹挂住，将温度计垂直固定在离烧杯底约 1 cm 的中心处。

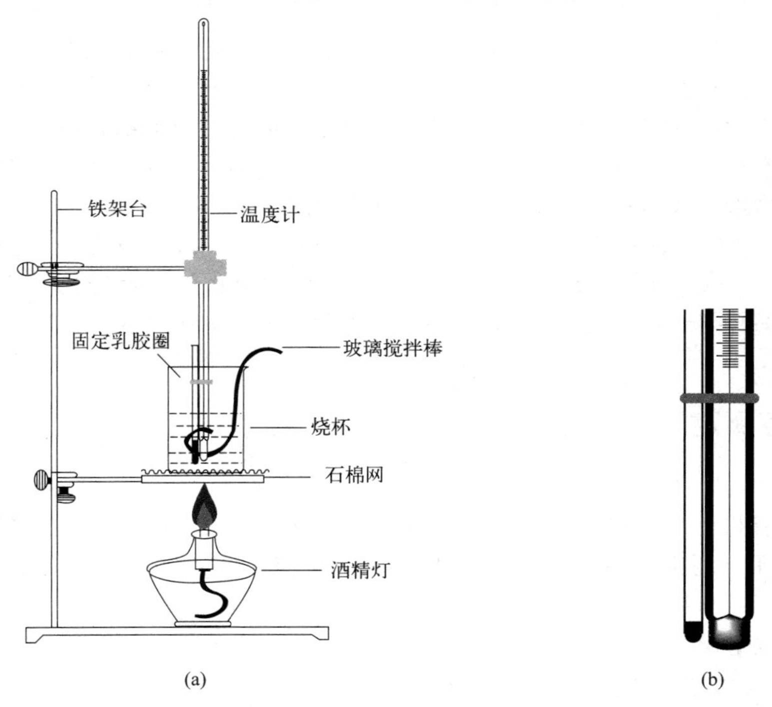

图 2-9　(a) 毛细管法测定熔点装置图和 (b) 毛细管附在温度计上的位置

第二种装置利用 Thiele 管（又叫 b 形管或提勒管）。将 Thiele 管夹在铁架台上，装入导热溶剂（一般可用硅油、浓硫酸等高沸点物质）于熔点测定管中至高出上侧管时即可，Thiele 管口配一缺口单孔软木塞（见图 2-10），温度计插入孔中，刻度应面向软木塞缺口。

将毛细管如前法附着在温度计旁。温度计插入Thiele管中的深度以水银球恰在Thiele管的两侧管的中部为宜。加热时，火焰须与Thiele管的倾斜部分接触。Thiele管测定熔点装置较前面第一种装置，可自行利用管内液体因温度差而发生对流作用，从而省去了人工搅拌的操作，更为便捷。但常因温度计的位置和加热部位的变化而影响测定的准确度。

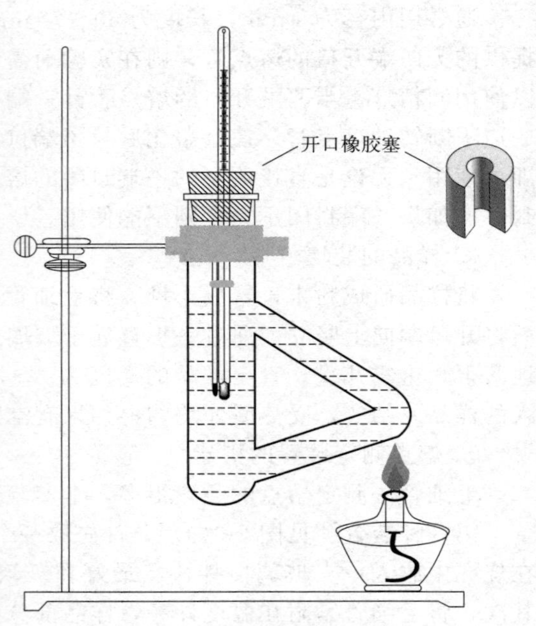

图 2-10　Thiele 管熔点测定装置

④ 熔点的测定方法

测定熔点时一定要戴护目镜。当上述准备工作完成之后，将装置放在光线充足的地方操作。熔点的测定关键之一就是加热速率，热量能透过毛细管，使样品受热熔化，令熔化温度与温度计所示温度一致。一般方法是，先在快速加热下，测定化合物的大概熔点，然后再做第二次测定。第二次测定前，先待热浴的温度下降大约30℃，换过一根毛细管，慢慢地加热（用第一种装置时还必须小心地搅拌），以约5℃/min的速率升温，当热浴温度达到熔点下约15℃时，应即刻减缓加热速率，以1～2℃/min的速率升温，一般可在加热中途，试将热源移去，观察温度是否上升，如停止加热后温度亦停止上升，说明加热速率是比较合适的。当接近熔点时，加热要更慢，0.2～0.3℃/min，此时应该特别注意温度的上升和毛细管中样品的情况。当毛细管中样品开始塌落和有湿润现象、出现小滴液体时，表示样品已开始熔化，为始熔，记下温度；继续微热至微量固体样品消失成为透明液体时，为全熔，始熔到全熔的过程即为该化合物的熔程。例如，某一化合物在112℃时开始萎缩塌落，113℃时有液滴出现，在114℃时全部成为透明液体，应记录为熔点113～114℃，112℃塌落（或萎缩），以及该化合物的颜色变化。熔点测定，至少要有两次重复的数据，每一次测定都必须用新的毛细管装样品，不能使用已测过熔点的毛细管。

2.8.2　沸点测定

（1）沸点测定原理

每种液态有机化合物在一定压力下其沸点是固定的。通过测量液体物质沸腾时的温度（一般在常压下测定），即可确定该液体物质的沸点。沸点的测定也是有机化学的常见操作。

（2）沸点测定操作方法

① 搭建沸点测定装置

蒸馏装置测定沸点。蒸馏装置是测定物质沸点的常用装置，其主要由加热部分、冷凝部分及样品接收部分组成。其各部分的详细介绍及安装过程，在常压蒸馏中已有详细介绍，这里不再赘述。

② 测定沸点操作过程

加料。取下温度计，利用长颈漏斗将待蒸馏的液体从蒸馏头上端加入圆底烧瓶内，并加沸石数粒，以防暴沸，加完后再套回温度计。也可预先将待蒸馏液体和沸石加入圆底烧瓶中，再按顺序搭建好蒸馏装置。蒸馏前，需要仔细检查装置各部分是否匹配，各仪器之间的连接是否紧密，有无漏气。

加热。加热前，先向冷凝管缓缓通入冷水，将上口流出的水引入水槽中，接着加热。最初宜用小火，以免蒸馏烧瓶因局部受热而破裂。蒸馏装置中温度计的位置：慢慢增大火力，使之沸腾，进行蒸馏。然后调节火焰或调整加热电炉的电压，使馏出液以 1～2 滴/s 自接引管滴下为宜。在蒸馏过程中，应确保温度计水银球有被冷凝的液滴润湿，记录此时温度计读数，即为待测样品的沸点。收集所需温度范围的馏出液。

如果维持原来的加热程度，不再有馏出液蒸出且温度突然发生下降时，应停止加热，即使杂质量很少，也不能蒸干，谨防意外事故的发生。

蒸馏完毕，先停止加热，后停止通水，拆卸仪器时其顺序与装配时相反，即按次序取下样品的接收、冷凝和加热部分。

（3）微量法测定沸点

除此之外，还可采用微量法测定沸点装置（见图 2-11），取内径 4 mm 左右、长 8 cm 左右的一端封闭的玻璃管作为沸点管的外管。向该玻璃管中滴加 4～5 滴待测物质，然后放入一根长 7～8 cm、内径约 1 mm 且上端封闭的毛细管，并将其开口处浸入样品中。将准备好的微量沸点管贴于温度计水银球旁，如图 2-11 所示。装置置于油浴中加热，由于气体膨胀，内管中有断断续续的小气泡冒出来，到达样品的沸点时，将出现一连串的小气泡。停止加热，浴液的温度会缓慢下降，内管中小气泡逸出的速度也逐渐减慢，仔细观察，直至最后一个气泡出现而刚欲缩回到内管的瞬间温度即为毛细管内液体的蒸气压与大气压平衡时的温度，此时对应的温度即为该液体的沸点。

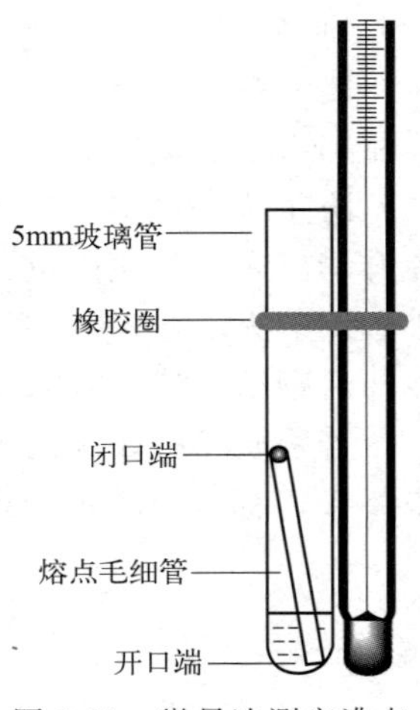

图 2-11　微量法测定沸点

2.9 升　　华

升华是提纯固体有机化合物的方法之一。某些物质在固态时具有相当高的蒸气压，当加热时，不经过液态而直接气化，蒸气受到冷却又直接冷凝成固体，这一过程叫作升华。

2.9.1 升华的适用范围

若固态混合物具有不同的挥发度，则可应用升华法提纯。升华得到的产品一般具有较高的纯度。此法特别适用于纯化易潮解的物质。升华法只能用于在不太高的温度下有足够大的蒸气压（在熔点前高于 266.69 Pa）的固体物质，因此有一定的局限性。

表 2-5 列出樟脑、蒽醌的温度和蒸气压的关系，它们在熔点之前，蒸气压已相当高，可以进行升华。

表 2-5　樟脑、蒽醌的温度和蒸气压关系

樟脑（m. p. 176℃）		蒽醌（m. p. 285℃）	
温度/℃	蒸气压/Pa	温度/℃	蒸气压/Pa
20	19.9	200	239.4
60	73.2	220	585.2

续表

樟脑(m. p. 176℃)		蒽醌(m. p. 285℃)	
温度/℃	蒸气压/Pa	温度/℃	蒸气压/Pa
80	1216.9	230	944.3
100	2666.6	240	1635.9
120	6397.3	250	2660.0
160	29100.4	270	6995.8

2.9.2 升华的方法

（1）常压升华

能够在常压下进行升华的有机化合物较少。图 2-12 是简单的常压升华装置，将粉碎的样品加入至瓷蒸发皿中，上面用一个直径比蒸发皿内径小的漏斗覆盖，漏斗颈用脱脂棉塞住，防止蒸气逸出。样品与漏斗中间可用穿有许多小孔（注意孔刺向上）的滤纸隔开，以避免升华出来的物质因重力作用而再落回蒸发皿内。操作时，可用沙浴（或其他热浴）加热，小心调节火焰，控制浴温（低于被升华物质的熔点），而使其慢慢升华。蒸气通过滤纸小孔，冷却后凝结在滤纸或漏斗壁上。

若物质具有较高的蒸气压，此时需要加热至较高温度，一般可采用如图 2-13 所示的升华装置，有时为防止待升华物质在高温下氧化，甚至需要通入惰性气体代替空气。

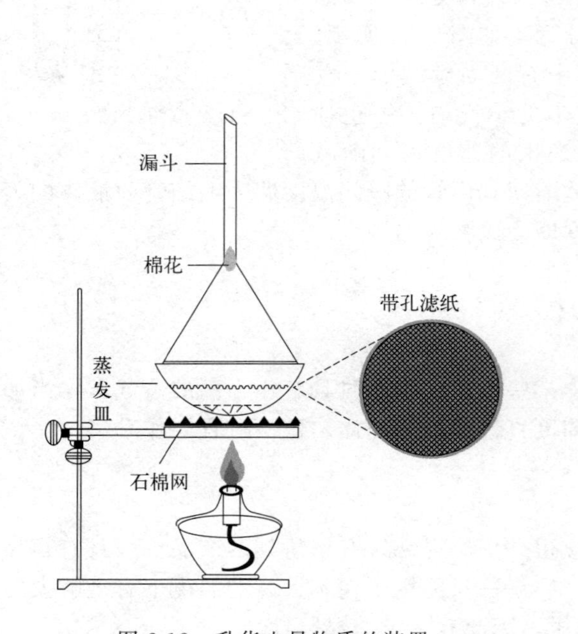

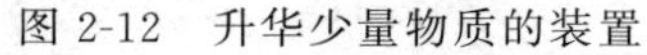
图 2-12　升华少量物质的装置

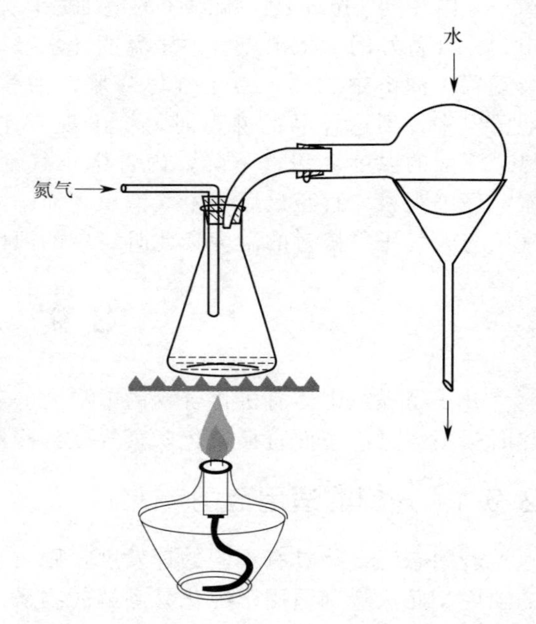

图 2-13　在空气或惰性气流中物质的升华装置

（2）减压升华

为了加快升华速率，可在减压下进行升华，减压升华法特别适用于常压下其蒸气压不大或受热易分解的物质，图 2-14 中的装置用于少量物质的减压升华。通常用油浴加热，并视具体情况而采用油泵或水泵抽气。

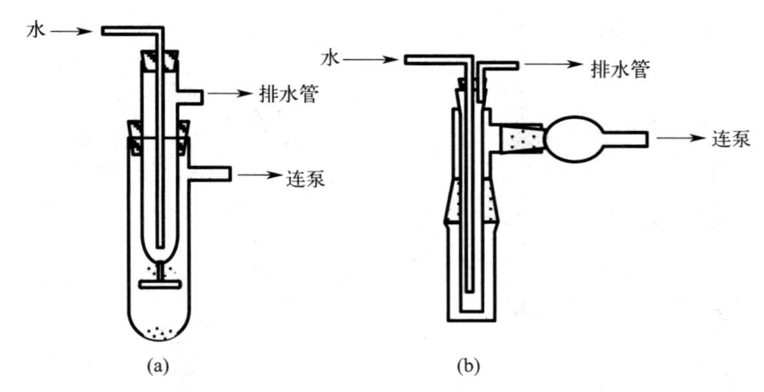

图 2-14　减压升华少量物质的装置

2.10　常压蒸馏

每种纯液态有机化合物在一定压力下其沸点是固定的。不同的物质沸点相差较大时（>30℃），可以利用蒸馏的方法将二者进行初分离。那么何谓蒸馏？所谓蒸馏就是将液态物质加热到沸腾变为蒸气，然后再将蒸气冷凝为液体的过程。由于各物质蒸馏沸点的差别，沸点较低的物质先蒸出，沸点较高的随后蒸出，不挥发或高沸点的物质留在蒸馏瓶内，从而实现对物质分离和提纯的目的。蒸馏为液态有机化合物常见的分离和提纯方法之一，是重要的基本操作。

常压蒸馏是指在正常大气压（一个大气压）下进行的蒸馏，其操作方法如下：

2.10.1　蒸馏装置和安装

实验室的蒸馏装置如图 2-15 所示，主要由加热、冷凝和接收三部分组成。

（1）加热部分

由圆底烧瓶、蒸馏头、温度计和加热源组成。圆底烧瓶是存装液体的容器，液体受热在烧瓶内汽化后，其蒸气顺蒸馏头侧直管进入冷凝管。

（2）冷凝部分

冷凝管为冷凝蒸气的装置。当液体的沸点高于 130℃时可采用空气冷凝管进行冷凝，而当液体的沸点低于 130℃时可采用直形冷凝管冷凝。冷凝管下端侧管为进水口，用橡胶管连接自来水龙头，上端的出水口套上橡胶管导入水槽中。同时，要注意冷凝管上端的出水口应保持向上，这样方可保证冷凝水能够充满管套。在众多冷凝管中，最为常用的冷凝管为直形冷凝管。

（3）接收部分

由接引管和接收瓶组成。接收瓶一般使用锥形瓶或圆底烧瓶，常压蒸馏时要注意保持接收部分与外界大气相通。

装配常压蒸馏装置的具体过程为：首先，取一个干燥的标准口圆底烧瓶，用烧瓶夹固定在装有铁圈和石棉网的铁架台上，圆底烧瓶瓶口需配同型号的蒸馏头，蒸馏头上端配一只带有套管的温度计，通过套管将温度计固定在蒸馏头上（如果没有温度计套管，也可将温度计插入大小适当的带孔的橡胶塞中，再将装有温度计的塞子塞入蒸馏头上端管口），调整温度

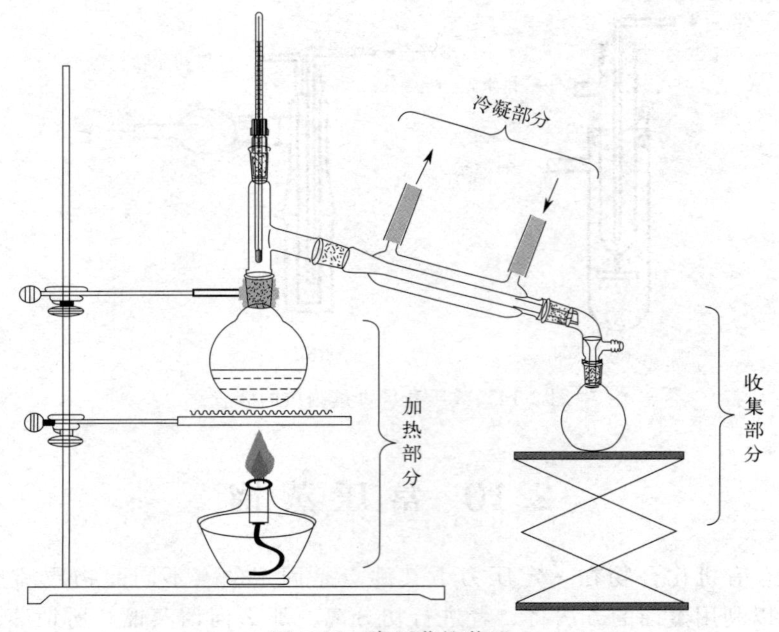

图 2-15　常压蒸馏装置

计的位置使水银球的上缘恰好位于蒸馏头支管接口的下缘，并在同一水平线上，如图 2-16 所示。

蒸馏时应确保温度计水银球完全被蒸气所包围，这样才能正确地测得蒸气的温度。然后，选一个同型号的标准磨口冷凝管，将其固定在铁架台的铁夹上，保持冷凝水进出口垂直向下或向上，套上进出水橡胶管。调整角度使冷凝管与已装好的蒸馏头高度相适应，并与蒸馏头的侧支管同轴，松开冷凝管上的铁夹，使冷凝管在此轴上移动至与蒸馏头侧支管口相连。最后，选择一个相同型号的标准磨口接引管（尾接管），套入冷凝管末端端口，接引管下用容器接收。注意各接口处应做到紧密相连，各铁夹不要夹得太紧也不要太松，以免弄坏仪器。搭建完毕后，整套装置应端正稳妥，不论从侧面看或正面看，各个仪器均保持在同一平面上。

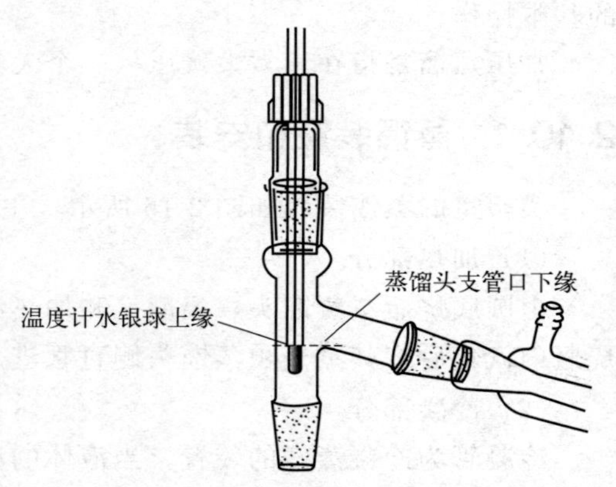

图 2-16　蒸馏装置中温度计的位置

2.10.2　蒸馏操作过程

（1）加料

将蒸馏头上的温度计取下，利用长颈漏斗将待蒸馏的液体物质加入圆底烧瓶内（注意所加液体不能超过圆底烧瓶的 2/3），再加数粒沸石以防暴沸，加完后套回温度计。也可在蒸馏装置装配前先将待蒸馏液体和数粒沸石加入圆底烧瓶中，再按蒸馏装置装配顺序装好。蒸馏前，应仔细检查装置装配是否正确，各仪器之间的连接是否紧密，有无漏气。

（2）加热

加热前，先向冷凝管缓缓通入冷水，将上口流出的水引入水槽中。然后开始加热，最初宜用小火，避免蒸馏烧瓶因局部过热而破裂；再慢慢增大火力，加热样品至沸腾，进行蒸馏。调节加热的火焰或电炉的电压，使馏出液以1～2滴/秒自接引管滴下为宜。在蒸馏过程中，记录馏出液的温度范围。如果维持原来的加热强度，不再有馏出液蒸出且温度计读数突然下降时，就应停止蒸馏。蒸馏过程中，切忌不可蒸干。否则，可能会引发意外事故。蒸馏完毕，先停止加热，后停止通水，拆卸仪器时其顺序与装配时相反，即按次序取下接收器、接引管和蒸馏烧瓶。

2.11 减压蒸馏

2.11.1 减压蒸馏的原理

对于某些沸点较高的有机化合物，还未加热到其沸点时就可能发生分解或氧化现象，常压蒸馏已不适用该类化合物的分离或提纯。此时，使用减压蒸馏便可避免这种现象的发生。众所周知，液体的沸点是指它的蒸气压等于外界压力时的温度，因此液体的沸点是随外界压力的变化而改变的。如果借助于真空泵降低系统内压力，则可以降低液体的沸点。因此，减压蒸馏对于分离或提纯高沸点或高温性质不稳定的液态有机化合物具有重要意义，是分离提纯液态有机化合物常用的方法。

进行减压蒸馏前，应先从文献中查阅待蒸馏化合物在所选择压力下对应的沸点数据。对于新化合物或者尚缺乏文献的化合物，可以利用经验规律大致推算：在1333～1999 Pa（或10～15 mmHg）的压力下进行蒸馏时，压力每相差133.3 Pa（1 mmHg），沸点相差约1℃。此外，也可以用近似关系图来查找。以水杨酸乙酯为例，常压下其沸点为234℃，减压至1999 Pa（15 mmHg）时，其对应的沸点可在图2-17中通过以下方法确定：首先在B线中找到其常压下的沸点234℃，C线上找到1999 Pa（15 mmHg）上的点，连接这两点可确定一条直线，将其延长至与A线相交，交点对应的温度即为减压至1999 Pa（15 mmHg）时水杨酸乙酯对应的沸点。

不同的压力范围，获取的条件不一。一般可将压力范围划分为几个等级：

①“粗”真空［1.333～100 kPa（10～760 mmHg）］，一般可用水泵获得；

②“次高”真空［0.133～133.3 Pa（0.001～1 mmHg）］，可用油泵获得；

③“高”真空［<0.133 Pa（$<10^{-3}$ mmHg）］，可用扩散泵获得。

2.11.2 减压蒸馏的装置

常用的减压蒸馏装置如图2-18所示，其主要仪器设备包括双颈蒸馏烧瓶、冷凝接收器、安全瓶、冷阱、压力计、吸收装置和减压泵。

（1）双颈蒸馏烧瓶A（即为Claisen蒸馏烧瓶）

这种蒸馏烧瓶由Claisen蒸馏头和蒸馏烧瓶组合而成，主要优点是可以减少液体沸腾时常由于暴沸或泡沫的发生而溅入蒸馏烧瓶支管的现象。为了平稳地蒸馏，避免液体过热而产生暴沸溅跳现象，可在减压蒸馏烧瓶中插入一根末端拉成毛细管的玻璃管B，毛细管口距瓶底1～2 mm。毛细管口要很细，可用其插入乙醚中，用洗耳球在玻璃管口轻轻一压，若毛细管冒出连串的细小气泡，仿佛一条细线，则可用。如果不冒气，说明毛细管堵塞，不能使

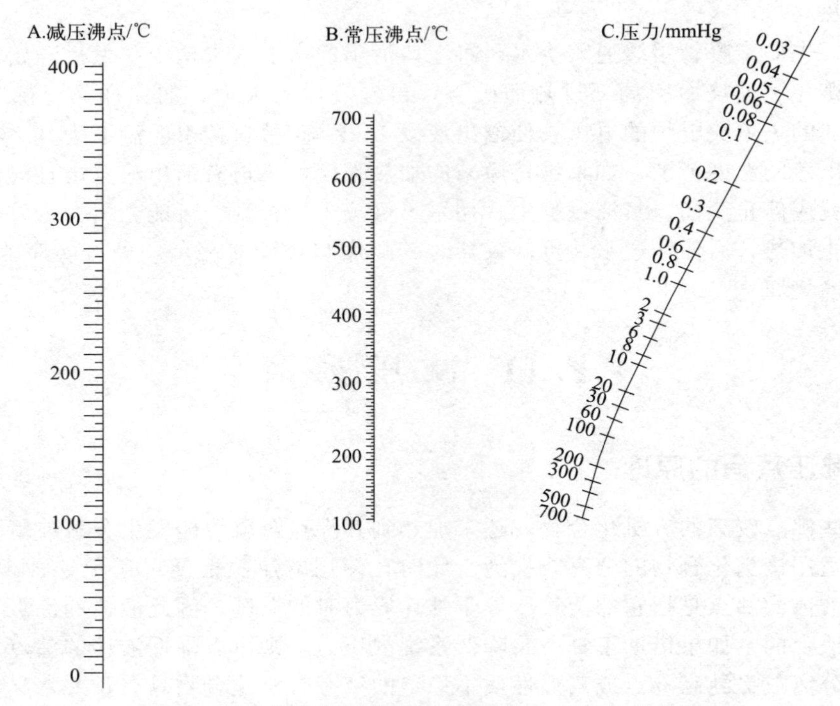

图 2-17　液体常压下沸点与减压下沸点的近似关系图

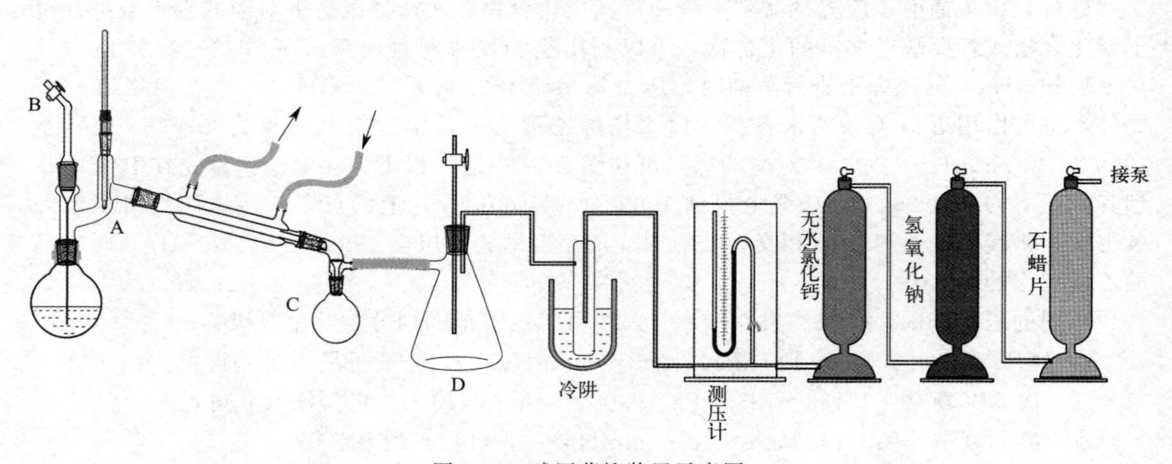

图 2-18　减压蒸馏装置示意图

用。玻璃管另一端用橡胶管连接磨口活塞，用于调节进入烧瓶中的空气量，以实现减压蒸馏的目的。

(2) 接收器 C

蒸馏少量物质或沸点在 150℃以上物质时，可用蒸馏烧瓶作为接收器（切勿用三口烧瓶）；蒸馏沸点在 150℃以下物质时，接收器前应连接冷凝管冷却，如果蒸馏不能中断或要分段接收馏出液，则采用多头接液管。

(3) 吸收装置

吸收装置主要用于吸收对真空泵有损害的各种气体或蒸气，以实现保护减压设备的作用。

常用的吸收装置包括以下组成部分：

① 捕集管-冷阱系统。用来冷凝水蒸气和一些易挥发性物质，捕集管外一般采用冰-盐混合物进行冷却。若有特殊要求，需要更低温度冷却，还可以采用干冰、干冰-丙酮、液氮等进行冷却。

② 无水氯化钙干燥塔，用来吸收经冷却阱后还未除净的残余水蒸气，也可采用变色硅胶代替无水氯化钙。

③ 氢氧化钠吸收塔，吸收酸性蒸气。

④ 石蜡片干燥塔，用来吸收烃类气体。

对于含碱性或有机溶剂的蒸气，可增加碱性蒸气吸收塔和有机溶剂蒸气吸收塔等。

(4) 测压计

通常使用水银测压计监测减压蒸馏系统内的压力。常用的水银测压计结构如图 2-19 所示。在厚玻璃管内盛水银，管背后装有标尺，移动标尺将零度调整在接近旋塞，两边 U 形玻璃管中的水银应该处于同一平面，当减压泵工作时，左边汞柱下降，右边汞柱上升，两者的高度差值 Δh 代表系统内的压力值。使用时必须注意勿使水或脏物进入测压计内，汞柱中不得有小气泡存在，以免影响测定压力的准确性。如图 2-19 所示，封闭式水银测压计使用轻巧方便，但其测量的准确度易受残留空气或引入的水和杂质的影响；开口式水银测压计加装汞方便，测量结果较准确，所用玻璃管的长度需超过 760 mm。U 形管两臂汞柱高度之差即为大气压与系统内压力之差。

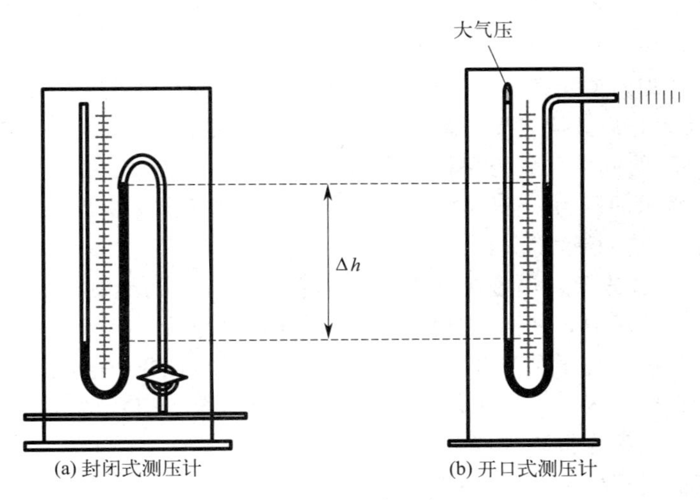

图 2-19 测压计

(5) 安全瓶 D

一般用壁厚耐压抽滤瓶作为安全瓶。安全瓶与减压泵和测压计相连，通过旋塞来调节压力及放气。

(6) 减压泵（抽气泵）

有机化学实验室中常用的减压泵主要有水泵和油泵两种。一般不需要较低负压时可使用水泵，其最低压力可以达到 1067～3333 Pa（8～25 mmHg）。当然，理论上水泵所能达到的最低压力，应该相当于使用水泵时的水温对应的蒸气压力，较低的水温可提升其负压效果。例如，水温在 25℃、20℃、10℃时，水蒸气压力分别为 3192 Pa、2394 Pa、1197 Pa。用水泵抽气时，应在水泵前装上安全瓶，以防水压下降时，水流倒吸。停止蒸馏时要先放气，然后关水泵。若要较低的压力，需要使用油泵，好的油泵能达到133.3 Pa（1 mmHg）以下。油泵的好坏决定于其机械结构和泵油的质量，使用油泵时必须将它保护好，如果蒸馏挥发性较大的有机溶剂，有机溶剂会被泵油吸收，增加了蒸气压，从而降低了抽空效能；如果是酸性气体就会腐蚀油系，如果是水蒸气就会使泵油成乳浊液，弄坏泵油。因此，使用油泵必须注意以下几点：

① 在蒸馏系统和油泵之间，必须装有吸收装置；

② 蒸馏前必须先用水泵彻底抽去系统中有机溶剂的蒸气；

③ 如能用水泵抽气的，则尽量使用水泵；如蒸馏物中含有挥发性杂质，可先用水泵抽除，然后改用油泵。

减压系统必须保持密封不漏气，所有橡胶塞的大小和孔道要十分合适，橡胶管用的橡胶管、磨口玻璃塞涂上真空脂。

目前，安验室常用旋转蒸发仪进行减压蒸馏，它的优点是由于旋蒸瓶的不断旋转，待减压蒸馏液体在蒸馏瓶中形成液膜，此时蒸发面积增大，加快了蒸发速率同时可以不加沸石蒸发而不会暴沸。

2.11.3 减压蒸馏操作

① 仪器安装完毕后，应先检查整个系统能否达到所要求的压力。具体的检查方法：首先关闭安全瓶上旋塞并旋紧双颈蒸馏烧瓶上毛细管的螺旋夹子，然后开泵抽气。观察所达到的压力是否满足要求（若仪器装置紧密不漏气，此时系统内应该可达到良好的真空环境）。然后，缓慢旋转安全瓶上的旋塞，放入空气，直至内外压力一致。

② 将待蒸馏液体加入单颈蒸馏烧瓶中，注意所装液体不能超过其容积的1/2，否则易引起暴沸。关闭安全瓶上活塞，启动抽气泵，调节毛细管导入空气量，以能冒出一连串的小气泡为宜。

③ 当达到所要求的低压且压力保持稳定后，开始加热。液体沸腾时，应调节加热功率，注意监测测压计上所示的压力，若不符应进行调节，液体馏出速率以0.5～1滴/s为宜。待达到所需的沸点时，更换接收器，继续蒸馏。

④ 蒸馏完毕，除去热源，慢慢旋开夹在毛细管上橡胶管的螺旋夹子，并慢慢打开安全瓶上的旋塞，平衡内外压力，使测压计的汞柱缓慢地恢复原状，然后关闭抽气泵。此处应注意两点：第一，旋开螺旋夹子和打开安全瓶均不能太快，否则汞柱会很快上升，有冲破测压计的可能；第二，必须待内外压力平衡后，才可关闭抽气泵，以免油气泵中的油反吸入干燥塔。最后按安装的相反程序拆除仪器。

注意在减压蒸馏过程中务必戴上护目镜，做好个人安全防护。

2.12 分　　馏

分馏（fractional distillation）即沸点不同但可互溶的液体混合物通过在分馏柱中多次的汽化-冷凝，低沸点物质与高沸点物质得到分离的过程。在化学工业和实验室中分馏是分离液态有机化合物的常用方法之一。普通的蒸馏技术要求其组分的沸点至少相差30℃，但对沸点相近的混合物，无法用蒸馏法将它们分开。若要获得良好的分离效果，就得采用分馏。利用蒸馏或分馏来分离混合物的原理是一样的，简单地说，分馏就是多次蒸馏。

2.12.1 分馏的原理

混合物中各组分具有不同的蒸气压，加热沸腾产生的蒸气中，低沸点组分的含量较高。将此蒸气冷凝，则得到低沸点组分含量较多的液体，这就是一次蒸馏。如将得到的液体继续蒸馏，再度产生的蒸气中所含低沸点的组分含量又将增加。如此多次蒸馏，最终就将沸点不同的两组分分离。但应用这样反复多次的简单蒸馏，不仅操作烦琐，又浪费时间和能源。因此，通常采用分馏来进行分离。与简单蒸馏的不同之处是在装置上多一个分馏柱。当混合物蒸气进入分馏柱中时，因为高沸点组分易被冷凝，所以冷凝液中就含有较多的高沸点组分，故上升的蒸气中低沸点组分就会进一步相对地增多，通过多次的冷凝，在分馏柱顶部出来的蒸气就越接近于纯低沸点组分。此外，含较多高沸点组分的冷凝液在分馏柱中并不是全部直接回流到烧瓶底部，在回流途中，遇到上升的蒸气时，二者之间进行热交换，使冷凝液中低沸点组分再次受热汽化，高沸点仍呈液态回流，越是在分馏柱底部，冷凝液中高沸点组分的含量就越多，直至回流到烧瓶中。所以，在分馏柱中，混合物通过多次汽-液平衡的热交换产生多次的汽化-冷凝-回流-汽化的过程，最终使沸点相近的两组分得到较好的分离。简言之，分馏柱的作用就是使高沸点组分回流，低沸点组分得到蒸馏的仪器装置。分馏的用途就是分离沸点相近的多组分液体混合物。

现在用最精密的分馏设备已能将沸点相差1～2℃的混合物分开。

需要指出的是，当某两种或三种液体以一定比例混合，可组成具有固定沸点的混合物，将这种混合物加热至沸腾时，在汽液平衡体系中，汽相组成和液相组成一样，即使使用分馏也不能把这几种物质分离开来，只能得到按一定比例组成的混合物，这种化合物称为共沸化合物或恒沸化合物，共沸化合物的沸点若低于混合物中任一组分的沸点则称为低共沸化合物，也有高共沸化合物。常见的共沸化合物组成及共沸点如表2-6所示。

表2-6 常见的一些与水形成的二元共沸物

共沸化合物	组分的沸点/℃	共沸化合物质量分数/%	共沸点/℃
乙腈	82.0	84.0	76.0
水	100.0	16.0	
乙醚	35.0	99.0	34.0
水	100.0	1.0	
氯仿	61.2	97.5	56.1
水	100.0	2.5	
甲苯	110.5	80.0	85.0
水	100.0	20.0	
甲酸	101.0	74.0	107.0
水	100.0	26.0	
乙酸乙酯	77.1	92.0	70.4
水	100.0	8.0	

我们应当注意到，水能与多种物质形成共沸化合物。因而，在使用化合物进行蒸馏之前，应当仔细地用干燥剂对其进行除水处理。

2.12.2 影响分馏效率的因素

（1）理论塔板

分馏效率是用理论塔板数来衡量的。分馏柱中的混合物，经过一次汽化和冷凝的热力学平衡过程相当于一次普通蒸馏所达到的理论浓缩效率，当分馏柱达到该浓缩效率时，就说明分馏柱具有一块理论塔板。一般而言：

① 分馏柱的理论塔板数越多，也就意味着分离效果越好；

② 柱的高度相同，理论塔板层高度越小，分离效果越好。

（2）回流比

在单位时间内，由分馏柱顶冷凝返回分馏柱中的液量与馏出液液量之比称为回流比，若全回流中每 10 滴收集 1 滴馏出液，则回流比为 9∶1。对于非常精密的分馏，使用高效率的分馏柱，回流比可达 100∶1。因而可将分馏速度控制在 2～3s/滴。

（3）分馏柱的保温（分馏柱的绝热性能）

许多分馏柱必须进行适当的保温，以便能始终维持温度平衡。如果分馏柱的绝热性能差，即热量向柱周围散失过快，则汽液两相之间的热平衡受到破坏，分离将不可能完全。为提高绝热性能，通常将柱身裹上石棉绳、玻璃布等保温材料。或在分馏柱内装入具有大表面积的填料，填料之间应保留一定的空隙，要遵守适当紧密且均匀的原则，这样就可以增加回流液体和上升蒸气的接触机会。填料有玻璃（玻璃珠、短段玻璃管）或金属（不锈钢棉、金属丝绕成固定形状），玻璃的优点是不会与有机化合物发生反应，而金属则可与卤代烷之类的化合物发生反应。在分馏柱底部往往放一些玻璃丝，以防止填料坠入蒸馏容器中。

实验室常用的分馏柱 vigreux 柱（或刺式分馏柱、韦氏分馏柱、维格尔分馏柱）如图 2-20 所示。使用该分馏柱的优点是：仪器装配简单，操作方便，残留在分馏柱中的液体少。

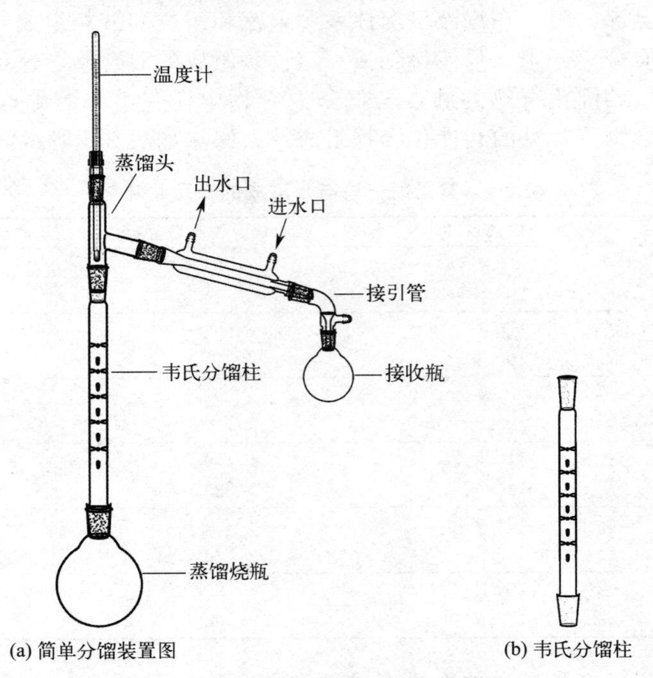

图 2-20 分馏装置及分馏柱

实验室中简单的分馏装置（见图 2-20）由热源、蒸馏器、分馏柱、冷凝管和接收器五个部分组成。安装操作与蒸馏类似，自下而上，先夹住蒸馏瓶，再装上韦氏分馏柱和蒸馏头。调节夹子使分馏柱垂直，装上冷凝管并在指定位置夹好夹子，夹子一般不宜夹得太紧，以免应力过大造成仪器破损。连接接液管并用橡皮筋固定，再将接收瓶与接液管用橡皮筋固定。如接收瓶较大或分馏过程中需接收较多的蒸出液，则最好在接收瓶底垫上用铁圈支持的石棉网，以免发生意外。

(4) 简单分馏操作

简单分馏操作和蒸馏大致相同。将待分馏的混合物放入圆底烧瓶中，加入沸石。柱的外围可用石棉绳包住，这样可减少柱内热量的散发，减少风和室温的影响。选用合适的热浴加热，液体沸腾后要注意调节浴温，使蒸气慢慢升入分馏柱，10～15 min后蒸气到达柱顶（可用手摸柱壁，如若烫手，表示蒸气已达该处）。在有馏出液滴出后，调节浴温使得蒸出液体的速度控制在2～3 s/滴，这样可以得到比较好的分馏效果，待低沸点组分蒸完后，再渐渐升高温度。当第二个组分蒸出时沸点会迅速上升。上述情况是假定分馏体系有可能将混合物的组分进行严格的分馏。如果不是这种情况，一般则有相当大的中间馏分（除非沸点相差很大），要很好地进行分馏必须注意下列几点：

① 分馏一定要极慢进行，要控制蒸馏速度恒定；

② 要有相当量的液体自柱流回烧瓶中，即要选择合适的回流比；

③ 必须尽量减少分馏柱的热量散失和波动。

2.13 水蒸气蒸馏

水蒸气蒸馏（steam distillation）是分离纯化有机化合物的重要方法之一，它是将水蒸气通入含有不溶或微溶于水但有一定挥发性的有机物的混合物中，并加热使之沸腾，使待提纯的有机物在低于100℃的情况下随水蒸气一起被蒸馏出来，从而达到分离提纯的目的。

水蒸气蒸馏常用于蒸馏在常压下沸点较高或在沸点时易分解的物质，也常用于高沸点物质与不挥发的杂质的分离，在中药制药生产中是提取和纯化挥发油的常用方法。水蒸气蒸馏的应用只限于所得产品完全（或几乎）不与水互溶的情况。组分互不相溶的混合液，将分成两层。当它们受热汽化时，其中各组分蒸气压仅由它们的温度决定，而与其组成无关（只要此液层存在），理论上应等于该温度下各纯组分的饱和蒸气压。因此，混合液液面上方的蒸气总压等于该温度下各组分蒸气压之和。若外压为大气压，则只要混合液中各组分的蒸气压之和达到一个大气压，该混合液即可沸腾，此时混合液的沸点较任一组分的沸点低。设组分之一为水，另一组分为与水不互溶且具有高沸点的液体，在大气压下混合液的沸点将降至100℃以下，此即水蒸气蒸馏的原理。水蒸气蒸馏法适合分离那些在其沸点附近容易分解的物质，也适用于从不挥发物质或树脂状物质中分离出所需的组分（如天然产物香精油、生物碱等）。使用此法被提纯的物质必须具备以下条件：

① 不溶于水或微溶于水；

② 具有一定的挥发性；

③ 在共沸温度下与水不发生反应；

④ 在100℃左右，必须具有一定的蒸气压，至少666.5～1333 Pa（5～10 mmHg），并且待分离物质与其他杂质在100℃左右时具有明显的蒸气压差。

2.13.1 水蒸气蒸馏原理

当水和有机物一起共热时，整个体系的蒸气压力根据分压定律，应为各组分蒸气压之和，即

$$P = p_A + p_B$$

式中，P 为总的蒸气压；p_A 为水的蒸气压；p_B 为不溶于水的化合物的蒸气压。

当混合物中各组分的蒸气压总和等于外界大气压时，混合物开始沸腾。而混合物的沸点比其中任何一组分的沸点都要低些。因此，常压下应用水蒸气蒸馏，能在低于100℃的情况下将高沸点组分与水一起蒸出来。蒸馏时混合物的沸点保持不变，直到其中一组分几乎全部蒸出（因为总的蒸气压与混合物中二者相对量无关），温度才上升至留在瓶中液体的沸点。我们知道，混合物蒸气中各个气体分压（p_A、p_B）之比等于它们的物质的量之比（n_A、n_B 表示此两物质在一定容积的气相中的物质的量）。即：

$$n_A/n_B=p_A/p_B$$

而 $n_A=m_A/M_A$；$n_B=m_B/M_B$。其中 m_A、m_B 为各物质在一定容积中蒸气的质量；M_A、M_B 为物质A和B的分子量。因此：

$$\frac{m_A}{m_B}=\frac{M_A \cdot n_A}{M_B \cdot n_B}=\frac{M_A \cdot p_A}{M_B \cdot p_B}$$

可见，这两种物质在馏液中的相对质量（就是它们在蒸气中的相对质量）与它们的蒸气压和分子量成正比。

水具有低的分子量和较大的蒸气压，它们的乘积 $M_A \cdot p_A$ 是小的。这样就有可能来分离较高分子量和较低蒸气压的物质。以溴苯为例，它的沸点为135℃，且和水不混溶。当和水一起加热至95.5℃时，水的蒸气压为86.1 kPa，溴苯的蒸气压为15.2 kPa，它们的总压力为0.1 MPa，于是液体就开始沸腾。水和溴苯的分子量分别为18和157，代入上式：

$$\frac{m_A}{m_B}=\frac{86.1\times18}{15.2\times157}=\frac{6.5}{10}$$

亦即蒸出6.5g水能够带出10g溴苯，溴苯在溶液中的组分占61%。上述关系式只适用于与水不相互溶的物质。而实际上很多化合物在水中或多或少有些溶解。因此这样的计算只是近似的。例如苯胺和水在98.5℃时，蒸气压分别为5.73 kPa和94.8 kPa。从计算得到，馏液中苯胺的含量应占23%，但实际上所得到的比例比较低，这主要是苯胺微溶于水，导致水的蒸气压降低所引起。

从以上例子可以看出，溴苯和水的蒸气压之比约近于1∶6，而溴苯的分子量较水大9倍，所以馏出液中溴苯的含量较水多。那么是否分子量越大越好呢？我们知道分子量越大的物质，一般情况下其蒸气压也越低。虽然某些物质分子量较水大几十倍，但它在100℃左右时的蒸气压只有0.013 kPa或者更低，因而不能应用水蒸气蒸馏。利用水蒸气蒸馏来分离提纯物质时，要求此物质在100℃左右时的蒸气压至少在1.33 kPa左右。如果蒸气压在0.13～0.67 kPa，则其在馏出液中的含量仅占1%，甚至更低。为了使馏出液中的含量增高，就要想办法提高此物质的蒸气压，也就是说要提高温度，使蒸气的温度超过100℃，即要用过热水蒸气蒸馏。例如苯甲醛（沸点178℃），进行水蒸气蒸馏时，在97.9℃沸腾（这时 $p_A=93.8$ kPa，$p_B=7.5$ kPa），馏出液中苯甲醛占32.1%，假如导入133℃过热蒸汽，这时苯甲醛的蒸气压可达29.3 kPa，因而只要有72 kPa的水蒸气压，就可使体系沸腾。因此：

$$\frac{m_A}{m_B}=\frac{72\times18}{29.3\times106}=\frac{41.7}{100}$$

这样馏液中苯甲醛的含量就提高到70.6%。

应用过热水蒸气还具有使水蒸气冷凝少的优点，这样可以省去在盛蒸馏物的容器下加热等操作。为了防止过热蒸汽冷凝，可在盛物的瓶下以油浴保持和蒸汽相同的温度。

在实验操作中，过热蒸汽可应用于在100℃时具有0.13～0.67 kPa的物质。例如在分离苯酚的硝化产物中，邻硝基苯酚可用一般的水蒸气蒸馏出来。在蒸完邻位异构体后，如果提高蒸汽温度，也可以蒸馏出对位产物。

2.13.2 水蒸气蒸馏的装置

水蒸气蒸馏有两种方法：一种是将水蒸气发生器产生的水蒸气通入盛有被蒸物的烧瓶中，使被蒸物与水一起蒸出；另一种方法是将水加入到装有被蒸物的烧瓶中，与普通蒸馏方法相同，直接加热烧瓶，进行蒸馏，这是一种简化了的水蒸气蒸馏方法，当蒸馏时间较短，不需耗用大量水蒸气时，可采用这种方法。

（1）水蒸气蒸馏装置

图2-21为常用的水蒸气蒸馏装置。A为水蒸气发生器，常用金属制成，也可以用大圆底烧瓶，一般盛水量为其容积的2/3为宜。B为安全管，插到发生器底部，如果体系内压力增大，水会沿玻璃管上升，起到调节压力的作用。如果系统发生阻塞，水会从管的上口喷出，这时应停止蒸馏，查找原因。D为蒸馏瓶，E为水蒸气导入管。

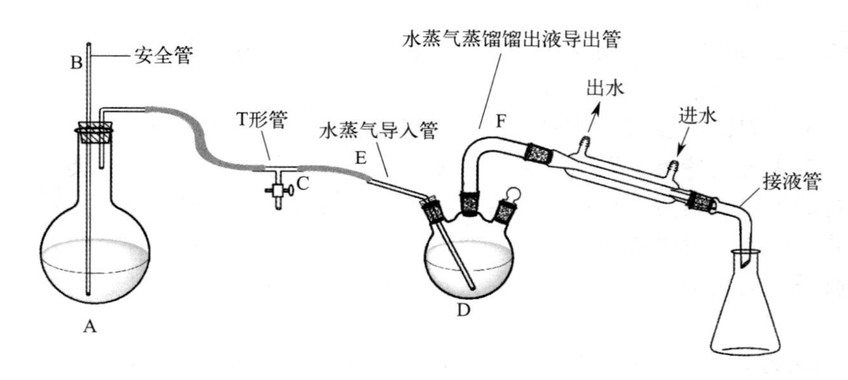

图2-21 水蒸气蒸馏装置

（2）安装

蒸馏瓶D瓶内液体不超过其容积的1/3。在水蒸气发生器A与蒸气导入管E之间用橡胶管连接一个T形管，T形管下端连接一段带有螺旋夹C的乳胶管。打开螺旋夹C，可以及时放掉蒸气冷凝形成的水滴。

蒸气发生器至蒸馏瓶之间的蒸气导管应尽可能短，以减少蒸气的冷凝。蒸气导管E的下端应尽量接近瓶底，但不得与瓶底接触，弯曲部分位于瓶中液体的中央并与瓶底垂直，以便于水蒸气与蒸馏物质充分接触并起搅动作用。

进行蒸馏时，打开T形管下端的螺旋夹C，加热水蒸气发生器A，直至水沸腾，当有大量水蒸气产生时，将螺旋夹C拧紧，使水蒸气通入蒸馏瓶D中。为了不使蒸馏瓶D中的液体积累过多，必要时，可在D下面加一石棉网，用小火加热，但应注意控制加热速度，使蒸气能在冷凝管中全部冷凝下来。在蒸馏固体物质时，它们往往在冷凝管中凝结为固体，这时暂停甚至放掉冷凝水，如果无效则立即停止蒸馏，用长玻璃棒将固体捅出或用吹风机的热风将固体熔化。

当馏出液澄清不含油滴时，为蒸馏终点。中途停止蒸馏或结束蒸馏时，应先打开T形管下方的螺旋夹C，然后停止加热，以防蒸馏瓶D中的液体倒吸入水蒸气发生器中。

2.14 薄层色谱

薄层色谱（thin layer chromatography，TLC），又称薄层层析，是一种微量、快速的层析方法。薄层色谱技术是一种以涂布于支持板上的支持物为固定相，以适当的溶剂为流动相，对混合物进行分离、鉴定和定性、定量分析的色谱技术。TLC 不仅可以用于反应过程的监控，也可用于混合物的分离、鉴定及提纯，还可以通过薄层色谱来摸索和确定柱色谱时的洗脱条件，因此 TLC 技术也被称为合成化学家的“眼睛”。

薄层色谱（TLC）是将固定相（有时加入固化剂和显色剂）均匀地铺在一块支持板上，形成薄层。这种铺有固定相的支持板称为薄层色谱板、薄层层析板或 TLC 板，由于层析在硅胶薄层上进行故而得名。薄层色谱技术通常把待分离的样品配制成溶液点在薄层板上，然后用适宜的溶剂展开，使混合物得以分离，再利用显色技术进行鉴定。其原理就是利用各成分对同一固定相（吸附剂）吸附能力不同，使得化合物在流动相（溶剂，或称展开剂）流过固定相（吸附剂）的过程中连续地产生吸附、解吸附、再吸附、再解吸附过程，从而达到各成分的互相分离的目的。

TLC 板根据固定相种类，分为硅胶 TLC 板（俗称硅胶板）和中性氧化铝 TLC 板（俗称铝板），按照功能可分为分析型 TLC 板和制备型 TLC 板（Prep TLC）。由于硅胶能较好地附着在玻璃上，因此硅胶板通常都是以玻璃为支持板。而中性氧化铝在铝板上附着力较强，其通常以铝板为支持板。根据分离的原理不同，薄层色谱可以分为两类：用吸附剂铺成的薄层所进行的色谱分离为吸附薄层色谱。吸附薄层中常用的吸附剂为氧化铝和硅胶。用纤维素粉、硅胶、硅藻土为支持剂铺成的薄层属于分配薄层色谱。有机合成实验室常用的薄层色谱板为硅胶板，氧化铝薄层色谱板（铝板）由于价格昂贵，一般只在分离特殊化合物时才使用到。

薄层色谱法通过展开缸、展开剂和薄层色谱板实现（如图 2-22）。首先将待分析样品配制成溶液点样到 TLC 板上，然后将 TLC 板置于含有适量展开剂的展开缸中，盖上缸盖等待 5～10 min 至溶剂前沿离 TLC 板顶端 0.3～0.5 cm 处即可取出进行显色。

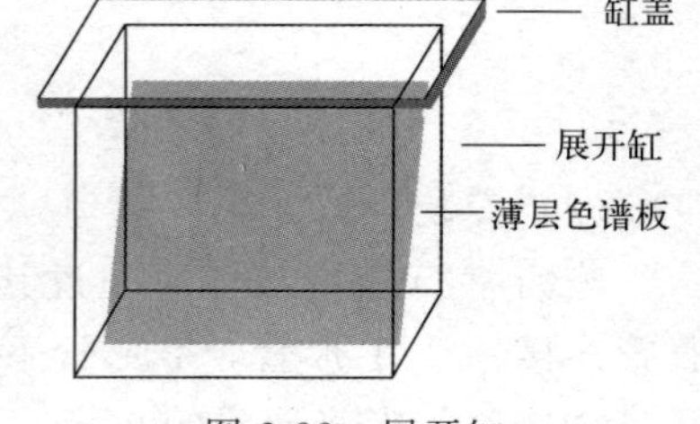

图 2-22　展开缸

影响薄层色谱展开效果的三个基本因素是：样品组分、吸附剂和展开剂。摸索色谱柱分离条件或进行定性鉴定实际上是协调上述三者的关系，寻求一种能够有效分离样品组分的最佳方案。可见，TLC 技术的核心是以样品中的各组分为中心，通过适当调节展开剂的极性来实现各组分的分离与鉴定。

展开剂：薄层色谱中用来将样品展开的溶剂，通常由单一溶剂或两种溶剂组成。

展开：用极性适当的溶剂浸润已经点了样品的薄层板一端，凭借毛细作用带动样品在薄层板上移动，最终使样品分离的操作过程。

显色：将已展开后的 TLC 板借助显色剂或设备显色的过程。

边缘效应：同一个化合物点样点在 TLC 板上展开，靠近 TLC 边缘的点样位置移动比中间位置快，造成同一个化合物点样，几个点样位置展开后显色点呈现弯月面，而不是一条直线，这一现象称为 TLC 板的“边缘效应”[图 2-23]。

展开剂通常是由一种、两种或者多种溶剂按一定的比例组成的溶剂系统，简称溶剂体系

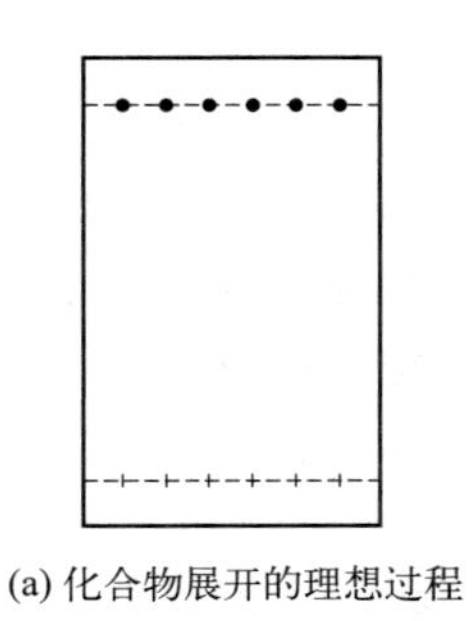

(a) 化合物展开的理想过程

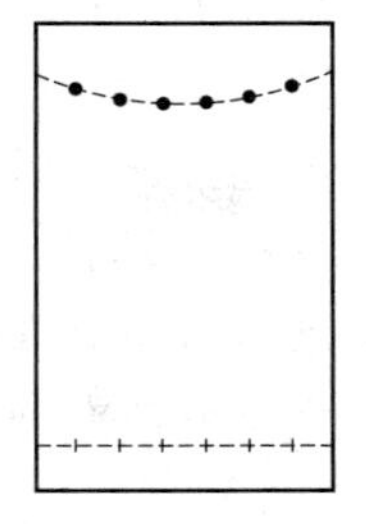

(b) 化合物展开的“边缘效应”

图 2-23　化合物展开过程中的“边缘效应”

或展开溶剂。有机合成实验室最常用的展开剂体系有两种：石油醚/乙酸乙酯体系和二氯甲烷/甲醇体系。根据化合物的大致极性选择合适的展开剂能大幅提高展开效率，准确寻找柱色谱分离洗脱体系。

实验室常用展开剂极性大小如下：

石油醚＜石油醚/乙酸乙酯(19∶1)＜石油醚/乙酸乙酯(9∶1)＜石油醚/乙酸乙酯(5∶1)＜二氯甲烷＜石油醚/乙酸乙酯(3∶1)＜二氯甲烷/甲醇(19∶1)＜二氯甲烷/甲醇(9∶1)＜甲醇

绝大部分有机化合物能够通过上述展开体系获得较好的展开效果。值得注意的是，无水甲醇能溶解微量的硅胶，这会带来样品的硅胶污染风险。因此在有机合成的实际操作中不会使用极性超过二氯甲烷/甲醇＝9∶1 的二氯甲烷/甲醇溶剂体系。根据有机化合物的极性，一般含有盐、羧基、氨基、羟基等强极性基团的有机化合物极性较大，适合使用二氯甲烷/甲醇体系展开，而含有羰基的醛/酮/酯类化合物和饱和烷烃、不饱和烯烃、炔烃等有机化合物极性较小，适合使用石油醚/乙酸乙酯体系展开。同一化合物在不同的溶剂体系中展开效果不同，点样点的显色形状也可能有所不同。应当根据样品的物理、化学性质和展开效果综合考虑使用何种溶剂体系。

在吸附型薄层色谱中，化合物在 TLC 板上移动的速度与展开剂的极性和化合物本身的极性有关。对于同一化合物，展开剂的极性越大，化合物移动的速度越快；展开剂的极性越小，化合物的移动速度越慢。对于不同极性化合物在同一展开剂体系展开，化合物极性越大移动得越慢，反之化合物极性越小移动得越快。薄层色谱要得到较好的展开效果，必须依据待分离样品极性选择合适的展开溶剂体系。对于未知样品通常需要根据样品所含官能团种类依据经验初步判断使用何种溶剂体系，然后先用低极性展开剂展开，根据被分离物质在薄层上的分离效果，进一步考虑改变展开剂的极性。

2.14.1　薄层色谱法的操作步骤

(1) 点样

样品溶解：将样品溶于与展开剂极性相近、挥发性高的有机溶剂中。一般选择溶解性好的二氯甲烷或乙酸乙酯为溶剂溶解待测样品。通常点样样品配制 1～2 mg/mL 浓度比较适宜。尽量使用溶解能力强、沸点低、挥发快的有机溶剂溶解样品。

样品点样：用 0.35 mm 毛细管吸取样品溶液，在距离 TLC 底边 0.3 cm 处位置点样。点样量应适当且样点直径小于 1 mm。多个样点时，每个点样点位置应间隔至少 0.3 mm 为宜且处于同一条直线上。对于初学者而言，点样常出现浓度太高或太低等问题。点样浓度太大，展开后有可能斑点拖尾或者斑点过大，极有可能掩盖其他点。浓度太低则有可能斑点不清晰。因此浓度适中是关键，宜稀不宜浓。

（2）展开

当点样位置的溶剂充分挥干后，将 TLC 板放置在含有适量展开剂的展开缸中，从薄层板的一端向另一端进行浸润展开。注意不要使溶剂前沿到达顶端，也不要让展开剂浸没点样位置，即基线。当溶剂前沿距离 TLC 板顶端 0.3～0.5 cm 处时取出，吹干或晾干溶剂，通过显色剂或显色设备查看点样点的展开效果。

（3）显色

通过适当的方法处理 TLC 板，使其上已展开的各成分呈现出明显的斑点显示出来称为显色。目前常用的显色方法为紫外灯显色，此外还有显色剂显色。市售 TLC 硅胶板，例如 GF_{254} 硅胶板通常加有黏合剂和荧光显色剂，样品在硅胶板上展开后可通过 254 nm 波长紫外灯照射呈现出明显的黑色斑点。绝大部分对紫外光有一定吸收的有机化合物都可以通过这种方法进行显色。显色剂种类很多，用途也各有千秋。比如茚三酮适合含氮化合物，特别是氨基酸的显色；碘能使大多数化合物显色，一些几乎无紫外吸收的化合物如甾体类化合物也能在碘显色剂中呈现明显的棕色斑点；碱性高锰酸钾溶液对含有易氧化官能团化合物显色效果明显。不同的显色体系具有不同的识别能力和特点。例如，紫外灯显色随照随看，不影响 TLC 板的使用和再利用，不损伤化合物和 TLC 板，适用范围较广。碘显色适用范围广，但显色时间长。冬季显色时间约 20 min～1 h，夏季约 5～15 min。碘熏之后 TLC 板加热或自然挥发后可再次使用，不破坏 TLC 板。高锰酸钾体系对于含不饱和键的化合物非常灵敏，显色速度快，但是破坏了化合物和 TLC 板。

2.14.2 常用显色剂及其配制方法

（1）紫外灯

显色范围：含芳环和大共轭体系的化合物。

用法：照射法。将 TLC 板置于避光的紫外灯下即可呈现明显的斑点。

特点：显色快，不影响 TLC 板的使用，不破坏 TLC 板上已展开的样品。但对无共轭体系或共轭体系小的化合物显色效果差。

（2）碘

显色范围：显色广谱。饱和烃、不饱和烃、卤代烃、芳香烃、醛、酮、羧酸及其衍生物等都能在碘蒸气下显色。显色效果呈棕色或深棕色斑点。

用法：熏板法，将 TLC 板置于含有碘粒的密闭容器中等待一段时间即可显色。

特点：显色速度慢，时间长，但不破坏 TLC 板和样品，待碘挥发后不影响板子再次使用，冬季宜使用吹风机加热加速显色。

配制方法：在 250 mL 带磨口玻璃塞的广口瓶中，放入少许碘粒即可。使用时将 TLC 板放入瓶中碘熏至呈现棕色点即可取出。随着使用次数增加，碘会缓慢挥发，此时显色效果降低，可适当补充碘粒以恢复显色效果。

（3）磷钼酸

显色范围：显色广谱，特别是含羟基的化合物显色效果好。

用法：喷板法。

特点：磷钼酸喷板后使用吹风机或加热枪加热，TLC 板呈浅黄色或淡绿色背景。还原性物质显蓝色或蓝绿色斑点。

配制方法：10 g 磷钼酸＋100 mL 乙醇。

（4）氯化铁

显色范围：酚类化合物特征显色。

用法：喷板法或浸板法。

特点：喷板后酚类化合物呈现蓝色或蓝绿色斑点。

配制方法：氯化铁乙醇溶液显色剂的配制方法为 1%氯化铁＋50%乙醇水溶液。

（5）高锰酸钾

显色范围：含易被氧化官能团的化合物，比如含羟基、氨基、醛、双键、三键等易氧化官能团的化合物使用高锰酸钾，特别是碱性高锰酸钾显色效果好。

用法：浸板法。

特点：使用浸板法显色后高锰酸钾溶液会破坏 TLC 板，因此 TLC 板显色后不能再次使用。将 TLC 板浸没于碱性高锰酸钾溶液中立马取出，用吹风机吹干残留液即可，显色点呈白色或浅黄色、黄色。碱性高锰酸钾使用一段时间后会逐渐失效，此时需要重新配制。一般使用期为 3 个月左右。

配制方法：1.5 g $KMnO_4$＋10 g K_2CO_3＋1.25 mL 10% NaOH＋200 mL 水。

（6）茚三酮

显色范围：氨基酸特征显色。

用法：喷板法或浸板法。

特点：氨基酸类化合物遇水合茚三酮显示特征的蓝紫色斑点。

配制方法：1.5 g 水合茚三酮＋100 mL 正丁醇＋3.0 mL 醋酸。

2.14.3 比移值的计算

展开结束后样品中各个成分的斑点可能出现了不同程度的分离，为了表示各成分的相对位置，通常以比移值作为衡量斑点位置的指标。展开结束后展开溶剂浸润 TLC 板的最前端会形成一条明显的干湿分界线，这条线称为溶剂前沿。各点样点以距离 TLC 板底端一段距离（通常 0.2～0.3 cm）作为起始位置，称为基线（见图 2-24）。比移值的符号为 R_f，其计算公式如下：

$$R_f=\frac{\text{斑点中心与基线之间的距离}}{\text{溶剂前沿与基线之间的距离}}$$

图中，D_1 点的比移值 $R_f=\frac{S_2}{S_1}$，D_2 点的比移值 $R_f=\frac{S_3}{S_1}$。

例如，展开结束后基线与溶剂前沿的距离为 0.5 cm，D_1 点的斑点中心距离基线的距离为 0.2 cm，那么 D_1 点的 R_f 值为 0.4。D_2 点的斑点中心距离基线的距离为 0.25 cm，那么 D_2 点的 R_f 值为 0.5。

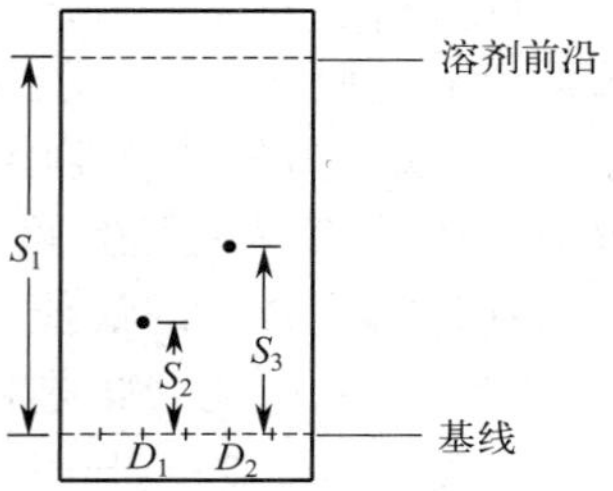

溶剂前沿

S_1 S_2 S_3

基线

D_1 D_2

图 2-24 薄层色谱中斑点的移动位置

薄层色谱的 R_f 值受多种因素影响。同一化合物在不同的溶剂体系中其 R_f 值不同。R_f 值同样受到点样浓度、TLC 板长度、固定相和展开温度的影响。因此，薄层色谱定性分析时其样品通常与标准品一起点样进行对比分析。要想 TLC 达到最佳分离效果，斑点的 R_f 值最佳范围应在 0.3～0.6，通常组分的 R_f 值可用范围为 0.2～0.9。如果 R_f 较大，可适量加入极性较小的溶剂，以降低展开剂极性。反之，则需加入极性大的溶剂。此外，在探索柱色谱分离条件时，对于极性相近的组分，两组分的 R_f 值相差至少 0.1 才能在硅胶色谱柱中达到较好的分离效果。

2.14.4 薄层色谱的应用

薄层色谱常用于以下场景：①监测反应过程；②寻找柱色谱分离最佳溶剂体系；③判断两化合物是否为同一物质；④化合物的分离与纯化。

(1) 监测反应过程

有机化学反应可以通过在线红外、核磁共振或气-质联用监测反应过程。但上述方法均需借助于昂贵的仪器设备来完成，受仪器设备的使用限制，这些方法难以为实验室提供低成本、高频率、实时、快速的反应过程监控。TLC 技术完美地解决了上述问题，是有机化学实验室应用最为广泛的反应过程监测手段。

如图 2-25 所示，若有原料 A 与 B 反应生成 C 的反应，在某时刻点板发现 A、B 原料均有剩余［图 2-25(a)］则说明反应还未进行完全。若某一时刻 A、B 基本无剩余［图 2-25(b)］，则说明反应基本完全，可以进行后处理。

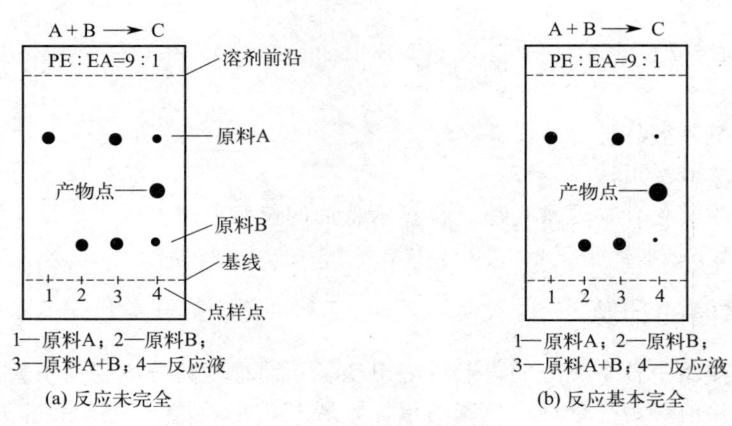

图 2-25 反应过程的监控

(2) 寻找柱色谱分离最佳溶剂体系

反应后处理完成后，进行柱色谱分离，可以根据反应混合物在 TLC 板上的展开情况选择合适的洗脱溶剂。一般而言，目标化合物使用溶剂体系在薄层色谱板上展开后 R_f 比移值在 0.3～0.6 为最佳洗脱溶剂体系。R_f 值偏小，则目标化合物被洗脱时间长，将耗损更多洗脱剂；R_f 值偏大洗脱速度太快，会导致分离效果变差。因此，应当选择合适的洗脱剂洗脱，以达到目标化合物的最佳分离效果。

(3) 判断两化合物是否为同一物质

如图 2-26，若要判断 A、B 两种化合物是否为同一化合物，可将 A、B 及 A+B 混合物点在合适展开剂中展开，观察混合点是否圆润。有时需要更换不同展开体系才能观察到混合点的展开情况［图 2-26］。极性相似的化合物在展开剂中展开（有时需经多次展开），混合点呈两个独立的斑点或葫芦状斑点。如图 2-26 所示，A+B 混合物在石油醚/乙酸乙酯＝3∶1 中展开看似同一化合物，其 R_f 值几乎相同，但使用二氯甲烷/甲醇＝19∶1 溶剂体系展开，可以明显看到 A 与 B 的 R_f 值有明显区别，A+B 混合物点也不是一个圆润的斑点，而是呈葫芦状斑点，这说明 A 与 B 不是同一化合物。

(4) 化合物的分离与纯化

TLC 薄层色谱也可用来提纯化合物。样品通过在面积较大的制备型硅胶板上展开，待

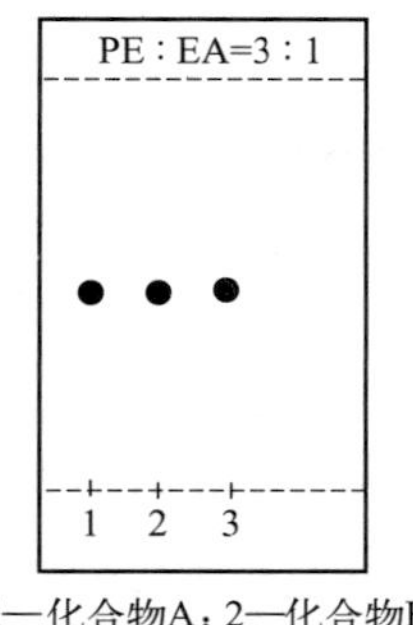

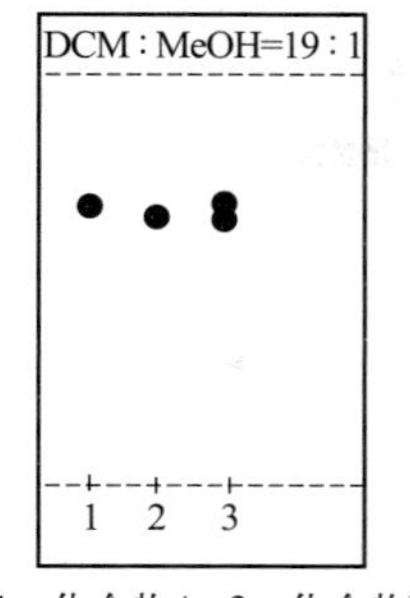

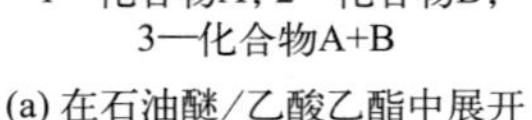

1—化合物A；2—化合物B；
3—化合物A+B
(a) 在石油醚/乙酸乙酯中展开

1—化合物A；2—化合物B；
3—化合物A+B
(b) 在二氯甲烷/甲醇中展开

图 2-26 不同溶剂体系中化合物的薄层色谱

分离化合物能在 TLC 上呈不同色带。将色带连同硅胶刮下称为刮大板。将刮下的硅胶浸泡、提取即可得到高纯度目标化合物。

2.15 柱 色 谱

柱色谱技术（column chromatography）又称柱层析技术，是合成化学中一种常用的化合物分离与纯化手段。其主要原理是根据混合物样品中各组分在固定相和流动相中分配系数不同，经多次吸附-解吸附过程将各组分分离。其原理与薄层色谱类似，不同的是薄层色谱自下而上展开，而柱色谱则是自上而下洗脱。柱色谱操作时，首先在圆柱形层析柱中填充不溶性基质（固定相），然后将样品加到色谱柱固定相顶端，用溶剂（流动相）洗脱。在样品从色谱柱中洗脱下来的过程中，根据样品中各组分在固定相和流动相中分配系数不同，经多次反复分配将各组分分离。柱色谱具有分离能力强、适应范围广和高效率等特点。其分离量根据色谱柱规格从几毫克到几百克不等，特别适用于多组分混合物的快速分离。目前柱色谱技术在合成化学、药物化学、天然产物化学、材料化学和化工领域均有非常广泛的应用。

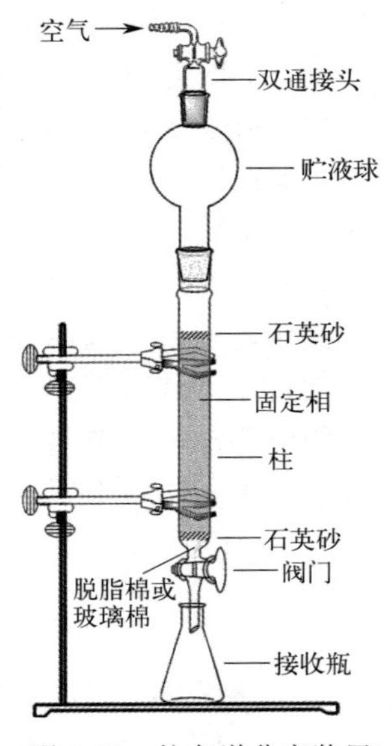

图 2-27 柱色谱分离装置

图 2-27 所示为典型的柱色谱分离装置。柱色谱分离装置由接头、贮液球、色谱柱、接收瓶组成。色谱柱底端靠近阀门位置塞以脱脂棉或玻璃棉，然后填充少量石英砂，再填充固定相（例如硅胶），靠近柱顶再填充少量石英砂，以防加入的流动相扰动固定相。柱色谱工作时通过吹入氮气或者空气驱动流动相向下洗脱，完成各组分的分离。

（1）固定相

柱色谱常用的固定相也称为吸附剂，有硅胶和氧化铝两种。硅胶由于其表面有较多的羟基，在分离强碱性化合物时由于氢键作用，其对样品吸附能力强，解吸附较慢，不利于化合物的分离。此时通常在流动相中添加一定量的碱性物质（例如氨水或三乙胺）进行硅胶饱和吸附，以缩短分离时间，减少吸附造成的样品损失。氧化铝可分为酸性氧化铝、中性氧化铝和碱性氧化铝，因其不会与碱性化合物形成氢键，因此特别适合分离强碱性样品和极性较大的样品。柱色谱的分离效率不仅与固定相的种类有关，还与固定相的粒径大小有关。固定相的粒径越小，比表面积越大，对样品的吸附-解吸附速率越慢，柱效越好，柱压越大，流动相流速越慢，柱色谱分离时间越长，反之亦然。实验室常用的硅胶和氧化铝固定相粒径为200～300目。也可根据实际需要使用更大或更小粒径的固定相进行柱色谱分离。

（2）流动相

色谱柱中使用的溶剂称为流动相或洗脱剂，通常由一种或多种溶剂组成。色谱柱中洗脱剂的极性可根据TLC薄层色谱展开极性确定。通常样品在TLC板上展开的比移值 R_f 在0.3～0.6范围内其分离性能最好，相应的展开剂极性适合作为柱色谱洗脱剂。值得注意的是，在以硅胶作为固定相的柱色谱操作中，由于无水甲醇能溶解微量的硅胶，因此实际操作不会使用极性超过二氯甲烷/甲醇＝9∶1的二氯甲烷/甲醇溶剂体系作为流动相洗脱。

（3）装柱

向色谱柱中填入固定相或吸附剂的操作称为装柱。装柱以加压后色谱柱紧实、不塌陷，柱内无裂纹、气泡为佳。目前色谱柱常用的装填方法有两种，即干法装柱和湿法装柱。干法装柱是先将吸附剂（固定相）通过柱顶漏斗装填入色谱柱，然后轻轻敲击柱身使色谱柱装填紧实，然后在柱顶加入低极性溶剂淋洗，直至柱内空气全部排除，柱子紧实不塌陷为止。湿法装柱是先将吸附剂与低极性溶剂混合调制成糊状，然后装填入色谱柱，再加压并用溶剂淋洗至色谱柱紧实。由于先填入吸附剂再用溶剂淋洗需要较长时间排出柱内空气，干法装柱的效率和效果往往不如湿法装柱效果好。无论是干法还是湿法装柱，均需在装柱前在柱子底端塞入脱脂棉，再铺上一层石英砂，防止吸附剂通过缝隙渗漏。装柱完成后因确保柱内无气泡或空气，否则将会影响柱效，继而影响分离效果。

（4）上样

在已装填好吸附剂的色谱柱顶端加样品的操作称为上样。上样时根据有无溶剂分为干法上样和湿法上样。干法上样就是把待分离的样品用少量溶剂溶解后拌入吸附剂（例如硅胶柱色谱使用硅胶拌样）再旋干溶剂，此时得到吸附有样品的粉末状混合物。将该混合物通过漏斗加到色谱柱顶端即为干法上样。因上样时样品混合物不含溶剂即得此名。干法上样较麻烦，但可以保证样品层很平整，因此洗脱时样品色带形状也非常规整，此法对初学者比较适合。湿法上样用少量低极性溶剂将样品溶解后再用滴管沿色谱柱内壁均匀加入再洗脱。湿法较方便，上样速度快、效率高，但对上样操作手法有较高要求，适合有一定柱色谱分离经验的人。

（5）洗脱

洗脱是使用溶剂冲洗色谱柱的过程，分为等度洗脱和梯度洗脱。等度洗脱使用相同极性的溶剂体系冲洗色谱柱，而梯度洗脱在柱色谱分离过程中逐渐增大洗脱剂极性。梯度洗脱对于多组分样品的分离效果优于等度洗脱，因此该策略在合成化学中应用最为广泛。梯度洗脱时溶剂体系的极性不宜增加过快，否则容易导致色谱柱开裂，影响分离性能。

2.16 无水无氧操作

有机化学中很多试剂都对空气或水蒸气有一定的敏感性。例如绝大多数有机金属试剂如格氏试剂（RMgX）、有机锂试剂（RLi）、有机锌试剂（R_2Zn）、有机铝试剂（R_2AlH），化学还原剂（四氢铝锂、硼氢化钠、硼烷），有机强碱［氢化钠、乙醇钠、双（三甲基硅烷基）氨基钾、叔丁醇钾］以及碱金属（锂单质、钠单质等）和部分过渡金属配合物催化剂（钯催化剂等）在进行化学反应时都需要进行无水无氧操作，以隔绝空气及水蒸气。

无水无氧操作技术，又称为 Schlenk 技术或施兰克技术。Schlenk 技术主要借助于双排管、玻璃磨口三通阀或带气球的注射器完成反应体系的抽真空-惰性气体置换。实验室常用的惰性气体有氦气、氩气和氮气。由于氮气来源广泛且价格低廉，在有机化学实验中使用最为广泛，其市售高纯氮气有多种规格。目前使用较多的为 99.99%的高纯氮气。

2.16.1 双排管及其使用方法

双排管是进行无水无氧操作的常用装置，其结构如图 2-28 所示。双排管左右两端各有一个接口，一端通过冷阱连接真空泵，另一端通过油泡器连接惰性气体钢瓶，其下方通常带有 4～6 个双斜三通阀门。冷阱用于捕获低沸点化合物，同时也能防止真空泵倒吸，而油泡器可用于观察惰性气体流速。双排管工作时可以通过双斜三通阀门切换抽真空和充惰性气体两种操作而互不干扰。此外，它还可以同时控制多个阀门进行不同的抽真空/充惰性气体操作。双排管这种一器多用的装置极大地方便了有机合成工作者，在有机化学无水无氧操作中被广泛应用。

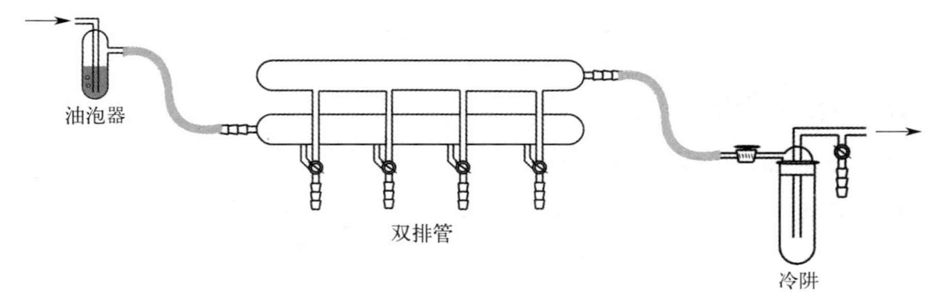

图 2-28　双排管装置

2.16.2 注射器针管技术

在有机化学实验室中，注射器针管技术是量取和转移对空气敏感化合物的一种常用操作方法。常用注射器类型有玻璃注射器、一次性塑料注射器和微量注射器，而针头的种类也较多，有不同型号的短针头、长针头、双尖针头等。注射器和针头常与翻口橡胶塞配合使用。翻口塞在塞入标准磨口玻璃仪器后可以通过将上沿翻下箍紧磨口外沿达到密封效果，液体物质可以通过注射器刺入橡胶塞加入反应体系。有机化学无水无氧操作中通常采用注射器针管技术进行对空气敏感试剂的转移和取用。

（1）对空气敏感试剂的量取

有机化学中大多数对空气敏感的试剂使用隔膜瓶封装。在取用时，为了防止瓶内负压过大进入空气，通常使用带惰性气体气球的注射器进行气体置换，然后利用长针头注射器量取试剂，此时隔膜瓶中减少的体积会被惰性气体充满，减少了试剂与空气及水蒸气的接触（见图 2-29）。

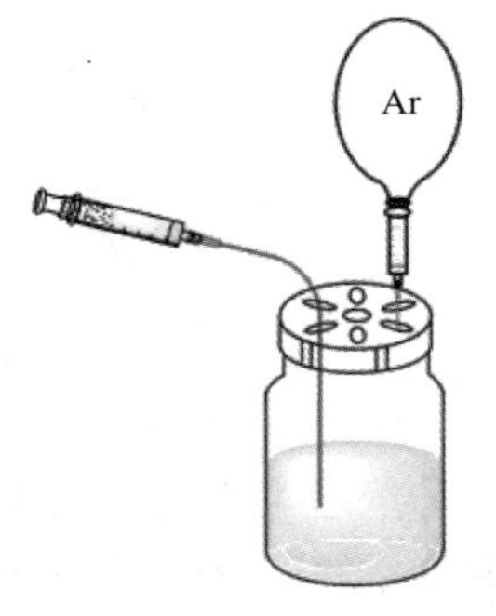

图 2-29　隔膜瓶封装试剂的转移

（2）对空气敏感试剂的转移

对空气敏感的化学试剂可通过注射器转移，以减少与空气的接触，同时通过带长针头注射器加入带惰性气体气球三通阀的三口烧瓶中。此外，双尖针头搭桥法也是对空气敏感试剂的常用转移方法。通过惰性气体在三口烧瓶中形成一定压力，迫使空气敏感型试剂通过双尖针头进入反应体系（见图 2-30）。应当注意的是，某些试剂（例如正丁基锂和叔丁基锂等）暴露在空气中极易燃烧，因此在转移时注射器也应当在惰性气体氛围中充分置换以排除空气及水蒸气，同时防止注射器中试剂的滴落。

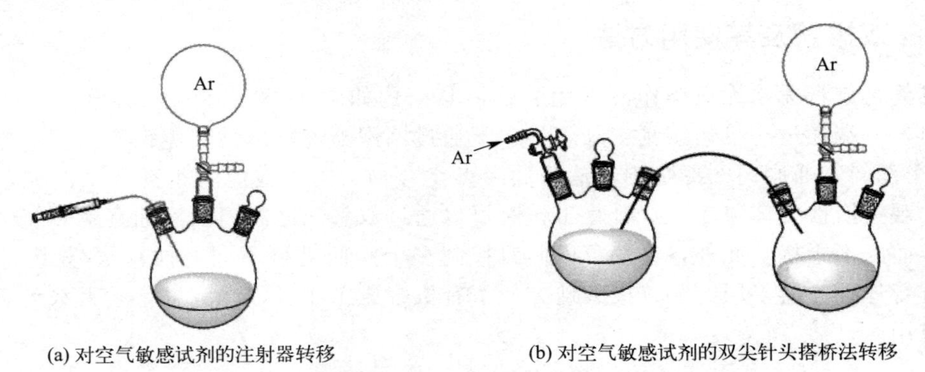

图 2-30　对空气敏感试剂的转移

2.16.3　反应瓶 Schlenk 操作技术

有机化学中常使用一些结构特殊的反应瓶进行无水无氧操作，例如三口烧瓶、施兰克管（Schlenk tube）和施兰克瓶（Schlenk flask）等。如图 2-31 所示分别为：(a) 带双通阀门施兰克管；(b) 带特氟龙栓塞的施兰克管和 (c) 带双通阀门施兰克瓶。

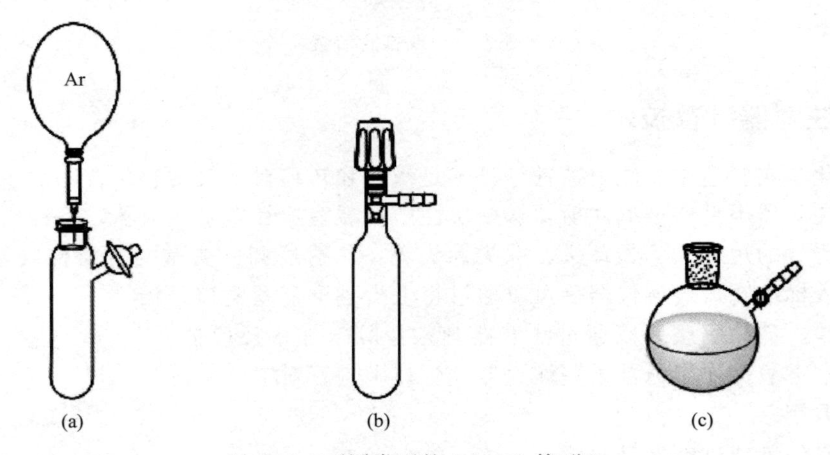

图 2-31　不同类型的 Schlenk 管(瓶)

Schlenk 管（瓶）进行无水无氧操作时，首先通过带阀门支管进行抽真空除去体系的空气，然后可通过三通阀接头或带惰性气体气球的含针头注射器进行气体置换，如此反复进行抽真空-充惰性气体操作 3～5 次，即可进行无水无氧反应。

2.17　常用有机溶剂及其纯化与干燥

有机化学实验中常用的溶剂多达十余种。在使用前一定要先熟悉不同溶剂的性质，尤其是在进行萃取或柱色谱操作时要特别留意不同溶剂之间的互溶性。例如，水可与乙酸、甲醇、乙醇、丙酮、乙腈、二氧六环、四氢呋喃、二甲亚砜和 N,N-二甲基甲酰胺以任意比例互溶。上述溶剂不能在萃取操作中用作萃取用有机溶剂。正己烷、石油醚不能与甲醇及乙腈互溶，因此前者不能与后者混合用作 TLC 展开剂或柱色谱洗脱剂。表 2-7 为常见溶剂的互溶性表，黑色方块表示两种溶剂不能互溶。

表 2-7　常见溶剂的互溶性表

	二氯甲烷	氯仿	乙酸乙酯	正己烷	甲醇	乙醇	甲苯	乙腈	四氢呋喃	二氧六环	乙醚	丙酮	二甲基亚砜	二甲基甲酰胺	水
二氯甲烷															■
氯仿															■
乙酸乙酯															■
正己烷					■			■					■	■	■
甲醇				■											
乙醇															
甲苯															■
乙腈				■											
四氢呋喃															
二氧六环															
乙醚													■		■
丙酮															
二甲基亚砜				■							■				
二甲基甲酰胺				■											
水	■	■	■	■			■				■				

市售溶剂随着使用次数的增加，溶剂中会吸收少量水分。在某些对水敏感的反应中，这些极微量的水会影响反应的进行，甚至造成反应的失败。此外，某些溶剂本身含有少量其他杂质，如有必要，在使用前应当进行适当的纯化处理。例如，石油醚是一种常用的低极性溶剂。因其价格相较正己烷低，在有机化学实验室中常用来替代正己烷用于配制 TLC 展开剂或柱色谱洗脱剂。石油醚根据沸点范围分为 30～60℃、60～90℃和 90～120℃三种规格。其中，60～90℃使用最为广泛。这种溶剂通常是多种低沸点饱和烷烃的混合物，当中也含有极少量高沸点烷烃。使用其作为柱色谱洗脱剂时，液体产物常在核磁共振氢谱化学位移 δ 0.5～1.0 有溶剂峰，而且很难通过真空干燥法除去。当核磁共振中残留溶剂难以除去时，应当考虑使用正己烷代替，或者对其进行重蒸纯化后再使用。

无水无氧操作中，所使用的溶剂通常需要做除水处理。在合成实验室中，制备无水溶剂通常使用重蒸馏法。少量的溶剂可以在圆底烧瓶中加入碱金属（例如钠丝等）或碱金属氢化物（例如氢化钙）和待重蒸的溶剂，使用蒸馏装置进行重蒸。新蒸馏的无水溶剂需要现蒸现用，储存时间过长或新蒸馏的无水溶剂使用次数过多依然会造成溶剂中含水量增加。目前使用较广泛的大量无水溶剂处理系统为溶剂连续蒸馏装置（见图 2-32）。该装置由三口

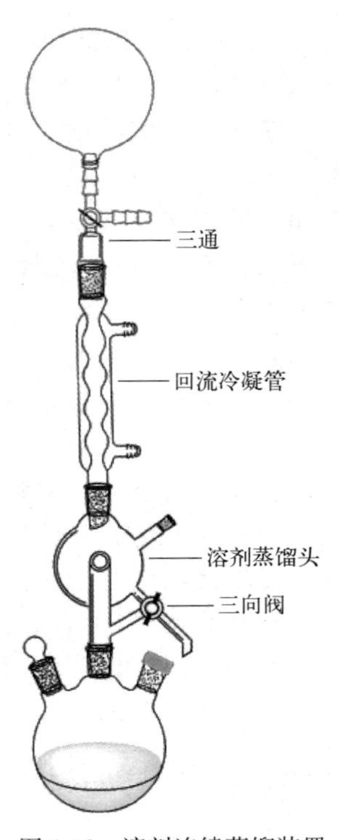

图 2-32　溶剂连续蒸馏装置

烧瓶、溶剂蒸馏头、回流冷凝管和带惰性气体气球的三通组成。其中，溶剂蒸馏头是无水溶剂蒸馏专用的玻璃仪器，其下方磨口接三口烧瓶，侧下方有一个三向阀。溶剂连续蒸馏装置工作时，三口烧瓶中的待蒸馏溶剂预先加入除水试剂（例如钠丝），加热后溶剂蒸气通过溶剂蒸馏头进入冷凝管，蒸气被冷凝后无水溶剂进入溶剂蒸馏头的球形贮液球。三口烧瓶侧口可以随时补加待蒸馏溶剂和除水试剂。取用无水溶剂时，打开溶剂蒸馏头侧口三向阀门放出溶剂。贮液球中剩余的溶剂还可以通过三向阀流回三口烧瓶回收溶剂。整个连续蒸馏装置应在惰性气体氛围下蒸馏，以隔绝空气和水蒸气。

2.18 红外光谱的测定

2.18.1 红外光谱的基本原理

有机分子时刻都处于运动状态，而组成化学键或官能团的原子也处于不断振动的状态，其振动频率与红外光的振动频率相当。因此，当使用红外光照射有机分子时，分子中的化学键或官能团可发生振动吸收。不同的化学键或官能团吸收频率不同，在红外光谱上处于不同位置，通过傅里叶变换的方法可获得分子中各化学键或官能团的相关信息。

红外光谱法实质上是一种根据分子内部原子间的相对振动和分子转动等信息来确定分子结构和鉴别化合物的分析方法。将分子吸收红外光的情况用仪器记录下来，通过傅里叶变换就得到红外光谱图。红外光谱图通常用波长（λ）或波数（$\bar{\nu}$）为横坐标，表示吸收峰的位置；用透光率（T）或者吸光度（A）为纵坐标，表示吸收强度。

通常将红外光谱分为三个区域：近红外区（12820～4000 cm^{-1}）、中红外区（4000～400 cm^{-1}）和远红外区（400～20 cm^{-1}）。由于绝大多数有机物和无机物的基频吸收带都出现在中红外区，因此中红外区是研究和应用最多的区域。一般红外光谱使用的波数为 4000～400 cm^{-1}，属于中红外区，相当于分子的振动能量。所以，红外光谱也称为振动光谱。

按吸收峰的特征，可以将 4000～400 cm^{-1} 范围的红外光谱大致分为官能团区（1250～4000 cm^{-1}）和指纹区（600～1250 cm^{-1}）两部分。其中官能团区中的吸收峰基本上是由官能团的伸缩振动产生，具有很强的特征性，因此在官能团的指认上很有帮助。指纹区峰多而且复杂，没有强的基团特征性，主要是由一些单键（例如 C—O、C—N 及 C—X 单键）的伸缩振动及弯曲振动产生。当分子的取代基位置及空间构型发生变化时，该区的吸收就有细微的差异。就像人的指纹一样，可以特异性识别身份。因此，指纹区对于指认结构相似的化合物（例如，不同位置取代的芳香化合物）非常有帮助。

红外光谱是物质定性和定量分析的重要方法之一。例如，在定性分析方面，红外光谱的解析能够提供化合物官能团的信息，可以帮助大致确定化合物官能团的种类及结构。例如，醛、酮、羧酸及羧酸衍生物中羰基的红外吸收大致在 1650～1850 cm^{-1} 处。C≡C 键和 C≡N 键的红外吸收大致在 2100～2275 cm^{-1} 处。

红外光谱对样品的适用范围非常广，固态、液态或气态样品都能应用。此外，红外光谱还具有分析时间短、所需样品少、灵敏度高等优点。目前，红外光谱已成为化学、材料学、医学及相关学科不可缺少的现代仪器分析测试工具。

2.18.2 制样方法

目前主流的傅里叶变换红外光谱仪（FT-IR）可以测试固体或液体样品。根据制样方法不同，红外光谱制样可分为溴化钾压片法、薄膜法和液膜法等。不同的制样方法具有各自的优缺点，可以根据测试要求进行合理的选择。

（1）溴化钾压片法

溴化钾压片法是利用光谱纯的溴化钾与待测样品混合后经过压片机压成透明薄片后进行测试。该方法的优点是制样方便、速度快、样品用量少，适用于固体或半固体样品。压片法单次测样样品与溴化钾质量比1%～2%为宜，所需样品量约为1 mg，光谱纯溴化钾100 mg左右。将待测样品与溴化钾混合后置于玛瑙研钵中研细并混合均匀，再放入模具中使用压片机压片。

（2）薄膜法

薄膜法通过ATR附件在反射镜面上形成均匀薄膜，再进行测试。薄膜法适合流动性较好的液体样品，且所需试样量较大，但测试方便、速度快。常用的红外ART附件有单反射和衰减全反射ATR附件，这类ART附件安装方便，测试便捷。缺点是薄膜法测试时样品可能会吸附空气中的水蒸气，导致谱图有水峰。

（3）液膜法

液膜法制样是通过将试样夹于两片溴化钾晶片中的一种制样方法。该方法适合黏稠状样品或液体样品的制样。对于黏稠状样品，取少量样品置于溴化钾晶片中间，用另一晶片压紧，使样品形成均匀的薄膜即可测试。对于黏度小、流动性好的液体样品，可以用小玻璃棒蘸一点液体置于溴化钾晶片中间，再放上另一块溴化钾晶片。对于易挥发的液体样品，在溴化钾晶片上滴一大滴样品，马上盖上另一块晶片，并尽快测试。液膜的厚度为5～10 μm时，测得的光谱吸光度比较合适。液膜制样所需样品量比溴化钾压片法略多，约需20～100 mg试样。

2.18.3 测试方法

无论采用何种方法制样，每次测试前都需要扫描空白样本进行背景扣除，然后再将待测试样上机测试。红外光谱测试样品对水蒸气非常敏感。某些样品随着在空气氛围中停留时间的增加会吸收水蒸气，导致红外光谱谱图中水峰较高，可能会掩盖其他化学键或官能团的吸收峰。因此，放置红外光谱仪的房间要保持恒温、干燥，并保持常年低湿度状态。通常，红外光谱扫描会在数秒内完成，制样时间按不同的制样方法约需数分钟到十几分钟。具体红外光谱仪操作方法根据不同的仪器而稍有不同，在此不再赘述。

2.18.4 谱图解析

红外光谱的谱图是一张从上往下展开的具有不规则峰形的谱图（见图2-33）。左侧为透光率或透过率（T，0～100%），下方标尺为波数（cm^{-1}，400～4000 cm^{-1}）。每张谱图可大致将其分为官能团区和指纹区。通过对上述两个区域的吸收峰位置、吸收强度和峰形的解析，就可以获取样品分子中官能团的大致种类和取代基位置等信息，从而间接对分子结构的推断提供必要佐证。需要注意的是，有机小分子的FT-IR傅里叶变换红外光谱主要用于定性实验，对于新化合物而言，很难通过单一的红外光谱解析确定其结构。因此，在有机化学实验中，红外光谱常需要配合其他分析测试方法确定有机分子的结构。

（1）红外吸收峰强度与峰形

红外光谱中，分子的吸收峰不仅表现在吸收峰的位置（频率或波数）上，还表现在吸收峰强度（透光率）和峰的形状上。在文献中通常使用特定符号描述红外吸收峰的强度。例

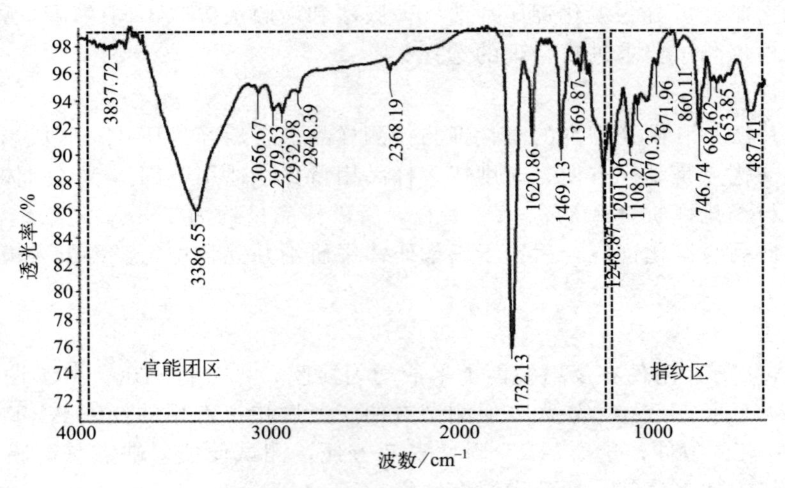

图 2-33　红外光谱谱图示例

如，用 vs 表示吸收峰很强，s 表示强，m 表示中等强度，w 表示吸收峰弱。此外，吸收峰的峰形也可分为宽峰（br）、尖峰、双峰和肩峰等类型。

（2）红外光谱特征吸收频率

不同的官能团其红外吸收峰位置不同，据此可以推断分子中官能团和化学键的种类。因此，红外光谱解析中，吸收峰位置对于化合物官能团种类指认起到了决定性作用。表 2-8 列出了常见官能团和化学键的红外光谱特征吸收频率。

表 2-8　常见官能团及化学键的红外特征吸收频率

类型	基团	吸收频率/cm^{-1}	吸收强度
醇、酚、羧酸、胺、硫醇类活泼氢	O—H	3200～3600	宽，s
	N—H	3300～3500	m
	S—H	2570	m
烷基	C—H	3010～3095	s～m
	$—CH_3$	1380（弯曲振动），2870～2960	m
	$R—CH_2—R$	1380（弯曲振动），2853～2926	m
	CHR_3	1370～1380（弯曲振动），2890	s
三键	—C≡C—	2050～2260	
	—C≡N	2200～2600	m
	C≡C—H	3300～3330	m
双键	C═C—H	3010～3095	m
	—C═C—	1620～1680	
	Ar—H	3010～3030	
醛、酮、羧酸及羧酸衍生物	$R_2C═O$	1690～1750	vs
	RHC═O	1700～1725	vs
芳环取代指纹区	一取代	690～710，730～770	s
	邻二取代	735～770	s
	间二取代	680～725，750～810	s
	对二取代	790～840	s

（3）谱图解析

红外光谱提供的分子官能团种类信息仍不足以对分子结构进行确证，因此需要结合其他仪器分析方法和化合物相关信息对结构进行推断和验证。例如，通过化合物分子式可计算出不饱和度，再根据红外光谱数据解析出化合物所含官能团的种类和取代位置，从而推断出化合物的结构。

① 计算不饱和度

不饱和度（Ω）为 1 mol 化合物达到饱和状态所需氢气的物质的量。例如乙烯达到饱和状态需要 1 mol 氢气，因此乙烯的不饱和度为 1。

不饱和度根据如下公式计算：

$$\Omega=\frac{2n_{\mathrm{C}}+2+n_{\mathrm{N}}-n_{\mathrm{H}}}{2}$$

式中，n_{C} 表示碳原子数量；n_{N} 表示氮原子数量；n_{H} 表示氢原子数量。

② 观察官能团特征吸收峰

根据官能团区吸收峰的频率、峰强度和峰形，对照常见官能团及化学键的红外特征吸收频率表的数据解析出化合物官能团的种类和缔合情况。

③ 找指纹区相关峰

根据指纹区吸收峰频率和峰形的精细结构推断出基团间的结合情况和芳香烃取代基位置。

④ 推断结构

根据官能团区和指纹区红外光谱数据结合分子不饱和度对分子结构进行初步推断，并排除其他可能结构，确定可能的结构式。

⑤ 比对标准谱图验证结构

对于已知化合物，可以通过比对标准谱图确定是否为目标结构。目前 FT-IR 自带的标准谱库为 Sadtler 红外图谱集，可以在线比对实验谱图和标准谱图库中谱图并自动计算吻合度，给出试样可能结构。对于未知化合物，则需要结合其他表征手段进行结构确证。

2.19 核磁共振波谱的测定

2.19.1 核磁共振的基本原理

核磁共振（nuclear magnetic resonance，NMR）现象由 E. M. Purcell 和 F. Bloch 等人于 1946 年发现，二人因此获得了 1952 年诺贝尔物理学奖。随后，1954 年 Proctor 等人发现了化学位移。随着脉冲傅里叶变换等核磁共振技术的发展，核磁共振目前已在化学、材料学和医学等相关领域得到了广泛应用。

根据量子力学原理，与电子一样，原子核也具有自旋角动量，其自旋角动量的具体数值由原子核的自旋量子数 I 决定。只有自旋量子数 I 不等于零的原子核理论上都可以发生核磁共振，例如 $^{1}\mathrm{H}$、$^{11}\mathrm{B}$、$^{13}\mathrm{C}$、$^{15}\mathrm{N}$、$^{17}\mathrm{O}$、$^{19}\mathrm{F}$、$^{31}\mathrm{P}$、$^{29}\mathrm{Si}$、$^{77}\mathrm{Se}$ 等。但是由于有机化合物中绝大部分化合物都含有碳和氢两种原子，因此，研究最多、应用最为广泛的核磁共振波谱是核磁共振氢谱（^{1}H NMR）和核磁共振碳谱（^{13}C NMR），在有机化学领域简称氢谱和碳谱。目前，核磁共振已从一维发展到二维核磁共振（2D NMR）和三维核磁共振（3D NMR），在有机小分子、大分子和超分子结构分析、空间构型确证、天然产物结构鉴定等领域有着广泛的应用。

自旋量子数 $I\neq0$ 的原子核具有磁性。将磁性原子核置于外加磁场中，若原子核磁矩与外加磁场 B_0 方向不同，则原子核磁矩会绕外磁场 B_0 方向旋转，这一现象类似陀螺在旋转过程中转动轴的摆动，称为进动。进动具有能量也具有一定的频率，进动频率 ν_0 与外磁场 B_0 成正比：

$$\nu_0=\frac{\gamma}{2\pi}B_0$$

式中，γ 为磁旋比；B_0 为外磁场强度。磁旋比 γ 为原子核特征常数。^{1}H 的磁旋比为 $26.7\times10^8\ T^{-1}\cdot s^{-1}$

由于原子核的核外电子运动产生了对抗外磁场的感应磁场，使原子核实际受到的磁场 B 比外磁场 B_0 小，即原子核受到了屏蔽，其屏蔽作用的大小以屏蔽常数 σ 表示，因此：

$$\nu_0=\frac{\gamma(1-\sigma)}{2\pi}B_0$$

原子核发生进动的能量与磁场、原子核磁矩以及磁矩与磁场的夹角相关，根据量子力学原理，自旋量子数为 I 的原子核在外磁场中有（$2I+1$）个不同的取向，每个取向可由一个磁量子数（m）表示。原子核磁矩的方向只能在上述磁量子数之间跳跃，而不能平行地变化，这样就形成了一系列的能级。两能级的能量差为 ΔE。以 ^{1}H 核为例，^{1}H 的两能级差为：

$$\Delta E=h\nu_0=\frac{h\gamma}{2\pi}B_0(1-\sigma)$$

式中，h 是普朗克常数，6.626×10^{-34} J·s。

给原子核提供一个频率为 ν_1 的磁场，即射频场 B_1，此时原子核自旋进动发生能级跃迁。当外加射频场 B_1 的频率 ν_1 与原子核自旋进动的频率 ν_0 相等时，低能级核将吸收射频场的能量 ΔE 跃迁到高能场，这样就产生了核磁共振信号。此信号经过进一步处理即可得到核磁共振波谱图。

同时，由上式可知，实现核磁共振的方式有两种：

① 保持外磁场强度不变，改变电磁波辐射频率，简称扫频；

② 保持电磁波辐射频率不变，改变外磁场强度，简称扫场。

在实际应用中，保持电磁波辐射频率不变，改变外磁场强度的技术手段更容易实现。因此，目前主流核磁波谱仪设备都是通过扫场实现的，核磁共振的射频主要有 400 MHz、500 MHz、600 MHz 和 700 MHz 等，目前射频最高的超导核磁共振波谱仪已达 1.2 GHz。核磁共振波谱仪磁体内含超导线圈，各部分非常精密，目前世界上能生产高灵敏度、高稳定性核磁共振波谱仪的公司主要有德国 Bruker（布鲁克）、日本 JEOL（日本电子）以及美国 Varian（瓦里安）。国内自主研制的超导核磁共振波谱仪是由武汉中科牛津波谱技术有限公司生产的中科牛津超导核磁共振波谱仪。

2.19.2 制样方法

核磁共振按照测试探头不同可分为液体核磁共振测试和固体核磁共振测试。按照测试核种类分为氢谱、碳谱、氟谱、磷谱等。本书所指核磁共振为 ^{1}H NMR 和 ^{13}C 的液体核磁共振。

无论待测样品为固体还是液体，都需要使用氘代试剂将待测试样溶解成均相溶液并装入核磁管中。目前常用的氘代试剂主要有氘代氯仿（$CDCl_3$）、氘代二甲亚砜（DMSO-d6）、氘代甲醇（CD_3OD）、重水（D_2O）、氘代四氢呋喃（THF-d8）、氘代丙酮（Acetone-d6）、氘代苯（C_6D_6）等。同时，氘代试剂还需添加 0.03% 左右的四甲基硅烷（TMS）作为内标。

核磁共振制样应当满足下列要求：

① 应当选择合适的氘代试剂将试样完全溶解制成澄清均相溶液。不允许有不溶性固体或晶体层积于核磁管底部，或者溶解后溶液呈乳浊液状。

② 氘代试剂用量 500～600 μL 为宜。过多会造成氘代试剂浪费，过少则可能导致无所锁场或者匀场失败。

③ 制样时待测样品纯度至少应达到 98%以上，尽量将样品中残余溶剂或水除净，否则将影响核磁谱图的清晰度。

④ 样品用量根据测试项目不同而不同。氢谱所需样品量＞5 mg，碳谱＞10 mg。样品用量也与样品分子量大小和核磁射频有关。核磁电磁波辐射频率越高，所需样品量越少，测试时间越短，分辨率越高。

⑤ 待测样装入核磁管后，应保持核磁管外管壁清洁。不允许手部接触核磁管靠下 1/2 处。手上油脂会污染核磁管壁，造成核磁谱图有杂峰。

2.19.3 测试方法

测试方法根据仪器配置不同而不同，在此仅对测试步骤作出简要说明，详细操作步骤需配合上机操作讲解。通常氢谱测试在数分钟内即可完成，碳谱则根据样品情况需几十分钟到十几小时不等。

（1）进样

根据仪器是否配置自动进样器分为自动进样和手动进样两种。自动进样只需将样品通过量规放入卡扣中，置于自动进样器空位即可。手动进样通过 Topspin 软件页面输入 ij 或 ej 命令，控制气流开闭完成进样。

（2）测试

自动进样模式只需输入样品信息，选择脉冲序列后提交任务即可开始自动收集数据。手动进样模式需要经锁场、调谐、匀场、参数调整、收集数据、数据处理等步骤最后得到核磁谱图。

（3）数据处理

测试完毕得到的核磁谱图需要经过进一步处理才能用于谱图解析。例如，氢谱需要经过标峰（化学位移标注）和积分后得到各核磁峰的化学位移和质子数量信息，碳谱只需要标峰即可。

2.19.4 谱图解析

2.19.4.1 核磁共振氢谱

核磁共振谱图的解析是一项非常重要且关键的工作。从谱图中提取的关键的信息帮助我们解析化合物结构。例如，核磁共振氢谱可以提供化学位移 δ、偶合常数 J、裂分情况、氢的数目（峰面积积分）等重要数据（见图 2-34）。

（1）不等性氢数目

在有机分子中，化学环境相同（即化学位移相同）的一组质子称为磁等性质子，简称等性氢，反之为磁不等性质子（不等性氢）。在核磁共振谱图中，不等性氢的组数就是吸收峰的组数。因此，识别等性氢和不等性氢组数对于解析谱图、鉴定化合物结构具有非常重要的意义。

识别氢是否等性最简单的方法是将各氢轮流替换成其他原子，如果该有机分子替换后能

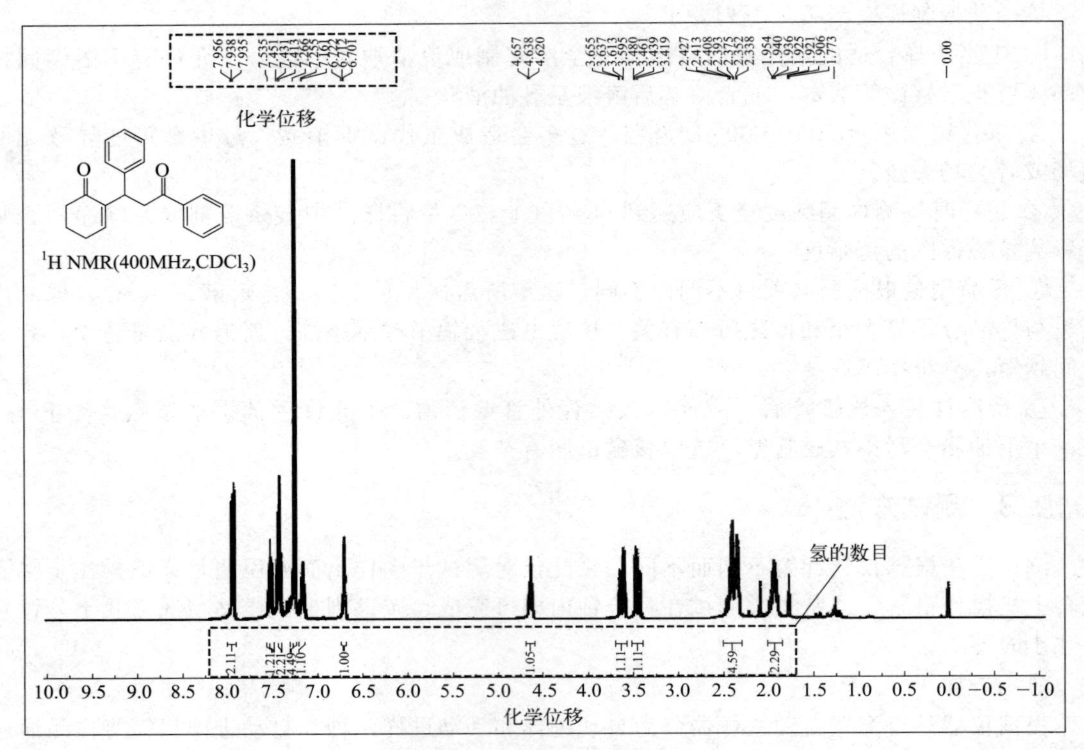

图 2-34　核磁共振氢谱示例

得到相同化合物或者对映体，则为化学等性，否则为化学不等性。

例如，丙酮其中一个甲基上的氢 H_2 被 X 原子取代成（a）化合物，H_1 被 X 原子取代成（b）化合物，（a）和（b）是相同化合物，因此 H_1 与 H_2 为等性氢。丙酮分子中只有一组等性氢，在核磁谱图中只有一组峰。

（a） ←H_2 替换— 丙酮 —H_1 替换→ （b）

2-丁酮两个甲基中，C_3 上的甲基其中一个氢 H_3 被 X 原子取代成（c）化合物，C_1 上的甲基其中一个氢 H_1 被 X 原子取代成（d）化合物，（c）和（d）不是同一化合物，因此 H_1 和 H_3 是非等性氢。同理，H_1 和 H_2、H_3 和 H_2 也是非等性氢。因此 2-丁酮有三组非等性氢，核磁氢谱上有三组峰。

（c） ←H_3 替换— 2-丁酮 —H_1 替换→ （d）

（2）化学位移

不同化学环境的氢其核磁共振峰位置用共振频率 ν 表示，也可用 δ 表示。两者换算公式如下：

$$\delta=\frac{\nu_{样}-\nu_{TMS}}{\nu_{仪}}$$

式中，$\nu_{样}$ 为质子的共振频率；ν_{TMS} 为标准物质四甲基硅烷的共振频率；$\nu_{仪}$ 为核磁共振照射频率。

四甲基硅烷（TMS）上 12 个氢为等性氢，只有一组核磁单峰，灵敏度高，且氢周围屏蔽作用最大，处于最高场。因此以 TMS 为标准物质，规定其化学位移值为 0，其他氢的化学位移值基本上比它大。通常化学位移（δ）的标尺位于核磁谱图最底端，从左到右位移值越来越小，磁场强度越高。绝大部分化合物的质子化学位移位于 0～14 区间内，也有某些硅烷或硅烷基（例如叔丁基二甲基硅基）化学位移为负值，处于高场。表 2-9 为常见质子的化学位移。

表 2-9　常见质子的化学位移

质子的化学环境	化学位移 δ	质子的化学环境	化学位移 δ
H—C—R	0.9～1.8	H H △	0.2～3
H—C—X	2.5～4.5	H—C(=O)—	8～10
H—C—C=C	1.5～6.5	—C(=O)—C—H	2.1～2.8
H—C—Ar	5～6.5	H—C—NR_2	2～3
H—C=C	4.5～6.5	H—C—OR	3～4
H—C≡C—	2～3	H—Ar	6.5～8.5

一些活泼氢（氢可与氘进行 H/D 交换的质子），例如醇、酚、胺、酰胺、酰亚胺和羧酸类化合物的质子化学位移如表 2-10 所示。

表 2-10　常见活泼氢的化学位移

活泼氢类型	化学位移 δ	活泼氢类型	化学位移 δ
醇	0.5～5.5	$ArNH_2$	3～5(宽峰)
酚	4.5～10	ArNHR	2.9～4.8
羧酸	10～13(宽峰)	酰胺 N—H	8～10
RNH_2	0.6～5(宽峰)	酰亚胺 N—H	8～13
R_2NH	0.6～4	ArSH	3～4

此外，常见氘代溶剂的残余溶剂质子峰要学会识别，避免在谱图解析时误指认。常见氘代溶剂的残余溶剂质子化学位移见表 2-11。

表 2-11　氘代溶剂的残余溶剂质子化学位移

氘代溶剂	残余溶剂	化学位移 δ	裂分情况
$CDCl_3$	$CHCl_3/H_2O$	7.26/1.56	单峰/单峰
DMSO-d6	DMSO-d5/H_2O	2.54/3.30	五重峰/单峰
D_2O	DOH	4.79	单峰
CD_3OD	CD_2HOD/H_2O	3.34/4.87	五重峰/单峰
丙酮-d6	丙酮-d5	2.09	五重峰
CD_3CN	CHD_2CN	1.96	五重峰

(3) 裂分与偶合

有机化合物中磁不等性^{1}H核通过化学键传递相互作用，这种相互作用称为自旋偶合。由于自旋偶合，一组磁不等性质子的共振吸收峰裂分成多个峰的现象称为自旋裂分。

对于一维核磁共振氢谱而言，各峰裂分规律如下：

① $n+1$规律：某组磁等性质子与相邻碳原子上的n个磁等性质子偶合，那么该组质子核磁共振峰被裂分为$(n+1)$重峰。各裂分小峰的强度比与二项式$(a+b)^n$展开系数相同，并大体按峰的中心左右对称分布。核磁共振氢谱中，d表示双重峰，t表示三重峰，q表示四重峰，dd表示示双重双峰，m表示多重峰。

② 等性质子间不会发生裂分。

③ 活泼质子一般不发生裂分。

④ 若某组磁等性质子同时被左边相邻碳原子上的n个磁等性质子和右边相邻碳原子上的n'个磁等性质子偶合，则裂分的峰数为$(n+1)\times(n'+1)$重峰。

例如，乙酯类化合物$RCOOCH_2CH_3$，甲基(CH_3)上3个氢为等性氢，亚甲基(CH_2)上2个氢为等性氢，甲基和亚甲基上的氢互为不等性氢。因此酯基上共有两组不等性氢，核磁氢谱有两组峰。其甲基被邻碳的亚甲基两个等性氢裂分为$(2+1)=3$重峰，峰强度为1∶2∶1；亚甲基被邻碳的甲基三个等性氢裂分为$(3+1)=4$重峰，峰强度为1∶3∶3∶1。其峰形如下：

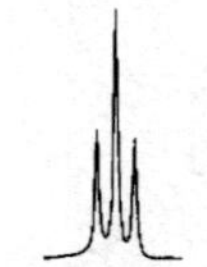

甲基的氢谱峰形

亚甲基的氢谱峰形

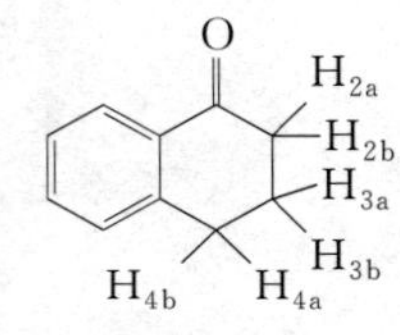

四氢萘酮

四氢萘酮脂环上一共有三组不等性氢，核磁共振氢谱一共有三组峰。其中，H_2为三重峰，H_3为$(2+1)\times(2+1)=9$九重峰，H_4为三重峰。

偶合常数反映了自旋核相互偶合能力的大小，常用J表示，单位为Hz。其计算方法为：

$$J=(\delta_1-\delta_2)\times 仪器射频兆数$$

例如，使用400 MHz核磁共振测试的乙酯类化合物的甲基$RCOOCH_2\underline{CH_3}$三重峰的化学位移分别为：δ 1.029，1.011，0.993，其偶合常数$J=(1.029-1.011)\times 400\ Hz=7.2\ Hz$

(4) 峰面积积分

核磁氢谱上各峰面积积分后以最简整数比呈现的积分数值即为分子中氢的数目。这些数据有利于对分子中的氢进行精确指认。

2.19.4.2 核磁共振碳谱

^{13}C在自然界中丰度仅为1.1%，因此利用自然丰度的^{13}C做核磁共振碳谱测试，其灵敏度仅为^{1}H NMR的1/5800，使用核磁共振氢谱同样的技术测定碳谱导致其信号非常弱，噪声过强会掩盖碳的信号峰。目前利用傅里叶变换核磁共振技术能完美解决上述问题。然而，与氢谱相比，核磁共振碳谱的测试时间要长得多，大多需要几十分钟到十几个小时不等。

(1) 化学位移

核磁共振碳谱的化学位移范围很广，因此分辨率很高。不同类型的碳其化学位移在0～

220 范围内。与氢谱一样，核磁共振碳谱也以 TMS（四甲基硅烷）为标准物质，规定其^{13}C 位移值 $\delta_C=0$。表 2-12 总结了常见化合物^{13}C 的化学位移值。

表 2-12　常见化合物^{13}C 的化学位移

类型	官能团	化学位移 δ
饱和烷基	$—CH_3$	5～30
	$—X—CH_3$	20～60
	RCH_2R	25～45
	R_3CH	35～70
	$R_3C—X$	35～75
醛、酮、羧酸及其衍生物	—CO—	150～190
异硫氰化物	—NCS	120～140

类型	官能团	化学位移 δ
不饱和烃碳	—C=C—	120～150
	$—C=CH_2$	120～140
	—C=N—	145～165
	—C≡C—	60～90
腈	—C≡N	110～130
芳烃	芳环碳	120～150
硫氰化物	—SCN	95～110

（2）碳谱种类

目前常用的核磁共振碳谱测试方法有：质子宽带去偶、质子选择去偶、偏共振去偶和 DEPT。其中，在有机化学中最为常用的方法为质子宽带去偶和 DEPT。

① 质子宽带去偶碳谱

质子宽带去偶又称质子噪声去偶，是目前碳谱中应用范围最广的一种去偶方法，常用^{13}C{H}NMR 表示。在测试时选择^{13}C CPD 脉冲序列即为质子宽带去偶碳谱。由于^{13}C 自然丰度低，虽然^{13}C-^{13}C 之间存在偶合，但是看不到峰的裂分情况，因此不需要考虑^{13}C-^{13}C 偶合。但^{13}C-^{1}H 之间存在偶合，导致^{13}C 信号峰发生裂分，谱图复杂并且难以指认。目前主要采用质子宽带去偶碳谱来简化谱图。需要注意的是，在含氟有机化合物中，质子宽带去偶碳谱也存在明显的碳裂分情况，需要标明裂分峰数并计算其偶合常数。核磁共振碳谱的射频为氢谱的 1/4，因此计算碳-氟偶合时需要特别注意。例如，400 MHz 核磁共振波谱仪其碳谱的射频为 100 MHz。

质子宽带去偶在测试时消除了^{13}C-^{1}H 偶合，简化了谱图，使^{13}C｛H｝NMR 谱图清晰可辨。谱图中除了特定含氟化合物外不等性^{13}C 核都是单峰，而等性^{13}C 核只显示一个峰。各峰的强度与碳的数目没有明显的定量关系，因此碳谱不需要像氢谱一样积分，谱图指认相对简单。

② DEPT 碳谱

DEPT（distortionless enhancement by polarization transfer），又称“无畸变极化转移增益技术”，是核磁共振碳谱中的一种检测技术。其主要通过改变氢核的脉冲偏转角度（θ），可以设置为 45°、90°和 135°。通过三次实验设置不同的角度可使甲基、亚甲基、次甲基显示不同的信号强度，主要用于区分碳谱中的伯碳、仲碳、叔碳和季碳，其中季碳在 DEPT 谱中不出峰。DEPT 谱与质子宽带去偶碳谱相结合能够很方便地推断化合物各碳原子类型。

2.19.5　核磁共振的应用

某化合物的核磁共振氢谱和核磁共振碳谱数据和谱图如图 2-35 所示，根据上述数据解析其可能的结构。

^{1}H NMR：(500 MHz，$CDCl_3$) δ 7.32～7.26（m，2H），7.23～7.14（m，3H），2.90（t，J=9.6Hz，2H），2.77（t，J=9.6Hz，2H），2.14（s，3H）。

^{13}C NMR：(126 MHz，$CDCl_3$) δ 208.1，141.1，128.6，128.4，126.2，45.3，30.2，29.9。

根据核磁共振数据结合其谱图可知，7.18～7.3 芳香区有 5 个氢，表示其可能为单取代

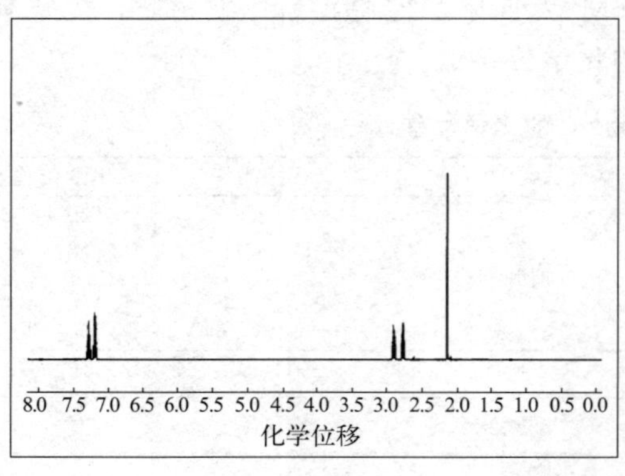

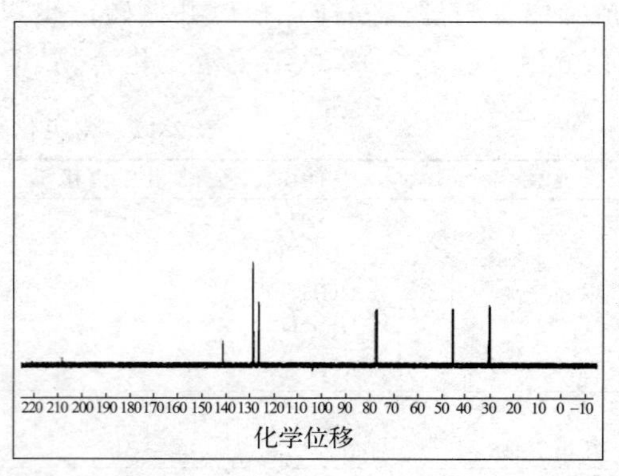

图 2-35　某化合物 ^{1}H NMR 和 ^{13}C NMR

苯。碳谱 141.1、128.6、128.4 和 126.2 有四个芳香碳信号峰，为单取代苯环四组不等性碳信号峰，验证了氢谱中单取代苯结论。氢谱中 δ 2.14 表示有一个隔离甲基，δ 2.90 和 2.77 为两组三重峰（t 峰），氢数为 2H，表示可能为—CH_2CH_2—结构，且左右碳皆无质子可供偶合。碳谱中 δ 208.1 显示有一个羰基，结合 δ 2.14 孤立甲基信号，可能为—$COCH_3$ 结构。碳谱中 δ 45.3，30.2 和 29.9 印证了上述推断准确。通过上述信息可以确定该化合物为 4-苯基-2-丁酮（$PhCH_2CH_2COCH_3$）。

2.20　紫外-可见吸收光谱的测定

2.20.1　紫外-可见光谱的基本原理

（1）基本原理

波长范围为 10～400 nm 的光称为紫外光，波长范围为 400～800 nm 的光称为可见光。其中，200～400 nm 波长段为近紫外区。由于波长较短的远紫外光（10～200 nm）很容易被空气中的二氧化碳和氧气所吸收，因此研究远紫外吸收非常困难，而绝大多数有机小分子化合物对近紫外和可见光有较强的吸收且容易被一般的光谱仪检测，目前研究最多、应用最为广泛的吸收光谱为紫外-可见吸收光谱（ultraviolet and visible absorption spectrum，UV-Vis），简称紫外光谱（UV）。

物质由于吸收可见光而产生各种颜色。物质呈现的颜色由其互补色决定。常见的互补色组合有黑/白、红/绿、蓝/橙和紫/黄。例如，某化合物能吸收蓝色可见光，则该化合物所呈现的颜色为蓝色的互补色橙色。某些化合物本身没有颜色，虽然其不吸收可见光，但可以吸收紫外光。如果使用一束具有连续波长的紫外光照射化合物，此时该化合物会吸收紫外光。将不同波长的吸光度记录下来，并以波长 λ 为横坐标，吸光度 A 为纵坐标作图，就得到了该化合物的紫外光谱图。通过分析该化合物的最大吸收波长（λ_{max}）以及吸光度大小可以得到化合物结构-最大吸收波长及吸光度的相关信息。

（2）电子跃迁类型

化合物分子吸收光能后，其处于基态的价电子跃迁到较高能量的激发态。有机化合物分子的电子主要有三种类型：σ 成键电子、π 成键电子和 n 非键电子。当电子吸收不同的能量，即不同波长的光时，电子即发生跃迁。当吸收紫外或可见光时，电子发生跃迁产生吸收光谱。吸收部分出现吸收峰，不吸收部分或吸收较弱的部分为谷。

基态时 σ 电子和 π 电子分别处在 σ 成键轨道和 π 成键轨道上，n 电子处于非键轨道上。仅从能量的角度看，处于低能态的电子吸收合适的能量后，都可以跃迁到任一个较高能级的反键轨道上。电子跃迁的情况如图 2-36 所示：

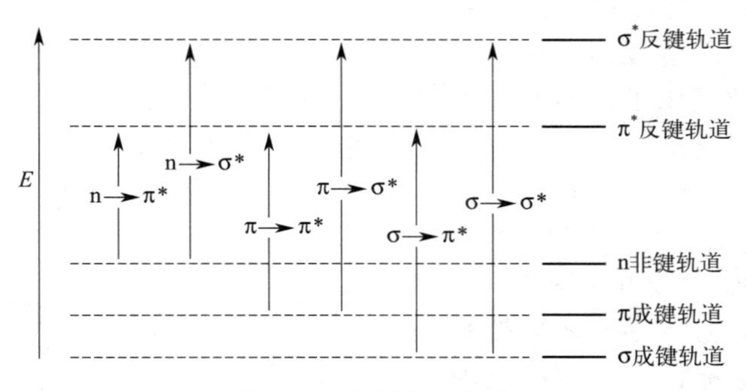

图 2-36　电子跃迁示意

由于分子轨道能量差不同，电子在不同轨道间跃迁吸收的光的波长就不同。其中 $n \to \pi^*$ 所需能量最低，相应的吸收光波长在 200～800 nm 范围内，即落在近紫外-可见光区。而 $\sigma \to \sigma^*$ 所需能量最高，吸收波长最短。各分子轨道跃迁所需能量顺序如下：

$$n \to \pi^* < \pi \to \pi^* < n \to \sigma^* < \pi \to \sigma^* < \sigma \to \pi^* < \sigma \to \sigma^*$$

从化学键的性质来看，吸收光谱的电子跃迁有以下四种类型。

① $\sigma \to \sigma^*$ 跃迁

σ 电子是结合最为牢固的价电子。在基态下 σ 成键轨道的能量最低。电子从 σ 成键轨道被激发跃迁到 σ^* 反键轨道需要极高的能量，即需要吸收较短波长的紫外光。这类短波长紫外光处于远紫外区，而一般的紫外光谱仪无法检测到吸收强度。因此，常见的饱和烃类化合物，例如氯仿、甲醇等在近紫外和可见光区无吸收，可以作为测定紫外吸收光谱的溶剂。

② $n \to \sigma^*$ 跃迁

$n \to \sigma^*$ 跃迁是非键的 n 电子从非键轨道向 σ^* 反键轨道的跃迁，即分子中未共用 n 电子跃迁到 σ^* 反键轨道。因此，分子中含有氧、氮、硫、卤素等杂原子的饱和化合物都可发生 $n \to \sigma^*$ 跃迁。$n \to \sigma^*$ 跃迁能量比 $\sigma \to \sigma^*$ 跃迁低得多，但吸收波长仍然低于 200 nm。

③ $n \to \pi^*$ 跃迁

$n \to \pi^*$ 跃迁是分子中未共用 n 电子跃迁到 π^* 轨道。当分子中同时存在 π 电子和未共用 n 电子时，可发生 $n \to \pi^*$ 跃迁。这类跃迁所需能量最低，吸收波长最长，但吸收强度弱，其摩尔吸光系数一般不超过 10，产生的吸收峰在 200 nm 以上的近紫外区。例如，醛、酮类化合物羰基的 $n \to \pi^*$ 跃迁吸收波长为 275～295 nm。

④ $\pi \to \pi^*$ 跃迁

凡含有双键或叁键的不饱和有机化合物都能产生 $\pi \to \pi^*$ 跃迁。成键 π 电子由基态跃迁到 π^* 轨道所需能量较低，其吸收波长在近紫外区附近，吸收强度很强。例如，乙烯的 $\pi \to \pi^*$ 跃迁吸收波长为 170 nm。当双键上连接其他取代基或共轭体系后，共轭体系增加，吸收波长向长波长方向移动，称为共轭红移或红移。

(3) 紫外光谱图

紫外吸收光谱的吸收强度可以用朗伯-比耳（Lambert-Beer）定律来描述：

$$A = \varepsilon c L$$

式中，A 为吸光度（absorbance）；c 为样品的浓度，mol/L；L 为样品池的宽度，cm；ε 为摩尔吸光系数。

从上式可以看出，已知样品溶液的浓度，可以通过测定样品的吸光度计算摩尔吸光系数。反之，已知样品的摩尔吸光系数可以计算样品溶液的浓度。因此，紫外-可见光谱既可用于样品的定性分析，还可用于定量分析。

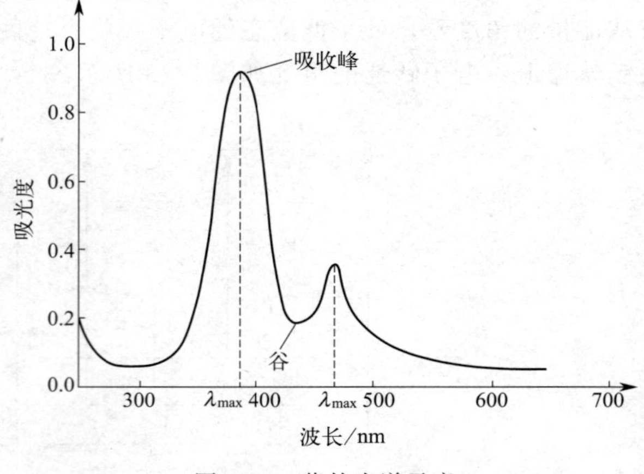

图 2-37 紫外光谱示意

紫外光谱通常以波长 λ（nm）为横坐标，以吸光度 A 或摩尔吸光系数 ε 为纵坐标作图而获得的吸收曲线（见图 2-37）。对于定性分析，有时也采用纵坐标吸光度归一化后作为纵坐标，标尺刻度范围为 0～1。紫外光谱中有一个或几个最大吸收峰，最大吸收峰对应的波长为电磁波吸收最多的波长，记为 λ_{max}。最大吸收波长和摩尔吸光系数是紫外光谱数据的特征数据，不同有机化合物的最大吸光波长和吸光系数各异。

2.20.2 制样方法

紫外光谱测试时试样纯度要求尽可能高。无论是固体样品还是液体样品都需要将其配制成一定浓度的均相溶液。浓度不能太高或太低。待测试样浓度太高可能超出仪器检出上限，导致冲顶，而浓度太低其摩尔吸光系数太小，使测试无法得到稳定的结果。通常紫外光谱试样浓度以 10^{-3}～10^{-5} g/mL 为宜，具体浓度因化合物摩尔吸光系数不同而不同。测试前将样品溶解于光谱纯溶剂中配制成一定浓度的待测溶液，然后装入石英比色皿即可。

2.20.3 测试方法

紫外光谱测试根据仪器的不同大同小异，具体详细操作步骤以上机操作为准。首先，开机后紫外光谱仪需要预热 15～30 min。预热完成后进行基线校正，随后向石英比色皿内加入溶解待测试样用的同种溶剂扫描空白样本。注意不要用手接触石英比色皿光滑面。如果比色皿有污垢，需使用专用擦镜纸擦拭干净。空白样本扫描完毕后将比色皿换成装有待测液的比色皿开始测试，导出谱图及原始数据并进行后续数据处理。整个测试过程通常可在数分钟内完成。

2.20.4 谱图解析

紫外光谱图含有两个特征性参数，即最大吸收波长和摩尔吸光系数。解析紫外光谱图时，首先观察谱图特征，找到最大吸收波长及其对应的摩尔吸光系数，然后根据化合物的吸收特征结合其他谱图数据推断其可能结构。

例如，化合物在 200～400 nm 没有强吸收带，则说明该化合物没有共轭体系或芳基等易发生 $\pi \rightarrow \pi^*$ 和 $n \rightarrow \pi^*$ 跃迁的基团。

化合物在 210～250 nm 有强吸收带，且摩尔吸光系数 $\varepsilon \geqslant 10^3$，说明该化合物可能含有共轭双键。如果最大吸收峰波长 >250 nm，最大吸收波长越往长波长方向移动（红移），说明单双键交替的共轭体系越大。

2.21 质谱的测定

2.21.1 质谱的基本原理

质谱是一种近年来发展的一种快速、高效测量化合物分子量的分析方法。其基本原理是使试样中各组分在离子源中发生电离，生成不同荷质比的带电荷离子，随后带电荷离子经加速电场的作用，形成离子束进入质量分析器。在质量分析器中，再利用电场和磁场使其发生相反的速度色散，将它们分别聚焦而得到质谱图，从而确定其分子量（见图 2-38）。世界上第一台质谱仪于 1912 年由英国物理学家 Joseph John Thomson 研制成功。如今，随着高分辨率质谱（high resolution mass spectrum，HRMS）的发展，HRMS 已取代传统质谱技术成为化学、生物医学、石油化工、药学、生物等学科不可或缺的现代仪器分析工具，在有机物分子量测定、化合物定性定量分析、复杂化合物结构分析和同位素比的测定等领域得到广泛应用。

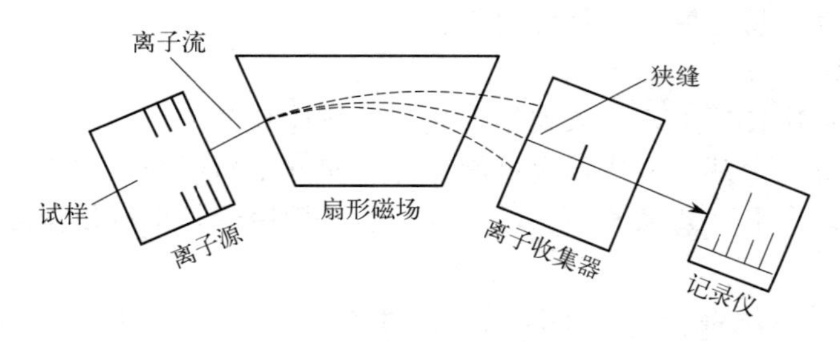

图 2-38 质谱仪的工作原理示意图

（1）质谱的分类与特点

质谱种类繁多，不同仪器应用特点也不同。根据质谱技术的应用特点，质谱可分为气相色谱-质谱联用（GC-MS）、液相色谱-质谱联用（LC-MS）和高分辨质谱（HRMS）。按照质量分析器的种类，质谱又可分为双聚焦质谱（DF MS）、四极杆质谱（Q-MS）、飞行时间质谱（TOF-MS）、离子阱质谱（IT-MS）、傅里叶变换质谱（FT-MS）、四极杆飞行时间质谱（Q-TOF-MS）等。

质谱与紫外光谱、红外光谱和核磁共振波谱并称“现代分析化学四大波谱”。在有机化学领域，以高分辨质谱应用最为广泛，现已替代元素分析技术成为有机物分子量测定强有力的分析工具。

与其他三大现代分析技术相比，质谱技术具有如下特点：

① 所需试样少

高分辨质谱通常仅需 0.1 mg 样品即可完成测试，而且对样品纯度要求低，80％的纯度即可获得较好的测试效果，甚至反应液也可经过滤膜后直接用于质谱分析。

② 灵敏度高

目前常用的高分辨质谱的绝对灵敏度为 10^{-10}～10^{-3} g，检出极限可达到 10^{-14} g。在数据的灵敏度方面，高分辨质谱可精确到小数点后四位。某些常规质谱分析无法区分的分子可通过高分辨质谱鉴定。例如，CO、N_2 和 C_2H_4 的分子量都是 28，常规质谱只能精确到小数点后两位，无法区分。高分辨质谱可精确到千分之一位，可对分子量相近的化合物进行精确分辨。

③ 分析时间短

质谱分析通常在数分钟内完成，分析速度快，且制样简单、要求低，对溶剂无特殊要求。

④ 应用范围广

质谱技术能兼容固体、液体和气体样品，在化学、化工、环境、能源、医药、刑侦技术、生命科学、材料科学等领域均有广泛的应用。

(2) 离子源的主要类型

① 电子轰击电离源（EI）

电子轰击离子源是质谱仪离子源中最常用的一种，简称 EI 源。其结构主要由阴极（灯丝）、离子室、电子接收极、一组静电透镜组成。在高真空条件下，给灯丝加电流，使灯丝发射电子，电子从灯丝加速飞向电子接收极，在此过程中与离子室中的样品分子发生碰撞，使样品分子离子化或碎裂成碎片离子。为了使产生的离子流稳定，电子束的能量一般设为 70 eV，这样可以得到稳定的标准质谱图。利用电子电离源可以得到样品的分子量信息和结构信息。但不适于分析易分解、难挥发的化合物。

② 化学电离源（CI）

化学电离源在工作过程中要引入大量反应气，使样品分子与电离离子不直接作用，利用活性反应离子实现电离，其反应热效应可能较低，使分子离子的碎裂少于电子轰击电离。商用质谱仪一般采用组合 EI/CI 离子源。反应气一般采用甲烷，也可使用氮气、氨气、氩气或混合气等。

化学电离源得到的质谱不是标准图谱，因此不能检索。CI 和 EI 一般用于气相色谱-质谱联用仪（LC-MS），适用于易于气化的有机样品质谱分析。

③ 基质辅助激光解吸电离源（MALDI）

基质辅助激光解吸电离（matrix-assisted laser desorption ionization，MALDI）是一种用于质谱的“软电离”技术，可以得到用常规离子化方法容易解离而得到分子碎片的一些大分子的质谱信息。其技术原理为将待分析物的溶液嵌入（溶解并干燥）在基质上，该基质被仔细清洁的金属板称为 MALDI 板。基质通常由含有共轭电子和至少一个酸性质子的有机分子组成（对于酸敏感性样品，也可以使用碱性基质分子）。在此分析物-基质混合物上在极短的时间间隔中照射强大的激光，使其在瞬间完成解吸和电离而不产生热分解，使分析物从被基质分子层包围的表面释放出来。随后带电荷的分析物在受到质谱仪内的磁场影响下朝着检测器板加速。

MALDI 主要用于生物大分子，比如细菌、病毒、蛋白质、DNA、糖化血红蛋白等的质谱分析，以及其他大分子量的有机分子如超分子的质谱。MALDI 在这方面类似于同样是“配电离”方法的电喷雾离子法，不同的是 MALDI 更容易得到单电荷的离子峰。

④ 电喷雾电离源（ESI）

电喷雾电离源（electrospray ionization，ESI）是目前应用最为广泛的高分辨质谱电离源。电喷雾电离源是一种软电离方式，其主要应用于液相色谱-质谱联用仪。电喷雾电离采用强静电场（3～5 kV），通过氮气发生器或氮气钢瓶提供的大流量氮气作为喷射气，使液相色谱流出物形成高度荷电雾状小液滴，经过反复的溶剂蒸发-液滴裂分后，产生单个多电荷离子，电离过程中产生多重质子化离子，再通过狭缝进入分析器。

由于ESI采用了“软电离”方式，即便是分子量大、稳定性差的化合物，也不会在电离过程中发生分解，它既适合于分析极性强的大分子有机化合物，例如蛋白质、糖类、核苷酸与DNA、类脂、聚合物等，也适用于有机小分子化合物。

2.21.2 制样方法

质谱的制样方法根据应用的不同而有所不同。联用类质谱（例如GC-MS和LC-MS）不需要单独制样，其样品源通过色谱的出口端直接进入质谱的样品入口进行实时分析。而HRMS需要单独制样。例如，以ESI为电离源的HRMS需要将样品溶解在溶剂中再进样。MALDI的制样方法则更加复杂。

在此以使用ESI源的TOF MS高分辨质谱仪为例说明制样的简易流程。首先，将1 μg样品溶解于有机溶剂中，随后将其稀释至 $1\times10^{-3}\sim1\times10^{-4}$ g/mL的浓度并经过滤膜即可上样。有机溶剂的选择没有特殊要求，常用的溶剂有乙腈、甲醇、氯仿、二氯甲烷等溶剂。制样时应注意以下问题：

① 样品浓度不宜过高或过低。若浓度过低可能影响仪器出峰效果，浓度过高样品可能堵塞毛细管管路。

② 制样时样品需要完全溶解于有机溶剂并呈澄清溶液状态，不能有固体悬浮物或不溶性晶体等，并且需要使用有机系滤膜过滤后方可进样。

2.21.3 测试方法

不同的设备其测试和操作方法不同，以仪器实际上机操作为准。现以Waters Xevo G2-XS QTof为例进行简要说明。

Waters Xevo G2-XS QTof测试分为HPLC-HRMS联用和HRMS单用模式。对于小分子有机化合物的分子量测定通常以HRMS单用为主。仪器采用手动进样方式，分析过程可在数分钟内完成，然而仪器的调试需耗费较长时间，通常需要数小时完成调试。Waters Xevo G2-XS QTof每月需要进行仪器自检和校正。在每次测试前都需要使用标准物质进行额外校正，标准物质谱图与系统谱图数据完全吻合方可通过。分子量2000以下的样品通过甲酸钠校正，而分子量2000以上的样品则需要碘化钠校正。校正完成后灌注样品，开始测试，完成后处理数据，单次分析可在数分钟内完成。

2.21.4 谱图解析

在有机化学领域，质谱主要用于测试化合物分子量，结合其他分析测试方法进一步确证化合物结构。

质谱图通常使用棒状图表示，每根棒表示离子或片段的分子量。谱图中以横坐标表示质荷比（m/z），纵坐标表示相对丰度。其中，丰度最高的峰记为100%，称为基峰。其他峰均以基峰为基准表示其相对丰度。

质谱图解析前，需要根据其分子式计算其理论分子量。有机化合物分子可通过ChemDraw中的View/Show Analysis Window显示其理论分子量，显示位数可通过窗口的Dicimals调节。注意，高分辨质谱都是在正离子模式或负离子模式下测试的（例如下图中的质谱示例使用ES+正离子模式测试），因此化合物的分子式应加上特定正离子计算其理论分子量。例如 $[M+H]^+$、$[M+Na]^+$ 或 $[M+K]^+$。对于稳定的有机小分子化合物，其基峰大多数时候就是其分子离子峰。当然对于某些易解离化合物，其分子离子峰相对丰度要低于

100%。TOF MS质谱图示例见图 2-39。

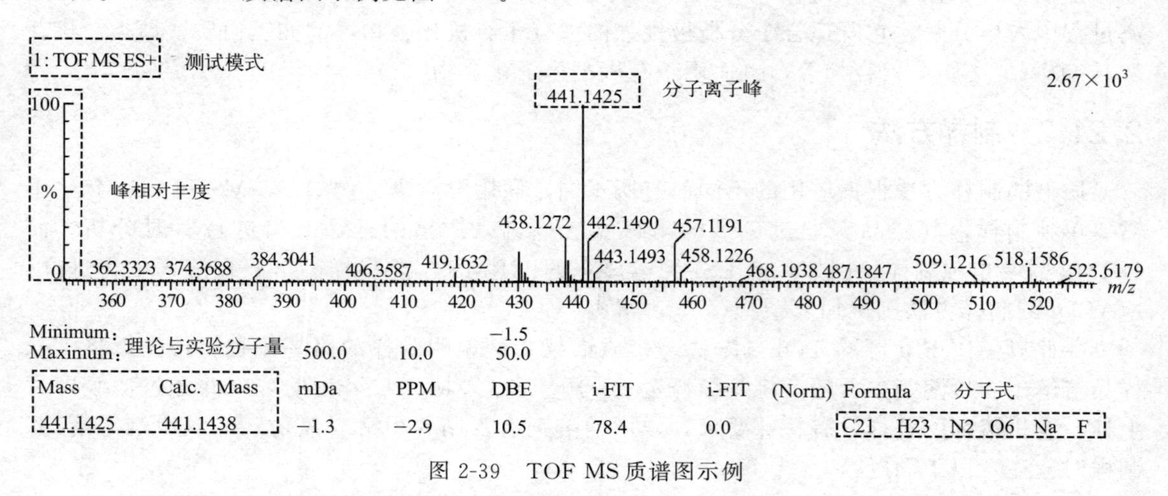

图 2-39 TOF MS质谱图示例

（2.1～2.7 节由刘志平编写；2.8～2.13 节由谌文强编写；2.14～2.21 节由肖军安编写）

第3章

有机化学基础实验与性质实验

实验3-1　肉桂酸与尿素熔点的测定

【实验目的】

（1）了解熔点测定的意义。

（2）掌握Thiele管法测定熔点的操作。

【实验器材】

实验试剂：尿素、肉桂酸、甲基硅油。

实验仪器：温度计、毛细管、缺口单孔橡胶塞、表面皿、橡胶圈、b形管（Thiele管）、酒精灯、铁夹、铁架台。

【实验原理】

每一种晶体有机化合物都具有一定的熔点。其定义为固液两态在大气压下平衡的温度。一种纯化合物从开始熔化（始熔）至完全熔化（全熔）的温度范围叫做熔点距，也叫熔点范围或熔程，一般不超过0.5℃。若化合物含有杂质，其熔点会下降，且熔点距也较宽。由于大多数有机化合物的熔点在300℃以下，较易测定。因此可以通过测定熔点判断化合物的纯度。

尿素和肉桂酸的熔点相同，但是两者混合物的熔点比纯净化合物的低。因此可以通过上述原理判断待测试样成分。

【实验过程】

1. 熔点管制作

通常使用内径1mm、长100mm的毛细管作为熔点测定管。市售的熔点测定管有一端是封闭的，也有两端开口的。一端封闭的毛细管可以直接使用，而两端开口的熔点测定管则需要封闭一端后才能使用。封闭方法为使用酒精灯加热两端开口毛细管的一端，同时不断转动毛细管，防止毛细管端口熔化后因重力变歪。待封闭完成后冷却，检查毛细管是否完全封闭[1]。

2. 样品的装填

取 0.1～0.2 g 样品[2]，放在干净的表面皿上，用玻璃棒或不锈钢刮刀研成粉末，集成小堆[3]。将毛细管开口端垂直插入堆积的样品中，使样品进入管内，将开口一端向上竖立，轻敲管子使样品落在管底[4]。也可将装有样品的毛细管通过一根直立于表面皿的长约 40 cm 的空心玻璃管自由地落下，重复几次，直至样品的高度为 2～3 mm 时为止[5]（见图 3-1）。

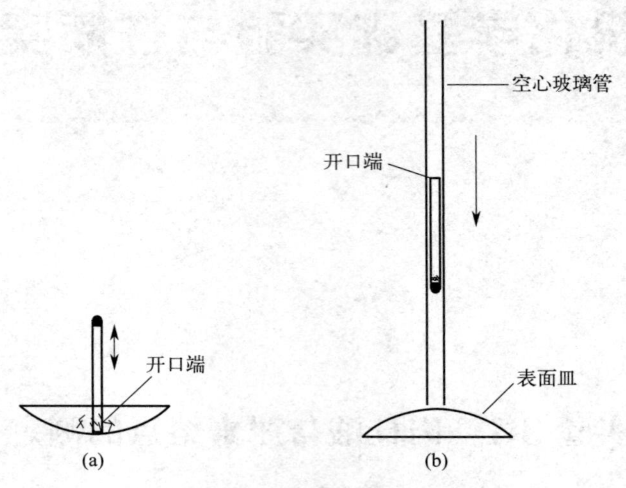

图 3-1 样品装填示意

3. 熔点测定装置的搭建

将 Thiele 管固定在铁架台上[6]，装入甲基硅油于熔点测定管中至稍微高出上侧管时即可。Thiele 管口配一缺口单孔软木塞或橡胶塞，温度计插入孔中，刻度应面向软木塞缺口，将毛细管使用乳胶圈附着在温度计旁［如图 2-9(b) 所示］。注意固定毛细管的乳胶圈不要浸入甲基硅油中。温度计插入 Thiele 管中的深度以水银球恰在 Thiele 管两侧管的中部为宜。加热时，火焰须与 Thiele 管的倾斜部分接触。

4. 熔点的测定

先在快速加热下，测定化合物的大概熔点，然后再做第二次测定。第二次测定前，先待热浴的温度下降大约 30℃，换一根装有待测样的毛细管，慢慢加热，以约 5 ℃/min 的速率升温，当热浴温度达到熔点下约 15℃时，应即刻减缓加热速率[7]，以 1～2 ℃/min 的速率升温。当接近熔点时，升温以 0.2～0.3 ℃/min 为宜。记录当毛细管中样品开始塌落并有液体产生时（始熔）和固体完全消失时（全熔）的温度。

实验中需要至少分别测定 3 次尿素、肉桂酸和尿素与肉桂酸混合物的熔点，并取平均值。

实验完毕，将温度计冷却后洗净放好，Thiele 管中导热介质甲基硅油自然冷却至接近室温后倒回回收瓶，用纸擦去表面的甲基硅油即可。

【注意事项】

[1] 熔点管底未封好会发生漏管。

[2] 样品不干燥或含杂质，会使熔点偏低，熔程变长。

[3] 样品研磨要细，填装要实，否则产生空隙，不易传热，造成熔程变长。

[4] 操作要迅速，防止样品吸潮，装入的样品要结实，受热时才均匀，如果有空隙，不

易传热，会影响实验结果。

[5] 样品量太少不便观察；太多会造成熔程变长，熔点偏高。

[6] 安装装置要注意一个上部，两个中部：橡胶圈在熔点管上部，水银球在两支管中部。

[7] 升温速度应慢，让热传导有充分的时间。升温速度过快熔点偏高。

【问题与思考】

(1) 若样品研磨不细，对装样有什么影响？所测定有机化合物的熔点数据是否可靠？

(2) 加热的快慢为什么会影响熔点？在什么情况下加热可以快一些，而在什么情况下加热则要慢一些？

(3) 是否可以使用第一次测定熔点时已经熔化了的有机物化合物再做第二次测定呢？为什么？

（王巍编写）

实验 3-2　乙醇的蒸馏及沸点的测定

【实验目的】

(1) 了解测定沸点的意义，掌握蒸馏法及微量法测定沸点的原理和用途。

(2) 掌握蒸馏装置的搭建和操作步骤。

【实验器材】

实验试剂：乙醇、水。

实验仪器：圆底烧瓶、锥形瓶、蒸馏头、接引管、冷凝管、温度计、量筒、乳胶管、沸石、电加热套、熔点毛细管、橡胶圈、玻璃管。

【实验原理】

当液态物质受热时，分子运动使其从液体表面逃逸出来形成蒸气压，随着温度升高，蒸气压增大，待蒸气压和大气压或所给压力相等时，液体沸腾，这时的温度称为该液体的沸点(boiling point，b. p.)。每种纯液态有机化合物在一定压力下均具有固定的沸点。利用蒸馏可将沸点相差较大（如相差 30℃以上）的液态混合物分开。所谓蒸馏就是将液态物质加热到沸腾变为蒸气，又将蒸气冷凝为液体这两个过程的联合操作。蒸馏沸点差别较大的液体时，沸点较低的先蒸出，沸点较高的随后蒸出，不挥发的留在蒸馏器内，这样可达到分离和提纯的目的。故蒸馏为分离和提纯液态有机化合物常用的方法之一，是重要的有机化学实验基本操作。但在蒸馏沸点比较接近的混合物时，各种物质的蒸气将同时蒸出，只不过低沸点的多一些，故难以达到分离和提纯的目的，只好借助分馏。纯液态有机化合物在蒸馏过程中沸点范围很小（0.5～1℃），所以可以利用蒸馏来测定沸点，用蒸馏法测定沸点叫常量法，此法用量较大，要 10 mL 以上，常量法的装置与蒸馏操作相同；若样品不多时，可采用微量法。

【实验过程】

1. 蒸馏

(1) 常压蒸馏装置（如图 2-15 所示）的安装

① 取一个干燥的标准磨口圆底烧瓶，用烧瓶夹固定在装有铁圈和石棉网的铁架台上，圆底烧瓶瓶口配一个同型号的蒸馏头，蒸馏头上端配一支带有套管的温度计。通过套管将温

度计固定在蒸馏头上，调整温度计的位置使水银球的上缘恰好位于蒸馏头支管接口的下缘，并在同一水平线上（如图 2-16 所示）。蒸馏时温度计水银球应完全被蒸气所包围，这样才能正确地测得蒸气的温度。

② 选一个同型号的标准口冷凝管，将其固定在铁架台的铁夹上，保持冷凝水进出口垂直向下或向上，套上进出水橡胶管。调整角度使冷凝管与已装好的蒸馏头高度相适应，并与蒸馏头的侧支管同轴，松开冷凝管上的铁夹，使冷凝管在此轴上移动至与蒸馏头侧支管口相连。

③ 选择一个相同型号的标准磨口接引管（尾接管），套入冷凝管末端端口，接引管下用容器接收。各接口处应做到紧密相连；各铁夹不要夹得太紧，也不要太松，以免弄坏仪器。整套装置应端正稳妥，保持蒸馏装置"横平竖直"，不论从侧面看或正面看，各个仪器要保持在同一平面上（横看一个面，竖看一条线）。

（2）蒸馏操作

将蒸馏头上的温度计取下，将 20 mL 乙醇水溶液通过长颈漏斗加入 100 mL 圆底烧瓶内，再加入 2～3 粒沸石[1]，加完后套回温度计。仔细检查装置装配是否正确，各仪器之间的连接是否紧密，有没有漏气[2]。

加热前，先向冷凝管缓缓通入冷水，将上口流出的水引入水槽中。接着加热[3]，最初宜用小火，以免蒸馏瓶局部受热而破裂；慢慢增大火力使之沸腾，进行蒸馏。然后调节热源，使馏出液以 1～2 滴/s 自接引管滴下为宜。在蒸馏的过程中，应使温度计水银球常有被冷凝的液滴润湿，此时温度计的读数就是样品的沸点。收集所需温度范围的馏出液。

如果维持原来的加热程度，不再有馏出液蒸出而温度又突然下降时，应停止蒸馏，即使杂质量很少，也不能蒸干。否则，可能会发生意外事故。

蒸馏完毕，先停止加热，后停止通水，拆卸仪器时其顺序与装配时相反，即从右至左，从上到下按次序取下接收器、接引管、冷凝管和蒸馏烧瓶。

2. 微量法测定沸点

取一根内径 3～4 mm、长 8～9 cm 的玻璃管，用小火封闭其一端，作为沸点管的外管，放入无水乙醇 4～5 滴，在此管中放入一根长 7～10 cm、内径约 1 mm 的上端封闭毛细管，将其开口处浸入外管的无水乙醇中。将这一微量沸点管贴于温度计水银球旁（如图 2-11 所示），像测定熔点那样将沸点管附在温度计旁，加热，由于气体膨胀，内管中有断断续续的小气泡冒出来，到达样品的沸点时，将出现一连串的小气泡，此时应停止加热，使浴液的温度下降，气泡逸出的速度随即渐渐地减慢，仔细观察，最后一个气泡出现而刚欲缩回到内管的瞬间温度即毛细管内液体的蒸气压与大气压平衡时的温度，也就是乙醇的沸点。

【注意事项】

[1] 加入沸石的目的是防止暴沸。

[2] 蒸馏装置的加热部分的各接口处应连接紧密，以免在蒸馏过程中有蒸气渗漏而造成产物的损失，以致发生火灾。

[3] 蒸馏易挥发和易燃的物质时，不能用明火。否则易引起火灾，故要用热浴。

【问题与思考】

（1）在进行蒸馏操作时，从安全和效果两方面来考虑应注意哪些问题？

（2）在蒸馏装置中，将温度计水银球插至液面上或者在蒸馏头支管口上是否正确？为什么？

(3) 蒸馏时，加入沸石为什么能防止暴沸？如果加热后才发觉未加入沸石，应该怎样处理才安全？

(4) 当加热后有馏出液出来时，才发现冷凝管未通水，请问能否马上通水？如果不行，应怎么办？

(5) 向冷凝管通水是由下而上，反过来效果怎样？将橡胶管套进冷凝管侧管时，怎样才能防止折断其侧管？

(6) 如果加热过猛，测定出来的沸点是否正确？为什么？

（王巍编写）

实验 3-3 丙酮与水的分馏

【实验目的】

(1) 了解分馏的原理和意义。

(2) 学习分馏的操作方法。

【实验器材】

实验试剂：丙酮、蒸馏水。

实验仪器：圆底烧瓶、蒸馏头、分馏柱、温度计、温度计套管、直形冷凝管、接引管、锥形瓶、量筒。

【实验原理】

对于沸点相近的混合物用普通蒸馏法难以分开，若要获得良好的分离效果，应采用分馏法。分馏实际上是沸腾着的混合物蒸气通过分馏柱进行一系列的热交换，由于柱外空气的冷却，蒸气中高沸点的组分就会冷却为液体，回流入烧瓶中，故上升的蒸气中含低沸点的组分就相对地增加，当冷凝液回流途中遇到上升的蒸气，两者之间又进行热交换，上升的蒸气中高沸点的组分又被冷凝，低沸点的组分仍然继续上升，易挥发的组分又增加了，如此在分馏柱内反复进行着汽化-冷凝-回流等过程，当分馏柱的效率相当高且操作正确时，在分馏柱顶部出来的蒸气就接近纯低沸点的组分，这样，最终便可将沸点不同的物质分离出来。

分馏可以将沸点相差＜30℃的两种或多种液体有机物有效分离，特别适合分离蒸馏操作无法分离和纯化的液体化合物，是有机化学实验中的一种常用基本操作。

【实验过程】

按简单分馏装置安装仪器[1]（如图 2-20 所示），并准备三支 10 mL 量筒作为接收器，分别注明 A、B、C。在 50 mL 圆底烧瓶中加入 15 mL 丙酮、15 mL 水和 2～3 粒沸石，充分振摇使之混合均匀。开始缓慢加热，并尽可能精确地控制加热，使馏出液以 1～2 滴/s 的速率蒸出[2]。

将初馏出液收集于试管 A 中，观察并记录柱顶温度及接收器 A 的馏出液总体积。继续蒸馏，记录每增加 1 mL 馏出液时的温度及馏出液总体积。温度达 62℃时，换量筒 B 接收；达到 98℃时，用量筒 C 接收，直至蒸馏烧瓶中残液体积为 1～2 mL，停止加热（各量筒所收集馏分的温度范围：A 56～62℃，B 62～98℃，C 98～100℃）。记录三个馏分的体积，待分馏柱内液体流入烧瓶时测量并记录残留液体积。以柱顶温度为纵坐标，馏出液体积为横坐标，将实验结果绘成温度-体积曲线，讨论分馏效率。

【注意事项】

[1] 在仪器装配时应使分馏柱尽可能与桌面垂直，以保证上面冷凝下来的液体与下面上升的气体进行充分的热质交换，提高分离效果。

[2] 根据分馏液体的沸点范围，选用合适的热浴加热，不要在石棉网上直接用火加热。用小火加热热浴，以便使浴温缓慢而均匀地上升。

【问题与思考】

(1) 分馏和蒸馏在原理及装置上有哪些异同？如果是两种沸点很接近的液体组成的混合物，能否用分馏来提纯？

(2) 若加热太快，馏出速率大于1～2滴/s（每秒的滴数超过要求量），用分馏分离两种液体的能力会显著下降，为什么？

(3) 用分馏柱提纯液体时，为了取得较好的分离效果，为什么分馏柱必须保持有一定的回流液？

（王巍编写）

实验3-4　水蒸气蒸馏法从牡丹皮中提取丹皮酚

【实验目的】

(1) 学习水蒸气蒸馏的原理及应用。

(2) 掌握水蒸气蒸馏的装置搭建及其操作方法。

(3) 学习水蒸气蒸馏提取易挥发组分的原理和操作方法。

【实验器材】

实验试剂：牡丹皮、3% $FeCl_3$ 溶液、乙醚。

实验仪器：水蒸气发生器、500 mL长颈圆底烧瓶、250 mL三颈烧瓶、T形管、止水夹、冷凝管、接引管、锥形瓶、连接导管、分液漏斗、试管。

【实验原理】

水蒸气蒸馏是分离和提纯有机化合物的常用方法之一，是将水蒸气通入不溶或难溶于水的有机物中，使有机物在低于100℃的温度下，随着水蒸气一起蒸馏出来。许多不溶或微溶于水的有机物，无论是固体还是液体，只要在100℃具有一定的蒸气压，即具有一定的挥发性时，若与水一起加热就能与水同时蒸馏出来，常用于以下几种情况：

① 常压下蒸馏易发生分解的某些高沸点有机物质。

② 混合物中含有大量树脂状或不挥发性杂质，采用普通蒸馏方法难以分离的物质。

③ 从较多固体反应物中分离出被吸附的液体。

④ 天然产物的提取，如香精油、生物碱等。

丹皮酚（paeonol，2-羟基-4-甲氧基-苯乙酮）是牡丹皮和徐长卿的主要活性成分，其在医药、香料、化工领域具有镇静、镇痛、催眠、解热、抗炎、抗过敏、免疫调节等药理活性，并具有抗心律失常、抗动脉粥样硬化、改善微循环、保护缺血组织、抗菌和抑制皮肤色素合成等作用。提取丹皮酚的方法主要有有机溶剂浸出法、水蒸气蒸馏法、超临界流体萃取法等。本实验采取水蒸气蒸馏法从牡丹皮中提取丹皮酚，并用 $FeCl_3$ 对丹皮酚进行简单的结构鉴定。

【实验过程】

将 30 g 经粉碎的牡丹皮[1-2] 加入 250 mL 三口烧瓶中，加少量水使牡丹皮润湿，按图 2-21 把水蒸气蒸馏装置装好，检查整个装置的连接气密性。松开 T 形管下方止水阀，通入冷凝水，加热水蒸气发生器至水沸腾。当蒸气从 T 形管中冲出时，关上止水夹，让蒸气从蒸气导管导入三口烧瓶内开始蒸馏。在蒸馏过程要随时注意从 T 形管支口放出冷凝下来的水分，以防止冷凝水进入蒸气导管内。如果三口烧瓶内累积了较多水分，可用小火加热三口烧瓶，加快蒸馏效率，一般控制馏出液速率为 1～2 滴/s，待蒸出液没有油珠且变澄清时停止蒸馏。

水蒸气蒸馏完毕，先松开 T 形管下的止水夹，然后停止加热，移去热源，关闭冷凝水，最后拆除整个装置。

将馏出液[3] 倒入分液漏斗中，用 30 mL 乙醚分两次萃取，合并有机层后无水硫酸钠干燥。水浴蒸馏去除乙醚，蒸馏烧瓶内残留物即为丹皮酚。可选择用标准品做参照，用 $FeCl_3$ 检验馏出物中产品中是否含有酚羟基。馏出液也可放入冰箱冷藏过夜，析出白色絮状固体，过滤后干燥即得丹皮酚。

【注意事项】

［1］干燥后的牡丹皮中丹皮酚含量较低，宜选择秋天新鲜的牡丹皮做原料。

［2］牡丹皮不宜粉碎得太细，否则容易造成水蒸气蒸馏导管的堵塞。

【问题与思考】

（1）水蒸气蒸馏的原理是什么？与普通蒸馏相比的优点有哪些？

（2）有机物用水蒸气蒸馏进行分离提纯应当具备哪些条件？

（3）安全管和止水夹的作用是什么？

（刘志平编写）

实验 3-5　乙酰苯胺的重结晶

【实验目的】

（1）学习重结晶法提纯固体有机物的原理和方法。

（2）了解重结晶溶剂的选择原则。

（3）掌握热过滤及菊花形滤纸的折叠方法。

【实验器材】

实验试剂：乙酰苯胺、活性炭。

实验仪器：热水漏斗、锥形瓶、烧杯、抽滤瓶、布氏漏斗、表面皿、量筒、电子天平。

【实验原理】

重结晶是提纯固体有机物的常用方法之一，是去除少量难溶或易溶杂质及其色素的重要方法。将晶体用溶剂加热溶解制成接近饱和溶液，冷却后晶体重新析出，从而达到晶体纯化或分离的目的。

重结晶的一般步骤为：①选择合适的溶剂；②加热溶解待重结晶的固体，制备成接近饱和的溶液；③稍冷却后加入活性炭脱色，趁热过滤除去不溶性杂质；④冷却析出晶体，抽滤除去母液；⑤洗涤及干燥晶体。各步骤的理论知识及操作参考有机基本操作——重结晶。

【实验过程】

称取 3.0 g 粗乙酰苯胺转入 250 mL 锥形瓶中，加入 70 mL 水和几粒沸石，加热到乙酰苯胺逐步溶解[1]。如果没有完全溶解[2]，慢慢添加少量水并继续加热[3]，直至乙酰苯胺在溶液沸腾时刚好完全溶解，再多加 20% 体积的水。稍冷却后加入少量活性炭煮沸 3～5 min[4]，趁热过滤（过滤前提前将热水装入铜热水漏斗，然后把菊花形滤纸及短颈玻璃漏斗放入热水漏斗中，并用酒精灯小火加热热水漏斗的柄部，以保持温度）。热过滤时分批将活性炭倒入菊花形滤纸过滤，此时需密切注视滤纸上是否析出大量晶体。如滤纸上很快出现较多结晶，则说明溶液浓度太高或温度降低了，需适当补加溶剂或继续加热。

热过滤后的滤液自然冷却至室温，再用冰水混合物冷却，有大量晶体析出，抽滤[5]，少量冷水润洗容器及晶体，抽干后转移入表面皿，烘干称重。

【注意事项】

[1] 用水做溶剂时，可不加球形冷凝管冷却；用其他有机溶剂需在加球形冷凝管的回流装置下进行热溶解。

[2] 加热后在锥形瓶底部形成的油状物是温度过高乙酰苯胺熔化的产物，此时应继续加入少量水搅拌，加速油状物溶解。

[3] 重结晶溶剂的加入应当按照“少量多次、分批加入”的原则进行，切忌一次加入过多溶剂，否则产物回收率会降低。

[4] 活性炭切勿在溶液沸腾时加入，防止溶液暴沸发生危险。

[5] 抽滤时注意滤纸内径略小于布氏漏斗内径，且需盖住所有滤孔；润洗时先拔开抽滤管，待加入润洗液后再抽滤。

【问题与思考】

(1) 重结晶包括哪几个步骤？每个步骤应注意什么问题？

(2) 溶解乙酰苯胺过程中出现的少量油珠应如何处理？

（刘志平编写）

实验 3-6　醋酸水溶液的萃取

【实验目的】

(1) 学习萃取的原理和方法。

(2) 掌握分液漏斗的使用方法。

【实验器材】

实验试剂：5%醋酸水溶液、乙醚、0.2 mol/L NaOH 溶液、酚酞。

实验仪器：分液漏斗、滴定管、锥形瓶、移液管、洗耳球。

【实验原理】

萃取，又称溶剂萃取或液液萃取，是利用物质在两种互不相溶（或微溶）的溶剂中溶解度或分配系数的不同，使溶质物质从一种溶剂内转移到另外一种溶剂中的方法。萃取是有机化学实验室中用来提纯和纯化化合物的手段之一。通过萃取，能从固体或液体混合物中提取出所需要的物质。

大部分萃取操作需要加入有机溶剂（萃取剂），以提高萃取效率。有机溶剂的使用应当按照“少量多次”的原则，多次进行萃取-分液操作，以达到最大分离效率。在萃取操作中，有时会遇到水层与有机层密度接近难分层的现象（特别是萃取呈碱性或表面活性较强的物质时，常出现乳化现象）。原因可能是两相分界之间存在少量轻质的不溶物；也可能是两液相交界处的表面张力小或两液相密度相差较小。解除萃取时乳化现象的操作称为“破乳”。萃取时可通过下列操作进行破乳：

① 因萃取溶剂与水层的密度较接近而难分层，可以加入一些溶于水的无机盐，增大水层的密度，降低有机物在水中的溶解度，明显提高萃取效果，这也叫盐析作用。

② 因萃取溶剂与水互溶而产生乳化，需要静置较长的时间才可以分层。

③ 因被萃取液中存在少量轻质固体，在萃取时常聚集在两相交界面处使分层不明显，要将沉淀物过滤掉，然后再萃取。

④ 因被萃取液呈碱性而产生乳化，加入少量稀硫酸，并轻轻振摇。

此外，还可采用加入醇类化合物改变其表面张力、加热破坏乳化等方法处理。

【实验过程】

（1）一次萃取

用移液管准确移取 10 mL 醋酸水溶液（5%浓度[1]），放入分液漏斗中，然后一次加入 30 mL 乙醚，充分振荡混合物（分液漏斗需及时放气），将分液漏斗置于铁圈内静置，待液体分层后，将下层水相缓慢放出到 100 mL 锥形瓶内，加入 2 滴酚酞指示剂，用 0.2 mol/L NaOH 标准溶液滴定[2]，记录所需标准溶液的体积，计算残留在水中的醋酸含量及质量分数。将乙醚层倒入指定回收瓶内。

（2）分次萃取

用移液管另取 10 mL 醋酸水溶液（5%浓度）于分液漏斗中，将 30 mL 乙醚分 3 次（每次 10 mL）萃取，将经过 3 次萃取后的水溶液放入 100 mL 锥形瓶中，加入 2 滴酚酞指示剂，同样用 0.2 mol/L NaOH 标准溶液滴定，记录所需标准溶液的体积，计算残留在水中的醋酸含量及质量分数。将乙醚层倒入指定回收瓶内。

计算一次萃取和三次萃取水相中醋酸的残留含量及质量分数，分析一次萃取和多次萃取的萃取效率，并加以讨论。

【注意事项】

[1] 5%浓度的醋酸水溶液可以由 1 体积醋酸中加 19 体积水来配制。

[2] 0.2 mol/L NaOH 标准溶液需由分析天平差量法配制，并标定为具体的浓度。

【问题与思考】

（1）影响萃取的因素有哪些？如何选择合适的萃取剂？

（2）使用分液漏斗的注意事项有哪些？

（3）如何判别分液漏斗中分层后未知的液体样品哪一层为有机层？

（刘志平编写）

实验 3-7　咖啡因的提取与升华

【实验目的】

（1）学习从茶叶中提取咖啡因的原理和方法。

（2）初步掌握升华法提纯有机物的原理和方法。

（3）掌握索氏提取器的原理和操作步骤。

【实验器材】

实验试剂：茶叶、95%乙醇、生石灰。

实验仪器：电热套、索氏提取器、圆底烧瓶、球形冷凝管、直形冷凝管、蒸馏头、温度计、接引管、锥形瓶、分液漏斗、蒸发皿、量筒。

【实验原理】

茶叶中含有多种生物碱，其中主要成分是咖啡因，约占1%～5%，另外还含有11%～12%的丹宁酸（鞣酸）以及0.6%的色素、纤维素、蛋白质等。咖啡因具有刺激心脏、兴奋大脑神经等作用，主要用作中枢神经兴奋剂，它是复方阿司匹林等药物的组分之一。

咖啡因为嘌呤的衍生物，化学名称是1,3,7-三甲基-2,6-二氧嘌呤，其结构式与茶碱、可可碱类似。

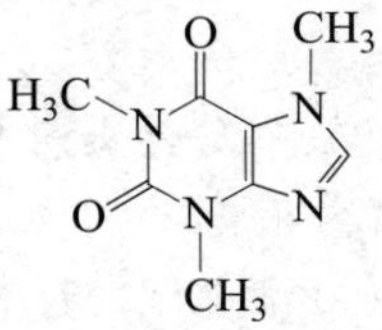

咖啡因 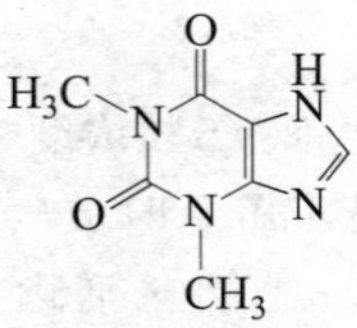　　茶碱 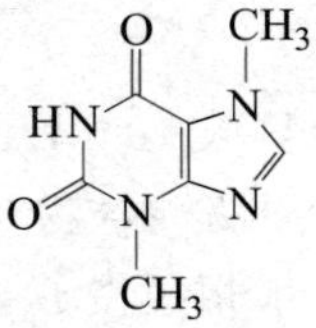　　可可碱

含有结晶水的咖啡因是无色针状结晶，能溶于水、乙醇、丙酮，微溶于石油醚。在100℃失去结晶水开始升华，178℃以上升华为针状结晶，无水咖啡因的熔点为236℃。

为了提取茶叶中的咖啡因，可用适当的溶剂（如乙醇、二氯甲烷等）在索氏提取器中连续抽提，然后蒸去溶剂，即得粗咖啡因。粗咖啡因中还含有其他一些生物碱和杂质（如丹宁酸）等，可利用升华法进一步提纯。

本实验选用95%乙醇或者二氯甲烷为溶剂，提取茶叶中的咖啡因。

【实验过程】

称取10 g茶叶，研细，用滤纸包裹成筒状[1]，放入索氏提取器中。在圆底烧瓶中加100 mL 95%的乙醇，加热连续回流萃取，至提取液颜色变浅，时间1～1.5 h。稍冷后把装置改为蒸馏装置，蒸出大部分乙醇[2]。趁热将残余物倾入蒸发皿中，加入3.6 g生石灰[3]，搅拌均匀。将蒸发皿放在蒸气浴上[4]，小火焙炒，压碎块状物，除尽溶剂，生石灰呈粉末状。然后将蒸发皿移至石棉网上用酒精灯小火烘焙片刻[5]，使水分全部除去。将一张刺有许多小孔的圆形滤纸盖在蒸发皿上[6]，取一支大小合适的长颈漏斗罩于其上，漏斗颈部疏松地塞一团棉花。用酒精灯隔石棉网小火加热[7]，当滤纸上出现白色针状结晶时，适当控制火焰[8]，如发现有棕色烟雾时，停止加热。冷却（约5 min）后小心地揭开漏斗和滤纸，把附在滤纸上及漏斗周围的咖啡因晶体用小刀刮下[9]。残渣经拌和后，用较大火焰再继续加热升华一次（或两次）。合并各次升华收集到的咖啡因结晶，称重。产量约0.09 g。

【注意事项】

[1] 滤纸套大小既要紧贴器壁，又要能方便取放，其高度不能超过虹吸管。滤纸包茶叶时应包紧，防止漏出堵塞虹吸管。

[2] 浓缩萃取液（蒸馏）时不可蒸得太干，以防转移损失。

[3] 拌入生石灰要均匀，生石灰的作用除吸水外，还可中和除去部分酸性杂质（如鞣酸）。

[4] 也可在加热套上小火加热焙炒。

[5] 火焰不能太大，以防咖啡因升华。

[6] 滤纸朝同一方向打孔，疏密大小应合适。可使用大头针打孔，小孔直径约 1 mm，覆盖蒸发皿时毛面朝上。

[7] 也可使用电加热套代替，加热套温度设定为 180～200℃为宜。

[8] 升华过程中要控制好温度。温度太低，升华速度较慢；温度太高，易使产物发黄（分解）。

[9] 刮下咖啡因时要小心操作，防止混入杂质。

【问题与思考】

（1）索氏提取器的提取原理是什么？它与一般的浸泡萃取方法相比，具有哪些优点？

（2）提取咖啡因的实验中，生石灰的作用是什么？

（3）在进行升华实验时，为什么需要用小火缓慢加热？

（展军颜编写）

实验 3-8　罗丹明 B 与荧光素的薄层色谱及柱色谱

【实验目的】

（1）掌握薄层色谱的原理及薄层色谱板的点样与展开操作方法。

（2）掌握柱色谱的原理和操作方法。

【实验器材】

实验试剂：硅胶 G_{254}（200～300 目）、薄层板、罗丹明 B、荧光素、二氯甲烷。

实验仪器：展开缸、紫外灯、毛细管、圆底烧瓶、色谱柱、试管、玻璃漏斗、量筒、贮液球。

【实验原理】

薄层色谱又叫薄板层析（TLC），是色谱法中的一种，是快速分离和定性分析少量物质的很重要的实验技术，属固-液吸附色谱。它兼备了柱色谱和纸色谱的优点，一方面适用于少量样品（0.1 克到几毫克量）的分离；另一方面薄层色谱法还被广泛用于跟踪有机反应进程及确定柱色谱分离洗脱剂的极性。

柱色谱也叫柱层析，是将吸附剂填充到一根玻璃管或金属管中进行分离的色谱技术。其主要原理是根据混合物样品中各组分在固定相和流动相中分配系数不同，经过洗脱剂的洗脱，将各组分分开的过程。其原理与薄层色谱类似，不同的是薄层色谱自下而上展开，而柱色谱则是自上而下洗脱。柱色谱具有分离能力强、适应范围广和高效等特点，在有机合成和天然产物的分离中得到广泛的应用。

1. 罗丹明 B 与荧光素的薄层色谱

（1）样品的配制

通常点样样品配制成 1～2 mg/mL 浓度比较适宜。在本实验中，将 5 mg 罗丹明 B 和荧光素溶解在约 5 mL 的乙醇中，制得罗丹明 B 的乙醇溶液和荧光素的乙醇溶液。两者混合即得混合溶液[1]。

（2）点样

先用铅笔在距薄层板一端 1 cm 处轻轻划一横线作为起始线（基线），然后用内径 0.5 mm 的毛细管吸取罗丹明 B 的乙醇溶液、荧光素的乙醇溶液和两者混合物的乙醇溶液，在起始线上小心点样，斑点直径一般不超过 2 mm，每个点样点位置应间隔至少 0.3 mm 为宜。若样品溶液太稀，可重复点样，但应待前次点样的溶剂挥发后方可重新点样[2]，以防样点过大，造成拖尾、扩散等现象，而影响分离效果。

（3）展开

本实验的展开剂是二氯甲烷和乙醇混合液（20∶1，体积比）。在展开缸中加入配好的展开溶剂，使其高度不超过 1 cm。用镊子将点样好的薄层板小心放入展开缸中，点样一端朝下，浸入展开剂中[3]。盖好展开缸盖，观察展开剂前沿上升到薄层板顶端 0.3～0.5 cm 处时取出，吹干或晾干溶剂。观察分离情况，计算 R_f 比移值。根据罗丹明 B 与荧光素的 R_f 值判断混合样品中哪个点是罗丹明 B，哪个点是荧光素。本实验样品罗丹明 B 与荧光素本身具有颜色，可直接肉眼观察，而不必在荧光灯下观察。

2. 罗丹明 B 与荧光素的柱色谱

以二氯甲烷∶乙醇（25∶1，体积比）为洗脱剂（流动相），硅胶 G_{254}（200～300 目）为吸附剂（固定相），采用硅胶柱色谱分离罗丹明 B 和荧光素的混合物。

参照第 2 章柱色谱操作方法，采用湿法装柱和湿法上样。将 0.05 g 罗丹明 B 和 0.05 g 荧光素溶解在约 0.5 mL 的二氯甲烷中备用。

取 15 cm×1.5 cm 色谱柱，垂直组装好色谱柱，用 10 mL 试管作为接收瓶。用玻璃棒将少许脱脂棉放置于干净的色谱柱底部，轻轻塞紧，再铺上一层石英砂。关闭活塞，将吸附剂（固定相）使用二氯甲烷混合均匀后通过柱顶漏斗装填入色谱柱[4]，然后打开活塞，一边从柱顶加压[5] 一边轻轻敲击柱身使色谱柱装填紧实，直至柱内空气全部排除，柱子紧实不塌陷为止。待液面高度为 2～4 mm 时，使用滴管从色谱柱顶端小心加入样品溶液。打开色谱柱下端活塞放出少许二氯甲烷，使二氯甲烷的液面刚好或稍低于硅胶表面时，随后加入 1～2 cm 厚度石英砂，再小心加入二氯甲烷/乙醇混合溶液洗脱剂 100 mL，加压后仔细观察色谱柱上出现的色带，并收集洗脱剂，每份 2 mL[6]。待色带完全洗脱后，停止洗脱。用薄层色谱鉴定每份洗脱液，与罗丹明 B 和荧光素的样品点比对，将含有罗丹明 B 的洗脱剂合并，再减压浓缩，即得到罗丹明 B，同样的方法得到纯的荧光素。

【注意事项】

[1] 样品并没有固定的浓度，点样浓度太高，展开后有可能斑点拖尾或者斑点过大，浓度太低则有可能斑点不清晰。浓度适中是关键，宜稀不宜浓。

[2] 为了加快样点的干燥速度，可以用电吹风的冷风吹干，也可以晾干。

[3] 注意不要使溶剂前沿到达顶端，也不要让展开剂浸没点样位置，展开剂的液面要低于起始线。

[4] 二氯甲烷拌混硅胶时应大力搅拌，以除去空气，形成均匀黏稠混合物。

[5] 可使用测血压用橡胶加压气球囊或者小型充氧泵加压。

[6] 收集洗脱液时，可结合色带移动情况和薄层色谱结果来鉴定。

【问题与思考】

（1）如何利用 R_f 值来判断两个化合物是否为同一化合物？

（2）为什么极性大的组分要用极性较大的溶剂洗脱？

（3）色谱柱中若有气泡或装填不均匀，将给分离造成什么样的结果？如何避免？

（4）干法装柱和湿法装柱的区别在哪里？

（展军颜编写）

实验 3-9　烷烃的性质

【实验目的】

学习验证烷烃的主要性质。

【实验器材】

实验试剂：溴的四氯化碳溶液、石油醚、高锰酸钾、浓硫酸。

实验仪器：试管、铁架台、胶头滴管。

【实验原理】

烷烃在一般条件下与强酸、强碱、高锰酸钾、溴水等都不起发生，化学性质比较稳定。但是，在光照条件下，也能发生一些反应，例如卤代反应。甲烷是烷烃中最简单且重要的代表物，是天然气的主要成分，烷烃是石油的主要成分。本实验通过石油醚的性质试验来理解烷烃的性质。

【实验过程】

1. 卤代反应

在 2 支试管中分别加入 1%溴的四氯化碳溶液 1 mL，其中 1 支用黑布或黑纸包裹好。分别向 2 支试管中加入石油醚或石蜡油 1 mL。试比较这 2 支试管中液体的颜色变化是否相同，有什么变化？并说明原因。

2. 高锰酸钾实验

在 1 支试管中加入 0.1%的高锰酸钾酸性溶液 1 mL 和 10%的硫酸 2 mL，振荡混合均匀，加入石油醚[1] 或石蜡油 0.5 mL。观察颜色是否发生变化，并说明原因。

【注意事项】

[1] 石油醚是烷烃的混合物，但常含有少量的不饱和烃，影响实验效果。除去不饱和烃的方法是利用浓硫酸洗涤。步骤如下：量取 90 mL 石油醚，依次用 9 mL 和 4 mL 浓硫酸洗涤。然后分别用 40 mL 水洗涤 2 次，分去水层。将所得石油醚移入干燥的锥形瓶中，加入 3～4 g 无水氯化钙，塞紧木塞，振荡，静置 30 min，过滤，蒸馏收集 60～120℃的馏分。

【问题与思考】

在高锰酸钾试验中往往会出现紫色消褪，是否说明烷烃与高锰酸钾溶液发生了反应？为什么？

（展军颜编写）

实验 3-10　不饱和烃的制备和性质

【实验目的】

（1）学习乙烯和乙炔的制备方法。

（2）验证不饱和烃的性质。

【实验器材】

实验试剂：浓硫酸、95%乙醇、氢氧化钠、溴的四氯化碳溶液、高锰酸钾溶液、电石、氯化钠、硝酸银溶液、氨水、硫酸汞、硫酸铜。

实验仪器：二口烧瓶、温度计、导管、乳胶管、试管、干燥塔、酒精灯、铁架台、恒压滴液漏斗。

【实验原理】

实验室通过浓硫酸催化乙醇脱水消除反应制备乙烯，通过乙烯与溴的四氯化碳溶液及高锰酸钾溶液反应验证烯烃的化学性质。其反应式如下：

$$C_2H_5OH \xrightarrow[160\sim170℃]{H_2SO_4} CH_2=CH_2 + H_2O$$

实验室用电石与水反应制备乙炔气体，再通过乙炔与卤素单质、高锰酸钾溶液、银氨溶液、氯化亚铜溶液、硫酸汞水溶液等反应验证炔烃的化学性质。

$$CaC_2 + 2H_2O \longrightarrow HC\equiv CH\uparrow + Ca(OH)_2$$

【实验过程】

1. 乙烯的制备

取1支100 mL的蒸馏烧瓶，通过漏斗往烧瓶中加入95%乙醇6 mL、浓硫酸18 mL，边加边振荡[1]，加完后再加入1 g五氧化二磷和2 g干净的河沙[2]，塞上带有温度计（200℃或300℃）的塞子，温度计的水银球应插入反应液中，蒸馏烧瓶通过导气管与作洗气用的试管相连，试管中盛有10 mL的10%氢氧化钠溶液[3]。

按照图3-2把仪器连接好，检查不漏气后，给烧瓶加强热，使反应物的温度迅速地上升到160～170℃，调节火焰，控制好反应液的温度，保持乙烯气流均匀地发生[4]，即可做后续的性质实验。

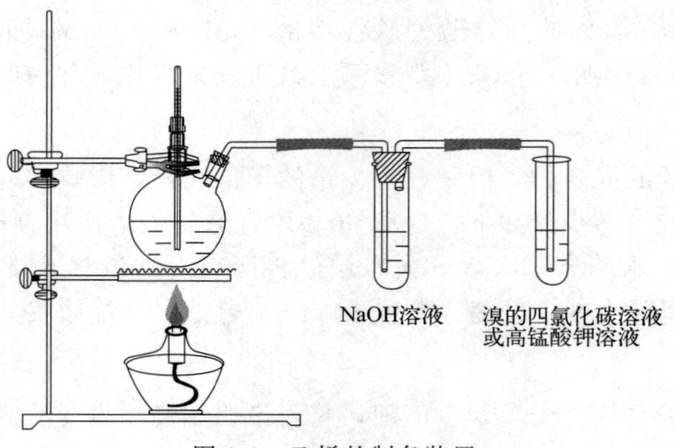

图3-2　乙烯的制备装置

2. 乙烯的性质

（1）可燃性：在确保安全的条件下（参阅甲烷的燃烧实验），做乙烯的燃烧试验。观察燃烧情况，注意火焰的颜色、火焰明亮的程度如何？有没有浓烟？

（2）与卤素反应：将乙烯气体通入盛有1 mL 1%溴的四氯化碳溶液的试管中，边通气边振荡试管，观察试管中溶液有什么变化？和烷烃的性质作比较有何异同？写出反应式。

（3）氧化反应：将乙烯气体分别通入盛有1 mL 0.1%高锰酸钾溶液和10%硫酸0.5 mL

的试管中，振荡试管，观察溶液的颜色变化，和烷烃的性质试验有何异同？写出反应式。

（4）取汽油或煤油 0.5 mL 代替乙烯[5]，照（2）、（3）两项的步骤进行实验，观察实验现象，与乙烯实验的结果有何异同？

3. 乙炔的制备

在干燥的 250 mL 两口烧瓶中，放入少量干净、干燥的河沙，铺于瓶底，沿瓶壁小心地加入 10g 小块状碳化钙（电石），烧瓶一口装上恒压漏斗，烧瓶的另一口用导气管连接到盛有饱和硫酸铜溶液的洗气瓶中[6]，装置如图 3-3 所示。恒压漏斗中加入饱和氯化钠溶液[7]，小心地打开活塞，将氯化钠溶液缓慢地滴入烧瓶中，即有乙炔气体生成，注意控制反应的速度！

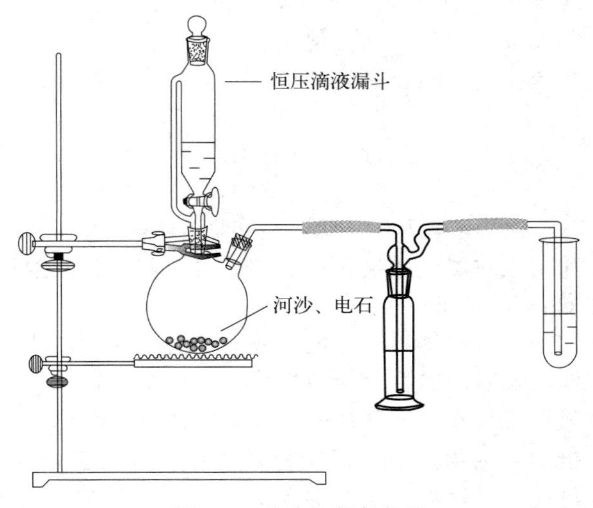

图 3-3　乙炔的制备装置

4. 乙炔的性质

（1）往盛有 1 mL 浓度为 1%溴的四氯化碳溶液的试管中，通入乙炔气体，观察有何现象，写出其反应式。

（2）往盛有 2 mL 浓度为 0.1%高锰酸钾溶液、1 mL 浓度为 10%硫酸的试管中通入乙炔气体，观察实验现象，写出其反应式。

（3）乙炔银的生成：往盛有 0.5 mL 浓度为 5%硝酸银溶液的试管中，加入 1 滴 10%氢氧化钠溶液，再滴入 2%氨水，边滴边振荡，直到生成的沉淀恰好溶解，即得到澄清的硝酸银氨水溶液[8]。往该溶液中通入乙炔气体，观察溶液有何变化？是否有沉淀生成，沉淀的颜色如何？

（4）乙炔铜的生成：将乙炔通入氯化亚铜氨溶液中，观察溶液有什么变化？是否有沉淀生成，沉淀的颜色如何？和与硝酸银反应有何异同？[9]

（5）燃烧试验：在保证安全的条件下进行乙炔的燃烧实验，观察实验现象，并与乙烯、甲烷的燃烧实验作比较，并说明其原因。

【注意事项】

[1] 乙醇与浓硫酸的反应，首先生成硫酸氢乙酯，放热反应，可将反应液浸入冷水中冷却片刻，边加边振荡可有效防止乙醇的碳化。

$$C_2H_5OH + H_2SO_4 \longrightarrow C_2H_5OSO_2OH + H_2O$$

[2] 河沙可能夹杂着碳酸钙，应先用稀盐酸洗涤将其除去（因为石灰质与硫酸反应生成的硫酸钙会阻止反应物的沸腾），然后用水洗涤，干燥备用。河沙的作用是：可作硫酸氢乙酯分解为乙烯的催化剂；减少泡沫生成，有利于反应顺利进行。

[3] 浓硫酸是强氧化剂，可将乙醇氧化成一氧化碳、二氧化碳，同时，硫酸被还原成二氧化硫。将反应生成的气体通过氢氧化钠溶液，便可除去二氧化硫、二氧化碳。由于一氧化碳与溴和高锰酸钾试液均不反应，在乙烯中混有也不妨碍实验。

[4] 硫酸氢乙酯在170℃分解生成乙烯，140℃时生成乙醚。实验中可以加强热使反应液温度迅速升高，快速达到150℃以上，可以减少乙醚的生成。当乙烯开始生成时，要控制好反应温度，否则过高，会产生大量泡沫，影响实验进程。

[5] 通常的汽油、煤油中含有少量不饱和烃，可作为烯烃性质试验的样品。有色的汽油、煤油蒸馏后得无色的汽油和煤油，即可使用。

[6] 碳化钙中常含有硫化钙、磷化钙等杂质，它们与水作用，产生硫化氢、磷化氧等气体，具有恶臭味。

$$CaS + 2H_2O \longrightarrow Ca(OH)_2 + H_2S\uparrow$$

$$Ca_3P_2 + 6H_2O \longrightarrow 3Ca(OH)_2 + 2PH_3\uparrow$$

$$Ca_3As_2 + 6H_2O \longrightarrow 3Ca(OH)_2 + 2AsH_3\uparrow$$

硫化氢能与硝酸银作用生成黑色的硫化银沉淀，也能和氯化亚铜作用生成硫化亚铜，影响实验结果，可用饱和 $CuSO_4$ 溶液除去这些杂质。

[7] 实验证明，使用饱和氯化钠溶液，能平稳而均匀地产生乙炔。

[8] 硝酸银氨水溶液，长时间贮存会析出爆炸性黑色沉淀物 Ag_3N，应临时配制。

[9] 乙炔银、乙炔亚铜沉淀在干燥状态时，均有可能发生爆炸。实验结束后，有关金属乙炔化合物沉淀不得直接倒入废物缸中，而应将过滤得到的沉淀，加入到 2～3 mL 稀硝酸或稀盐酸等稀酸中，微热使之分解后，才能倒入指定废液缸中。乙炔银、乙炔亚铜分解的反应式为：

$$AgC\equiv CAg + 2HNO_3 \longrightarrow 2AgNO_3 + CH\equiv CH\uparrow$$

$$CuC\equiv CCu + 2HCl \longrightarrow Cu_2Cl_2 + CH\equiv CH\uparrow$$

【问题与思考】

(1) 制备乙烯的实验应当注意哪些问题？如果升温较慢结果如何？

(2) 本实验制备的乙烯气含有哪些可能的杂质？如何除去？

(3) 由电石制备乙炔时，所得乙炔气有哪些杂质？在实验中如何除去？

（朱其明编写）

实验 3-11 芳烃的性质

【实验目的】

(1) 掌握芳烃的化学性质，重点掌握取代反应的条件。

(2) 了解自由基的存在及化学检验方法。

(3) 掌握芳烃的鉴别方法。

【实验器材】

实验试剂：苯、甲苯、二甲苯、萘、高锰酸钾溶液、溴的四氯化碳溶液、浓硫酸、浓硝酸、福尔马林溶液、氢氧化钠溶液、无水三氯化铝、铁粉、氨水。

实验仪器：试管、酒精灯、铁架台。

【实验原理】

芳烃在化学性质上表现为比较稳定，不易被氧化，易发生亲电取代反应，如卤代、硝化、磺化、烷基化和酰基化反应。当苯环上有取代基时，会影响取代反应的反应速率，供电子基团活化苯环使亲电取代反应容易进行，吸电子基团则使反应较难进行。通过苯的高锰酸钾氧化、溴化、磺化和硝化反应理解和掌握芳烃的化学性质。

【实验过程】

1. 高锰酸钾溶液氧化

往 3 支分别盛有 0.5 mL 苯、甲苯和环己烯的试管中，分别滴入 1 滴 0.5% $KMnO_4$ 和 0.5 mL 10%硫酸，振荡，于 60～70℃的水浴中加热 10～15 min，观察并比较 3 支试管中的反应现象。

2. 芳烃的取代反应

（1）溴代

① 光对溴代反应的影响：分别往 3 支小试管中加入等量的苯、甲苯和二甲苯，试管中的液柱在 4 cm 左右，每支试管包裹 2 cm 高的黑布，使包裹部分免受光的直射。往每支试管中滴入 3～4 滴溴的四氯化碳溶液，振荡使其混合均匀，将试管放到距离灯源 2～3 cm 处，照射相同时间（5～10 min）。观察哪支试管褪色较快，哪支较慢，哪支试管中的变化不大？解释其原因。拿掉遮光的黑布，观察未受光照部分液柱中的颜色是否褪色？是否可观察到明显的界面？

分别在管口放湿润石蕊试纸测试，观察到什么实验现象？

② 催化剂对溴代反应的影响：预先准备好 3 个小烧杯，分别加入 10 mL 的 10% NaOH 溶液、去离子水、氨水。取一支干燥的试管，分别加入 2 mL 甲苯、0.5 mL 20%溴的四氯化碳溶液，加入少量的铁屑，装上连有导气管的塞子，导气管另一端连接一个漏斗[1]。水浴加热至试管中溶液微沸，然后分别用上述 3 个小烧杯去吸收产生的气体。观察有何现象？然后待反应完成后，将反应液倒入 10 mL 水中，振荡一会儿，再静置几分钟，观察有何现象？

（2）磺化

取 4 支试管，分别加入 1 mL 苯、甲苯、二甲苯和萘（0.5 g），再分别加入 2 mL 浓硫酸，水浴加热到 75℃左右，并不断地剧烈振荡，直至反应液不分层，观察有何现象，比较各反应快慢，并解释其现象。将反应液分两份，一份倒入盛有 5 mL 饱和 NaCl 溶液的烧杯中，另一倒入盛有 5 mL 水的烧杯中，观察有何实验现象？

（3）硝化

① 一硝基化合物的制备：取 1 个干燥的大试管，往其中加入 3 mL 浓硝酸，在冰浴中逐滴加入 4 mL 浓硫酸，并不断振荡。冷却后，将该混酸分成两份，在冷却下分别滴加 1 mL 苯、甲苯，剧烈振荡，并放在 60℃的水浴下加热 5～10 min，再分别倒入到盛有 10 mL 冷水的烧杯中，搅拌均匀后静置一会儿，观察烧杯中上层物质颜色、状态及气味（注意是否有苦杏仁味）。

② 二硝基化合物的制备：取一干燥的大试管，往其加入 2 mL 浓硝酸，在冰浴中逐滴加入 4 mL 浓硫酸并不断振荡。冷却后，逐滴加入 1mL 苯，将试管在沸水浴中加热 10 min 左

右，并不断振荡。冷却后，导入到盛有 30 mL 冷水的烧杯中，观察烧杯中上层物质颜色及状态。

3. 芳烃的显色反应

(1) 甲醛-硫酸实验

分别取甲苯和苯 1～2 滴，萘 30 mg（固体样品称取）与 1 mL 非芳烃溶剂滴加到大点滴板上。再加 3～4 滴临时配制好的甲醛-硫酸试液[2]，注意观察颜色变化。（备注：苯和甲苯变成红色，萘变成蓝绿色。）

(2) 无水 $AlCl_3$-$CHCl_3$ 试剂[3]

往一干燥的试管中加入 0.2 g 无水 $AlCl_3$，并用棉花塞住试管口，加热，$AlCl_3$ 升华并结晶在试管口的棉花上，取升华的 $AlCl_3$ 粉末置点滴板中，分别滴加 3～4 滴用氯仿溶解的苯、甲苯和萘等样品，注意观察颜色变化。（备注：苯及甲苯产生橙色，萘变成蓝色。）

【注意事项】

[1] 整个装置的玻璃仪器及导管必须干燥，否则现象不明显。

[2] 甲醛-硫酸试液的配制：取 1 滴福尔马林（37%～40%的甲醛溶液）加到 1 mL 浓硫酸中，并轻微振荡即可。

[3] 具有芳香结构的化合物通常在无水 $AlCl_3$ 存在下与氯仿反应生成有颜色的化合物。

【问题与思考】

(1) 在芳香烃取代反应中，研究催化剂对溴化反应的影响实验加入铁屑的目的是什么？请写出铁屑催化溴的四氯化碳溶液与苯反应的反应式。

(2) 苯与甲苯的硝化反应实验中是如何控制一硝基产物和二硝基产物生成的？

（朱其明编写）

实验 3-12　卤代烃的性质

【实验目的】

(1) 掌握卤代烃的化学性质和鉴别方法。

(2) 进一步认识不同烃基结构对反应速率的影响以及不同卤素原子对反应速率的影响。

【实验器材】

实验试剂：1-溴丁烷、溴化苄、溴苯、1-氯丁烷、2-氯丁烷、2-氯-2-甲基丙烷、1-碘丁烷、溴乙烷、硝酸银、氢氧化钠、氢氧化钾、乙醇、高锰酸钾。

实验仪器：试管、酒精灯。

【实验原理】

取代反应和消除反应是卤代烃的主要化学性质。其化学活性取决于卤原子的种类和烃基的结构。叔碳原子上的卤素活性比仲碳和伯碳原子上的要高。在烷基结构相同时，不同的卤素表现出不同的活性，其活性次序为：$RI > RBr > RCl > RF$。乙烯型的卤原子都很稳定，即使加热也不与硝酸银的醇溶液作用。烯丙型卤代烃比较活泼，室温下与硝酸银的醇溶液作用。隔离型烯烃卤代物需要加热才与硝酸银的醇溶液作用。卤代烷与碱的醇溶液共热发生消除反应，脱去一分子卤化氢形成双键。

【实验过程】

1. 与硝酸银的乙醇反应[1]

(1) 不同烃基结构的反应

取3支干燥试管并编号，在管1中加入3～4滴1-溴丁烷，管2中加入3～4滴溴化苄(溴甲基苯)，在管3中加入3～4滴溴苯，然后各加入1mL饱和硝酸银的乙醇溶液，摇动试管观察有无沉淀析出。如10min后仍无沉淀析出，可在水浴上加热煮沸后再观察。写出它们活性次序及有关反应式。

用1-氯丁烷、2-氯丁烷和2-氯-2-甲基丙烷做同样的实验，结果如何？写出反应式。

(2) 不同卤原子的反应

取3支干燥试管并编号，各加入1mL饱和硝酸银的乙醇溶液，然后分别加入3～4滴1-氯丁烷、1-溴丁烷及1-碘丁烷。按上述方法观察沉淀生成的速率，写出它们活性的次序。

2. 卤代烃的水解[2]

(1) 不同烃基结构的反应

取3支试管，分别加入1mL的1-氯丁烷、2-氯丁烷及2-氯-2-甲基丙烷，然后在各管中加入2～3mL 5%氢氧化钠，充分振荡后静置。分别取水层4～5滴，加入同体积稀硝酸酸化，再加入3～4滴2%硝酸银乙醇溶液，有何实验现象？

若无沉淀，可在水浴上加热3～5min，再检查。比较三种氯代烃的活性次序。

(2) 不同卤原子的反应

取3支试管分别加入1mL 1-氯丁烷、1-溴丁烷及1-碘丁烷，然后各加入2～3mL 5%氢氧化钠，振荡，静置。取水层4～5滴，按上述方法用稀硝酸酸化后，再加入3～4滴2%硝酸银，记录活性次序。

3. β-消除反应实验

取1支试管，加入1g氢氧化钾固体和乙醇4～5mL，微微加热，当KOH全部溶解后，再加入溴乙烷1mL，振摇混匀，塞上导管和塞子，导管另一端插入盛有溴水或酸性高锰酸钾溶液的试管中。观察试管中是否有气泡产生，溶液是否褪色，并解释之。

【注意事项】

[1] 在18～20℃时，硝酸银在无水乙醇中的溶解度为2.1g。由于卤代烃能溶于乙醇而不溶于水，所以用作溶剂能使反应处于均相，有利于反应顺利进行。

[2] 本实验通过检查氯离子是否存在来判断卤代烃是否水解，实验中忌用含氯离子的自来水。

【问题与思考】

(1) 本实验中硝酸银乙醇溶液能否用硝酸银水溶液代替？为什么？

(2) 卤原子在不同的反应中活性顺序为什么都是碘>溴>氯？

(朱其明编写)

实验3-13 醇与酚的性质

【实验目的】

(1) 认识醇和酚的化学性质。

（2）学习水浴加热和点滴板使用的操作。

（3）能较快地设计出伯醇、仲醇与叔醇；一元醇与多元醇；醇与酚类物质的鉴别方案，并进行实验操作。

【实验器材】

实验试剂：仲丁醇、叔丁醇、蒸馏水、卢卡斯试剂、1.5 mol/L 硫酸、0.17 mol/L 重铬酸钾溶液、100 g/L NaOH 溶液、乙醇、醋酸、48 g/L $CuSO_4$ 溶液、甘油、蓝色石蕊试纸、0.1 mol/L 苯酚溶液、饱和碳酸钠溶液、饱和碳酸氢钠溶液、0.06 mol/L 三氯化铁溶液、0.03 mol/L 高锰酸钾溶液、浓硫酸。

实验仪器：试管、烧杯、酒精灯、玻璃棒、点滴板、广泛 pH 试纸、表面皿、水浴锅。

【实验原理】

羟基是醇的官能团，O—H 键和 C—O 键容易断裂发生化学反应。同时，羟基的 α-H 和 β-H 有一定的活性，使得醇能发生氧化反应、消除反应等。而邻多元醇除了具有一般醇的化学性质外，由于它们分子中相邻羟基的相互影响，还具有一些特殊的性质，如甘油能与 $Cu(OH)_2$ 作用。酚类化合物分子中含有羟基，O—H 键已发生断裂，在水溶液中能电离出少量氢离子，使苯酚溶液显示弱酸性；—OH 受苯环上 π 键的影响，使得 C—OH 键显示一定的活性，易发生氧化反应；而苯环也受—OH 的影响，使得苯环上的 H 的活性增强，易发生取代反应。

【实验过程】

1. 醇的化学性质

（1）醇的氧化[1]

取 4 支试管，分别加入 5 滴仲丁醇、叔丁醇和蒸馏水，然后各加入 10 滴 1.5 mol/L 硫酸和 0.17 mol/L 重铬酸钾溶液，振摇，观察并及时记录出现的变化和快慢。

（2）与卢卡斯试剂反应

取 3 支试管，分别各加入 5 滴仲丁醇、叔丁醇，在 50～60℃水浴中加热，然后同时向 3 支试管中各加入 5 滴卢卡斯试剂[2]，振摇，静置，观察并解释产生的现象。

（3）甘油与氢氧化铜反应

取 2 支试管各加入 10 滴 100 g/L NaOH 溶液和 48 g/L $CuSO_4$ 溶液，混匀后，分别加入乙醇、甘油各 10 滴，振摇，静置，观察现象并解释发生的变化。

2. 酚的化学性质

（1）测定苯酚溶液的 pH

各取 2 滴 0.1 mol/L 苯酚溶液于点滴板凹穴中，将湿润的蓝色石蕊试纸和 pH 试纸与凹穴接触，观察并读出 pH。用玻璃棒分别蘸取 0.1 mol/L 苯酚溶液至蓝色石蕊试纸和广泛 pH 试纸上，观察并读出 pH。

（2）苯酚与氢氧化钠[3] 的反应

向试管中加入 1 mL 苯酚浑浊液，逐滴加入 100 g/L NaOH 溶液，振摇，观察现象并解释。

（3）苯酚与碳酸钠的反应

取两支试管，分别加入 20 滴 0.1 mol/L 苯酚溶液，往一支试管中加入 10 滴饱和碳酸钠溶液，另一支试管中加入 20 滴饱和碳酸氢钠溶液，振摇，观察现象并解释发生的变化。

（4）苯酚与三氯化铁的显色反应

取一支试管，其中加入10滴0.1 mol/L苯酚溶液，再加入1滴0.06 mol/L三氯化铁溶液，振摇，观察现象并解释发生的变化。

【注意事项】

［1］氧化剂常温下能氧化伯醇和仲醇，但同样的条件下，叔醇不能被氧化，仲醇氧化速率较慢。

［2］使用无水氯化锌和浓盐酸配成，称为卢卡斯（Lucas）试剂。低级醇可以溶解于这种溶液中，而生成的氯代烃则不溶解，使溶液浑浊，观察出现浑浊的快慢，判断反应进行的速率，用来区分三类醇。

［3］使用强酸溶液和强碱溶液应注意实验安全。

【问题与思考】

（1）用化学方法鉴别下列各组化合物：

①丙醇与异丙醇；②丙醇与丙三醇；③苯、环己醇、苄醇与苯酚；④乙醇与苯酚

（2）在配制卢卡斯试剂时应注意些什么？为什么可用卢卡斯试剂来鉴别伯醇、仲醇和叔醇？它应用于鉴别有什么限制？

（3）苯酚为什么能溶于氢氧化钠和碳酸钠溶液中，而不溶于碳酸氢钠溶液？

（贺益苗编写）

实验3-14　醛与酮的性质

【实验目的】

（1）加深对醛、酮的化学性质的认识。

（2）掌握鉴别醛、酮的化学方法。

【实验器材】

实验试剂：2,4-二硝基苯肼试剂、乙醛水溶液、丙酮、苯乙酮、稀硫酸、浓硫酸、95%乙醇、5%硝酸银、浓氨水、甲醛、苯甲醛、10%氢氧化钠溶液、碘-碘化钾溶液。

实验仪器：试管、滴管、酒精灯、试管夹、烧杯、锥形瓶、布氏漏斗、抽滤瓶、pH试纸、水浴装置。

【实验原理】

醛和酮都含有羰基，可与苯肼、2,4-二硝基苯肼、亚硫酸氢钠、羟胺、氨基脲等羰基试剂发生亲核加成反应。所得产物经适当处理可得到原来的醛、酮，这些反应可用来分离提纯和鉴别醛、酮。

醛和酮在酸性条件下能与2,4-二硝基苯肼作用，生成黄色、橙色和橙红色的2,4-二硝基苯腙沉淀。

2,4-二硝基苯腙是有固定熔点的结晶，易从溶液中析出，因此该反应既可作为检验醛、酮的定性试验，又可作为制备醛、酮衍生物的一种方法。

鉴于醛比酮易被氧化，选用适当的氧化试剂可以区别，Tollens试剂是区别醛、酮的一种灵敏的试剂，它是银氨络离子的碱性水溶液，反应时醛被氧化成酸，银离子被还原成银附着在试管壁上，故Tollens实验又称银镜反应。

$$RCHO+2[Ag(NH_3)_2]^+ +2OH^- \longrightarrow 2Ag\downarrow +RCO_2NH_4+H_2O+3NH_3$$

【实验过程】

1. 醛、酮的亲核加成反应

(1) 与2,4-二硝基苯肼反应

取4支干燥、洁净的试管，各加入1 mL 2,4-二硝基苯肼[1] 试剂，再依次加入1～2滴试样（①乙醛、②丙酮、③苯乙酮、④苯甲醛溶液），摇匀静置片刻，观察结晶颜色，若无沉淀，则于水浴中加热。

(2) 与饱和亚硫酸氢钠加成

取4支小试管，分别加入1 mL①苯甲醛、②乙醛、③丙酮、④环己酮以及2 mL新制的饱和亚硫酸氢钠溶液，用力振荡后置于冰水浴中冷却数分钟，观察析出沉淀的相对速度。

(3) 缩氨脲反应

将0.5 g氨基脲盐酸盐、1.5 g乙酸钠溶于5 mL蒸馏水中，然后分装入4支试管中。各加入3滴试样（①正丁醛、②环己酮、③苯乙酮、④丙酮）和1 mL乙醇，摇匀。将上述试管置于70℃水浴中加热15 min，然后各加入2 mL水。移去热源，在水浴中继续放置10 min，待冷却后将试管置于冰水中，用玻璃棒摩擦试管内壁，直至结晶完全，观察不同试样的结晶速度和晶体颜色。

2. 醛、酮的碘仿反应

取4支洁净的试管，分别加入1 mL蒸馏水和3～4滴试样，再分别加入1 mL 10% NaOH溶液，滴加 $KI-I_2$，至溶液呈浅黄色，继续振荡至浅黄色消失，析出浅黄色沉淀，若无沉淀，则放在50～60℃水浴中微热几分钟（可补加 $KI-I_2$ 溶液），观察结果。

试样：①乙醛、②正丁醛、③丙酮、④乙醇。

3. 醛、酮的鉴定

(1) Tollens 实验[2]

取4支洁净的试管中分别加入2 mL 5%硝酸银溶液，不断振荡下，逐滴加入浓氨水，开始时生成棕色沉淀，继续加入浓氨水至刚好溶解，再分别加入2滴试样，摇匀，静置，若无变化，50～60℃水浴温热几分钟，观察现象。

试样：①甲醛水溶液、②乙醛水溶液、③丙酮、④苯甲醛。

(2) Fehling 实验[3]

在4支试管中分别加入Fehling试剂A溶液和Fehling试剂B溶液各0.5 mL，摇匀后分别滴加3～4滴试样：（①甲醛、②乙醛、③苯甲醛、④丙酮）。振摇均匀后置于沸水中加热3～5 min，随后观察现象。

(3) Benedict 实验[4]

用Benedict试剂代替Fehling试剂进行上述实验，并观察实验现象。

(4) Schiff 实验[5]

在5支试管中分别加入1 mL Schiff试剂（品红醛试剂），然后分别滴加2滴试样，振荡摇匀后放置数分钟。然后分别向溶液显紫色的试管中逐滴加入浓盐酸或浓硫酸。边滴加边振摇，观察颜色变化。

试样：①甲醛、②乙醛、③苯乙酮、④丙酮、⑤环己酮。

(5) 铬酸实验

向6支试管中分别加入1滴试样，然后分别加入1 mL丙酮，振摇均匀，再加入铬酸试剂数滴，边滴加边摇。若试剂的橙黄色消失并析出绿色沉淀或变浑浊，表示实验呈阳性。

试样：①正丁醛、②苯甲醛、③环己酮、④乙醇、⑤异丙醇、⑥叔丁醇。

【注意事项】

[1] 2,4-二硝基苯肼的毒性较大，应该在通风橱内取用。注意安全！

[2] Tollens 试剂配制方法参见附录 2，必须临时配制，进行实验时切忌用灯焰直接加热，以免发生爆炸。实验完毕后，应加入少许硝酸，立即煮沸洗去银镜。硝酸银溶液与皮肤接触，立即形成难以洗去的黑色金属银，故滴加和摇荡时应小心操作。

[3] Fehling 试剂配制方法参见附录 2。

[4] Benedict 试剂配制方法参见附录 2。

[5] Schiff 试剂配制方法参见附录 2。

【问题与思考】

(1) Tollens 试剂为什么要在临用时才配制？Tollens 试验完毕后，应该加入硝酸少许，立刻煮沸洗去银镜，为什么？

(2) 如何用简单的化学方法鉴定下列化合物？

环己烷、环己烯、环己醇、苯甲醛、丙酮。

(3) 如何提高银镜反应的实验效果？

（贺益苗编写）

实验 3-15 羧酸及其衍生物的性质

【实验目的】

(1) 加深对羧酸及其衍生物的化学性质的认识。

(2) 通过羧酸及其衍生物的特征反应，掌握其特有性质。

【实验器材】

实验试剂：甲酸、乙酸、冰乙酸、草酸、苯甲酸、硫酸（3 mol/L）、盐酸（6 mol/L）、乙酰氯、乙酸酐、乙酸乙酯、饱和碳酸钠溶液、氢氧化钠溶液（5%，20%）、硝酸银溶液（5%）、刚果红试纸。

实验仪器：试管、滴管、酒精灯、试管夹、烧杯、锥形瓶、水浴装置。

【实验原理】

羧酸最典型的化学性质是具有酸性，其酸性比碳酸强，故羧酸不仅溶于氢氧化钠溶液，而且也溶于碳酸氢钠溶液。饱和一元羧酸中，以甲酸酸性最强，而低级饱和二元羧酸的酸性又比一元羧酸强。羧酸能与碱作用成盐，与醇作用成酯。甲酸和草酸还具有较强的还原性，甲酸能发生银镜反应，但不与 Fehling 试剂反应。草酸能被高锰酸钾氧化，此反应用于定量分析。

羧酸衍生物都含有酰基结构，具有相似的化学性质。在一定条件下，都能发生水解、醇解、氨解反应，其活性为：酰卤＞酸酐＞酯＞酰胺。

【实验过程】

1. 羧酸的性质

(1) 酸性试验：在 3 支试管中，分别加入试样（①5 滴甲酸、②5 滴乙酸、③0.2 g 草酸），各加入 1 mL 蒸馏水，振摇使其溶解。然后用玻璃棒分别蘸取少许酸液，在同一条刚果红试纸[1] 上划线。比较试纸颜色的变化和颜色的深浅，并比较三种酸的酸性强弱。

(2) 成盐反应：苯甲酸钠的生成与分解。取 0.2 g 苯甲酸晶体，加入 1 mL 水，振摇后观察溶解情况。然后滴加几滴 20% NaOH 溶液，振摇后观察有什么变化。再滴加几滴 6 mol/L 盐酸溶液，振摇后再观察现象。

(3) 成酯反应：在干燥试管中，加入 1 mL 无水乙醇和 1 mL 冰乙酸，并滴加 3 滴浓 H_2SO_4。摇匀后放入 70～80℃ 水浴中，加热 10 min（也可直接在火上加热，微沸 2～3 min）。放置冷却后，再滴加约 3 mL 饱和 Na_2CO_3 溶液，中和反应液至出现明显分层，并可闻到特殊香味。

(4) 甲酸[2] 的还原性（银镜反应）：准备 3 支洁净试管，加入 1 mL 20% NaOH 溶液，并滴加 5～6 滴甲酸溶液。在第 2 支试管中，加入 1 mL (1∶1) 氨水，并滴入 5～6 滴 5% $AgNO_3$ 溶液。再取第 3 支洁净试管，将上述两种溶液一并倒入其中，并摇匀。若产生沉淀，则补加几滴氨水，直至沉淀完全消失，形成无色透明溶液。然后，将试管放入 90～95℃水浴中，加热 10 min，观察银镜的析出。

2. 羧酸衍生物的性质

(1) 乙酰氯[3] 的水解：在试管中加入 1 mL 蒸馏水，沿管壁慢慢滴加 3 滴乙酰氯，略微振摇试管，乙酰氯与水剧烈作用，并放出热（用手摸试管底部）。待试管冷却后，再滴加 1～2 滴 2% $AgNO_3$ 溶液，观察溶液有何变化。

(2) 乙酸酐的水解：在试管中加入 1 mL 水，并滴加 3 滴乙酸酐，由于它不溶于水，呈珠粒状沉于管底。再略微加热试管，这时乙酸酐的珠粒消失，并嗅到何种气味。说明乙酸酐受热发生水解，生成了何种物质。

(3) 酯的水解：在 3 支试管中，分别加入 1 mL 乙酸乙酯和 1 mL 水。然后在第 1 支试管中，再加入 0.5 mL 3 mol/L H_2SO_4，在第 2 支试管中再加入 0.5 mL 20% NaOH 溶液，将三支试管同时放入 70～80℃的水浴中，一边振摇，一边观察并比较酯层消失的快慢。

【注意事项】

[1] 刚果红试纸与弱酸作用呈棕黑色，与中强酸作用呈蓝黑色，与强酸作用呈稳定的蓝色。

[2] 甲酸的酸性较强，假使直接加到弱碱性的银氨溶液中，银氨络离子将被破坏，析不出银镜，故需用碱液中和甲酸。

[3] 乙酰氯反应十分剧烈，并有爆破声。滴加时要慢，一滴一滴加入，防止液体从试管内溅出。

【问题与思考】

(1) 在羧酸及其衍生物与乙醇反应中，为什么在加入饱和碳酸钠溶液后，乙酸乙酯才分层浮在液面上？

(2) 为什么酯化反应中要加浓硫酸？为什么碱性介质能加速酯的水解反应？

(3) 甲酸具有还原性，能发生银镜反应。其他羧酸是否也有此性质？为什么？

(4) 根据实验事实，比较各种羧酸衍生物的化学活性。

（贺益苗编写）

实验 3-16　胺的性质

【实验目的】

（1）掌握脂肪族胺和芳香族胺的基本性质。

（2）掌握区分伯、仲、叔胺的简单方法。

【实验器材】

实验试剂：苯胺、浓盐酸、水、亚硝酸钠、β-萘酚溶液、三乙胺、二乙胺、N-甲基苯胺、N,N-二甲基苯胺、10% NaOH、饱和溴水、5% NaClO 溶液、苯磺酰氯。

实验仪器：温度计、胶头滴管、淀粉-碘化钾试纸、量筒、恒温水浴锅。

【实验原理】

胺是指氨分子中的一个或多个氢原子被烃基取代后的产物，根据胺分子中氢原子被取代的数目，可将胺分成伯胺、仲胺和叔胺；胺类广泛存在于生物界，具有极重要的生理活性和生物活性，如蛋白质、核酸、许多激素、抗生素和生物碱等都是胺的衍生物。

胺类化合物容易与亚硝酸反应生成重氮盐。脂肪胺生成的重氮盐不稳定，容易分解放出氮气。芳香族胺类化合物与亚硝酸反应生成的重氮盐能在低温下稳定存在。此外，一级胺和二级胺类化合物还能与苯磺酰氯发生磺酰化反应生成磺酰胺，这类反应可用来鉴定一级胺、二级胺和三级胺类化合物。

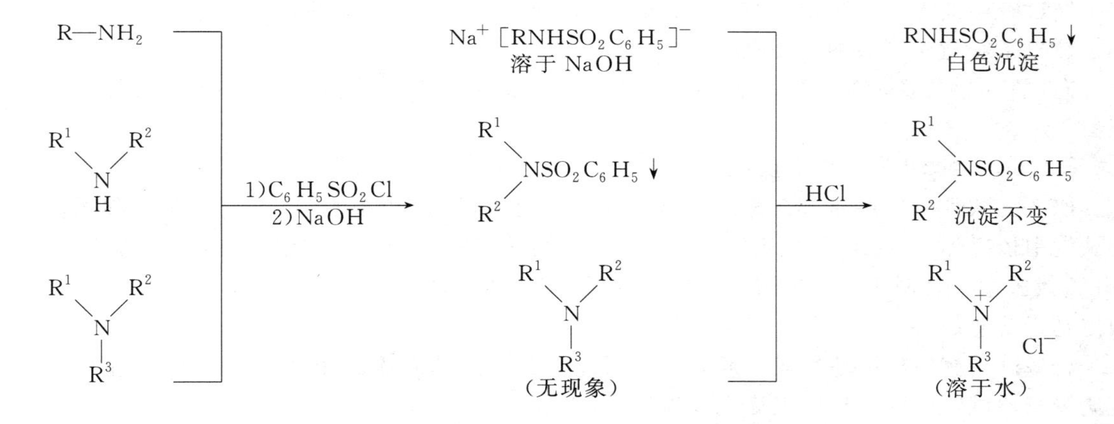

【实验过程】

1. 与亚硝酸的反应

（1）伯胺的反应[1]

取 0.5 mL 丁胺放入试管中，加盐酸使成酸性，然后滴加 5%亚硝酸钠溶液，观察有无气泡产生，液体是否澄清。

取 0.5 mL 苯胺于试管中，在 0℃下依次加入 3 mL 水和 2 mL 浓盐酸。取 0.5 g 亚硝酸钠溶于 2.5 mL 水中，冰浴冷却后缓慢滴加入含有苯胺盐酸盐的试管中并不断振荡，直至溶液遇淀粉-碘化钾试纸变蓝为止。

取 1 mL 重氮盐溶液加热，观察有何现象？该反应与丁胺和亚硝酸钠溶液反应的现象有何不同？

再取 1 mL 重氮盐溶液，加入一滴 β-萘酚溶液，观察颜色变化。

(2) 仲胺的反应

分别取 1 mL N-甲基苯胺及 1 mL 二乙胺于试管中，冰浴冷却后各依次加入 2.5 mL 水和 1 mL 浓盐酸。另取一支试管加入 1.5 g 亚硝酸钠和 5 mL 水，溶解后冰浴冷却，分两份缓慢滴加入上述两种仲胺盐酸盐溶液中并不断振荡，观察有无固体生成。

(3) 叔胺的反应

分别取 1 mL N,N-二甲基苯胺及 1 mL 三乙胺于试管中，冰浴冷却后各依次加入 2.5 mL 水和 1 mL 浓盐酸。另取一支试管加入 1.5 g 亚硝酸钠和 5 mL 水，溶解后冰浴冷却，分两份缓慢滴加入上述两种叔胺盐酸盐溶液中并不断振荡，观察实验现象。

$$R-NH_2 \xrightarrow[0℃]{NaNO_2,HCl} \overset{-}{Cl}N\equiv\overset{+}{N}R \longrightarrow R^+ + N_2\uparrow$$

$$C_6H_5-NH_2 \xrightarrow[0℃]{NaNO_2,HCl} C_6H_5-N^+\equiv NCl^- \xrightarrow{\triangle} N_2\uparrow + C_6H_5^+$$

$$(CH_3CH_2)_2NH + HO-NO \longrightarrow (CHCH_2)_2N-NO + H_2O$$

$$C_6H_5-N^+\equiv NCl^- + \text{2-萘酚(OH)} \longrightarrow \text{1-(N=N-Ar)-2-萘酚(OH)} + HCl$$

2. 苯胺的性质实验

(1) 苯胺与饱和溴水的反应

向试管中加入一滴苯胺，加 1 mL 水稀释，加入 2 滴溴水，振荡，观察现象。

(2) 苯胺与次氯酸钠的反应

向试管中加入一滴苯胺，加 1 mL 水稀释，加入 2 滴 5% NaClO 溶液，振荡，观察现象。

3. Hinsherg（兴斯堡）反应

取 3 支试管，分别加入 2 滴 N-甲基苯胺、2 滴 N,N-二甲基苯胺和 2 滴苯胺，然后向三支试管中依次加入 5 mL 10%氢氧化钠溶液和 3 滴苯磺酰氯[2]，塞住试管口并剧烈振荡 3～5 min，拔去塞子，振荡并在水浴中温热，观察是否有固体生成。若有固体，加入盐酸，观察固体是否溶解。

若振荡后有白色沉淀生成，或无白色沉淀生成，但加入稀盐酸（6 mol/L）酸化后并用玻璃棒摩擦试管内壁后析出沉淀，则为伯胺。

若溶液中析出沉淀或油状物，加浓盐酸后溶解为澄清溶液，则为仲胺。

若溶液中仍为油状物，且加浓盐酸后溶解为澄清溶液，则为叔胺。

【注意事项】

[1] 实验中避免皮肤与亚硝基化合物直接接触，实验完成后应立刻倒入废液桶并及时清运。

[2] 也可用对甲苯磺酰氯代替苯磺酰氯。

【问题与思考】

(1) 简述实验室如何鉴定伯胺、仲胺和叔胺。

(2) 苯胺与溴水的反应直接生成 2,4,6-三溴苯胺，请设计一种方案合成一取代苯胺。

（张远飞编写）

实验 3-17 杂环化合物与生物碱的性质

【实验目的】

（1）了解杂环化合物与生物碱的理化性质。

（2）掌握杂环和生物碱的鉴定方法。

【实验器材】

实验试剂：吡啶、吡咯、烟碱、溴水、1%氯化铁溶液、0.5%高锰酸钾、5%碳酸钠、浓硫酸、乙酸乙酯。

实验仪器：红色石蕊试纸。

【实验原理】

杂环化合物是分子中含有杂环结构的有机化合物。构成环的原子除碳原子外，还至少含有一个杂原子，它是数目最庞大的一类有机化合物。最常见的杂原子是氮原子、硫原子、氧原子。可分为脂杂环和芳杂环两大类。杂环化合物普遍存在于药物分子结构中。

对于亲电取代反应来说，杂原子都分别使环上碳原子的电子云密度升高并使环活化，它们都比苯活泼，其活性同苯酚、苯胺相似。它们都可以进行通常的亲电取代反应，如硝化、磺化、卤化和 Friedel-Crafts 反应。由于它们的高度活性以及呋喃和吡咯对于无机强酸的敏感性，其亲电取代反应需要比较温和的条件。

【实验过程】

① 分别取一滴吡啶、吡咯、烟碱[1] 滴到红色石蕊试纸上，观察试纸的颜色变化。

② 分别取 0.2 mL 溴水于 3 支 5 mL 试管中，再加入 0.5 mL 吡啶、吡咯、烟碱，观察溴水是否褪色。

③ 分别取 5 滴吡啶、吡咯、烟碱于 3 支 5 mL 试管中，再加入 0.5 mL 1%氯化铁溶液，观察是否有沉淀析出。

④ 分别取 0.1 mL 吡啶、吡咯、烟碱于 3 支 5 mL 试管中，再加入 0.5%高锰酸钾与 5%碳酸钠各 0.1 mL，摇匀，观察颜色变化。

⑤ 分别取 0.1 mL 吡啶、吡咯、烟碱于 3 支 5 mL 试管中，再加入 1 mL 乙酸乙酯溶解，混匀后，缓慢滴加 0.1 mL 浓硫酸观察是否有沉淀析出。

【注意事项】

[1] 烟碱有一定毒性，使用时佩戴好护目镜，请勿将其接触皮肤。

【问题与思考】

（1）比较吡啶、吡咯、烟碱的碱性强弱，并说明原因。

（2）实验步骤②中溴水褪色的原因是什么？

（3）实验步骤③中为什么有沉淀析出，沉淀为何物？

（贺益苗编写）

实验 3-18　糖类的性质

【实验目的】

（1）熟悉糖类的化学性质。

（2）掌握糖类的化学鉴别方法。

【实验器材】

实验试剂：2%葡萄糖、2%果糖、2%麦芽糖、2%乳糖、2%蔗糖、2%淀粉、3 mol/L 硫酸、1 mol/L 碳酸钠、碘液、浓硫酸、浓盐酸、Tollens 试剂、Fehling 试剂 A 和 1mL Fehling 试剂 B、间苯二酚的盐酸溶液、Benedict 试剂、苯肼、α-萘酚、间苯二酚、浓硝酸。

实验仪器：试管、烧杯、酒精灯、点滴板、pH 试纸、水浴锅等。

【实验原理】

还原糖含有半缩醛结构，具有醛和醇的化学性质，能与 Fehling 试剂、Benedict 试剂和 Tollens 试剂发生反应。非还原糖不含有半缩醛结构，因而不发生此类反应。

糖在浓无机酸（硫酸、盐酸）作用下，脱水生成糠醛及糠醛衍生物，后者能与间苯二酚生成紫红色物质，即 Seliwanoff 反应，其反应历程如下：

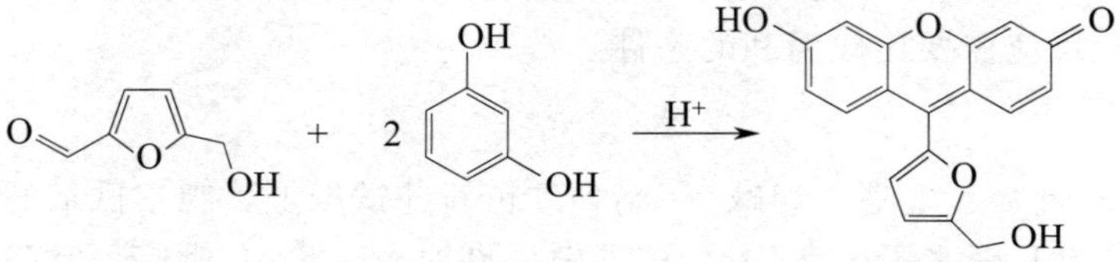

紫红色

糖类含有的 α-羟基醛或 α-羟基酮结构片段能与过量苯肼缩合形成结晶，称为糖脎反应。不同的糖类化合物形成糖脎的晶形、形成时间、颜色等都不同，这对于糖类化合物的鉴定有一定意义。糖类化合物中还含有羟基，能被乙酰化和硝化。纤维素就是利用乙酰化或硝化反应来制备人造纤维和无烟火药的。

【实验过程】

1. Molish 实验

在试管中加入 1 mL 5%糖类溶液，滴入 2 滴 10% α-萘酚的 95%乙醇溶液，混合均匀后将试管倾斜 45°，然后沿试管壁慢慢加入 1 mL 浓硫酸（加入时请勿摇动试管），此时硫酸在下层，试液在上层。若两层交界处出现紫色环，则表示溶液含有糖类化合物。若数分钟内无颜色变化，可在水浴中温热再观察现象。

试样：5%葡萄糖、果糖、麦芽糖、蔗糖、淀粉、滤纸浆。

2. 间苯二酚实验

取 4 支试管编号，然后加入 2 mL 间苯二酚溶液，再在试管中分别加入 1 mL 5%葡萄糖、果糖、麦芽糖和蔗糖溶液。混合均匀后于沸水中加热 1～2 min，观察颜色变化。加热 20 min 后再观察现象。

3. 与 Fehling 试剂[1] 和 Tollens 试剂[2] 反应

（1）与 Fehling 试剂反应

取 5 支试管，分别加入 1 mL Fehling 试剂 A 和 1 mL Fehling 试剂 B，混匀，然后分别

加入 4 滴 2%葡萄糖、2%果糖、2%蔗糖、2%麦芽糖、1%淀粉溶液，摇匀，将试管同时放入沸水浴中加热 2～3 min，然后取出冷却，观察实验现象。

（2）与 Tollens 试剂反应

取 4 支试管，分别加入 Tollens 试剂 1 mL，然后分别加入 4 滴 2%葡萄糖、2%果糖、2%蔗糖、2%麦芽糖溶液，摇匀，将试管同时于 50～60℃水浴中加热，观察有无银镜产生。

4. Seliwanoff 反应[3]

取 4 支试管，分别加入 Seliwanoff 试剂（间苯二酚的盐酸溶液）各 1 mL，再加入 2%葡萄糖、2%果糖、2%蔗糖、2%麦芽糖溶液各 5 滴，摇匀后同时放入沸水浴中加热，仔细观察比较各试管中溶液出现红色的先后顺序。

5. 糖脎反应

取 5 支试管，分别加入 1 mL 2%葡萄糖、2%果糖、2%蔗糖、2%麦芽糖、1%淀粉溶液，其后分别再加入苯肼 1 mL 摇匀。将试管同时放入沸水浴中加热，观察并记录形成糖脎的时间与糖脎的颜色。如果加热 20 min 后无糖脎析出，取出试管，冷却并观察现象。

将糖脎溶液慢慢冷却至室温，使其生成具有较好晶形的糖脎晶体。用宽口滴管吸取糖脎晶体转移至载玻片上。用低倍显微镜（80～100 倍）观察糖脎晶形，并与已知糖脎晶形比较。

6. 糖类的水解

（1）蔗糖的水解

取一支试管，加入 8 mL 5%蔗糖溶液并滴加 2 滴浓盐酸，煮沸 3～5 min 后，用 10%氢氧化钠溶液中和。用该水解液做 Fehling 实验，观察实验现象。

（2）淀粉的水解与碘实验

① 胶淀粉溶液的配制：用 7.5 mL 冷水和 0.5 g 淀粉充分混合均匀，使其没有块状物存在。将混合悬浮物倒入 67 mL 沸水中，继续加热几分钟即得到胶淀粉溶液，以备后续实验使用。

② 向 1 mL 胶淀粉溶液中加入 9 mL 水，充分混合均匀后，向该溶液中加入 2 滴碘-碘化钾溶液。此时溶液中约有万分之七的淀粉。由于淀粉与碘生成复合物而呈蓝色。将上述呈蓝色的混合溶液加热，观察现象？放冷后蓝色是否再次出现？请解释实验现象。

③ 淀粉的酸水解：在 100 mL 小烧杯中加入 30 mL 胶淀粉溶液，再加入 4～5 滴浓盐酸。混合液在水浴上加热，每隔 5 min 取少量液体做碘实验，直到不再有碘实验现象（不再变蓝）为止（约 30 min）。先用 10% 氢氧化钠溶液中和，再取少量水解后的溶液进行 Tollens 实验，观察有何现象，并解释之。

④ 淀粉的酶水解：向 100 mL 锥形瓶中加入 30 mL 胶淀粉溶液，随后加入 1～2 mL 唾液并混合均匀。将锥形瓶置于 38～40℃温水中加热 10～30 min（实验过程中可用碘实验检查水解情况）。将水解液用 Benedict 试剂检测还原糖，观察有何现象？请解释。

7. 纤维素的性质实验

（1）硝酸纤维素的制备

取一支大试管，加入 4 mL 浓硝酸，在振荡下小心加入 8 mL 浓硫酸。冷却后将一小团脱脂棉[4] 用玻璃板浸入混酸中。将试管浸在 60～70℃热水中加热，并使用玻璃棒不断搅拌，使其彻底硝化。5 min 后将棉花挑出，放入烧杯中充分洗涤，并在流水下冲洗。冲洗时用手将棉花撕开。冲洗完成后将水挤干。将其摊开放在表面皿上，表面皿置于水浴上，将棉花烘干，得干燥的浅黄色硝酸纤维素（火药棉）。将其分成两份进行后续性质实验。

(2) 硝酸纤维素的性质实验

① 用坩埚夹夹取一块火药棉放在酒精灯火焰上，是否猛烈燃烧？另夹取一团脱脂棉进行燃烧实验，并对比二者燃烧现象的差异。

② 将另一块火药棉放在干燥的表面皿上，加入1～2 mL 乙醇-乙醚（体积比1∶3）混合溶液。火药棉逐渐膨胀为黏稠的胶体溶液——火棉胶。将表面皿放在热水浴上加热。溶剂蒸发干后剩下一层火药棉薄片。用坩埚夹夹取薄片放在酒精灯灯焰上点燃，观察燃烧速度，并与火药棉及脱脂棉燃烧比较。

【注意事项】

[1] Fehling 试剂配制方法参见附录2。使用时将 Fehling 试剂 A 液和 B 液等体积混合，再将混合后的 Fehling 试剂倒入待测液。久置的 Fehling 试剂将会影响反应效果，因此通常现配现用。

[2] Tollens 试剂配制方法参见附录2。

[3] Seliwanoff 反应：酮糖在酸的作用下较醛糖更易生成羟甲基糠醛。后者与间苯二酚作用生成鲜红色复合物，反应仅需20～30 s。醛糖在浓度较高时或长时间煮沸，才产生微弱的阳性反应。该反应是鉴定酮糖的特殊反应。果糖与 Seliwanoff 试剂反应非常迅速，呈鲜红色，而葡萄糖所需时间较长，且只能产生黄色至淡黄色。戊糖亦与 Seliwanoff 试剂反应，戊糖经酸脱水生成糠醛，与间苯二酚缩合，生成绿色至蓝色产物。酮基本身没有还原性，只有在变成烯醇式后，才显示还原作用。

[4] 脱脂棉用量不宜过大，以免剧烈燃烧造成危险。

【问题与思考】

(1) 如何区别葡萄糖和蔗糖？

(2) 哪些单糖具有还原性，为什么？

(3) 多糖中最常见的是什么？如何用简单的方法鉴别？

（贺益苗编写）

实验3-19 氨基酸和蛋白质的性质

【实验目的】

(1) 了解和掌握蛋白质的颜色反应和蛋白质的沉淀与盐析。

(2) 验证氨基酸和蛋白质的某些重要的化学性质。

【实验器材】

实验试剂：清蛋白溶液、饱和硫酸铜、碱性醋酸铅、氯化汞溶液、饱和硫酸铵溶液、茚三酮试剂、甘氨酸溶液、酪氨酸溶液、色氨酸溶液、浓硝酸、20%和30% NaOH 溶液、5%乙酸、饱和苦味酸溶液、饱和鞣酸溶液、10%硝酸铅溶液。

实验仪器：试管、酒精灯、试管架。

【实验原理】

氨基酸是一类既含有氨基又含有羧基的两性化合物。α-氨基酸是组成蛋白质的基本单元。蛋白质是存在于细胞中的一种含氮的生物高分子化合物，在酸、碱存在下或受酶的作用，水解成分子量较小的多肽和寡肽，而水解的最终产物为各种氨基酸，其中以α-氨基酸为主。

蛋白质沉淀：在一定条件下，蛋白疏水侧链暴露在外，肽链会相互缠绕继而聚集，因而从溶液中析出；变性的蛋白质易于沉淀，有时蛋白质发生沉淀，但并不变性。

引起蛋白质变性的因素：①物理因素：高温、高压、紫外线、电离辐射、超声波、机械搅拌；②化学因素：强酸、强碱、有机溶剂、尿素、胍、重金属盐等。

【实验过程】

1. 蛋白质的沉淀

（1）用重金属盐沉淀蛋白质[1]：在 3 支试管中各加入 1 mL 清蛋白溶液，分别加入饱和硫酸铜、碱性醋酸铅和氯化汞溶液 2～3 滴，观察蛋白质沉淀的析出。

（2）蛋白质的可逆沉淀[2]：在试管中加入 2 mL 清蛋白溶液，再加入同体积的饱和硫酸铵溶液，将混合物稍加振荡，观察现象。取 1 mL 浑浊液置于另一试管中，加入 1～3 mL 水，振荡，观察蛋白质沉淀是否溶解。

（3）蛋白质与生物碱试剂反应[3]：取 2 支试管，各加 0.5 mL 蛋白质溶液，并滴加 5% 乙酸使之呈酸性（这个沉淀反应最好在弱酸溶液中进行）。然后分别滴加饱和苦味酸溶液和饱和鞣酸溶液，直到沉淀发生为止。

2. 蛋白质的颜色反应

（1）与茚三酮反应[4]：在 4 支试管中分别加入 1%的甘氨酸、酪氨酸、色氨酸和清蛋白溶液各 1 mL，再分别滴加茚三酮试剂 2～3 滴，在沸水中加热 10～15 min，观察有什么现象。

（2）黄蛋白反应[5]：在试管中加入 1～2 mL 清蛋白溶液和 1 mL 浓硝酸，观察现象。再加热煮沸，观察溶液和沉淀的颜色。

（3）蛋白质的二缩脲反应[6]：在试管中加入 1～2 mL 清蛋白溶液和 1～2 mL 20% NaOH 溶液，再加几滴硫酸铜溶液（饱和 $CuSO_4$ 溶液加水稀释 30 倍）共热，现象如何？

3. 用碱分解蛋白质

在试管中加入 1～2 mL 清蛋白溶液，再加入两倍体积的 30%氢氧化钠溶液，将混合物煮沸 2～3 min，此时析出沉淀，继续煮沸时，此沉淀又溶解，放出氨气（用石蕊试纸检验）。

向上面的热溶液中加入 1 mL 10%硝酸铅溶液，再将混合物煮沸，起初生成的白色氢氧化铅沉淀溶解在过量的碱液中。如果蛋白质与碱作用有硫脱下，则生成硫化铅，结果清亮的液体逐渐变成棕色。若脱下的硫较多，则析出暗棕色或黑色的硫化铅沉淀。

【注意事项】

[1] 重金属在浓度很小时就能沉淀蛋白质，与蛋白质形成不溶于水的类似盐的化合物。因此蛋白质是许多重金属中毒时的解毒剂。

[2] 蛋白质被碱金属和镁盐沉淀没有变性作用，所以这种沉淀（盐析）作用是可逆的，所得出的沉淀在加水时又溶解于溶液中，即又恢复原蛋白质。

[3] 生物碱沉淀剂多为重金属盐、大分子酸及分子量较大的碘化物复盐，生物碱沉淀剂也可使蛋白质产生沉淀。

[4] α-氨基酸与水合茚三酮溶液共热，可生成蓝紫色化合物（罗曼紫）。

[5] 黄色反应显示蛋白质的分子中含有单独的或合并的芳香环，即含有 α-氨基-β-苯丙酸、酪氨酸、色氨酸等残基。这些芳香环与硝酸起硝化作用，生成多硝基物，结果显黄色。

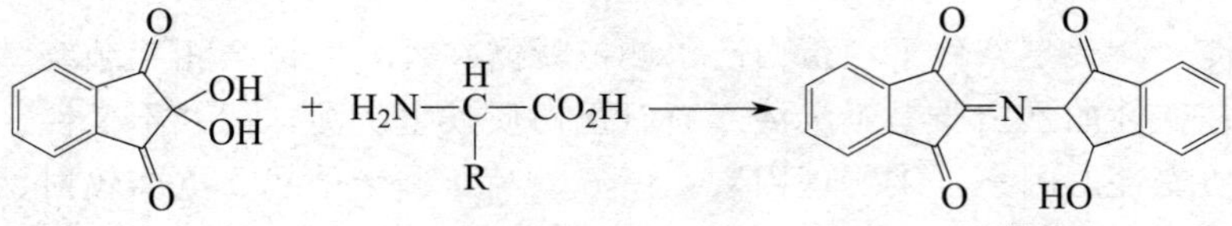

$$\text{茚三酮} + H_2N-\underset{R}{\overset{H}{C}}-CO_2H \longrightarrow \text{罗曼紫}$$

罗曼紫

$$\text{酪氨酸残基}(OH,\ H_2C-\overset{H}{C}-\overset{O}{C}\cdots,\ \cdots NH) \xrightarrow{HNO_3} \text{硝基酪氨酸残基}(OH,\ NO_2) \xrightarrow{NaOH} \text{醌式产物}(O,\ \overset{O}{\uparrow}N-ONa)$$

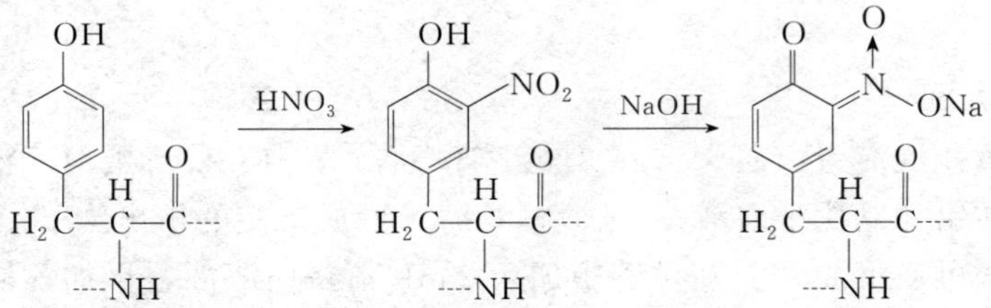

[6] 任何蛋白质或其水解中间产物均有二缩脲反应。表明蛋白质或其水解中间产物均含有肽键。在蛋白质水解产物中，二缩脲反应的颜色与肽键数目有关：

蛋白质水解中间产物	肽键数目	所显颜色
缩二氨基酸	1	蓝色
缩三氨基酸	2	紫色
缩四氨基酸	3	红色

蛋白质在二缩脲反应中常显紫色，这显示缩三氨基酸的残基在蛋白质分子中较多，显示反应生成了铜的配合物。

【问题与思考】

怎样区分蛋白质的可逆沉淀和不可逆沉淀？

（杜娟编写）

第4章

有机化学制备实验

实验4-1　环己烯的制备

【实验目的】

（1）学习由环己醇在酸催化下脱水制备环己烯的原理和方法。

（2）掌握分馏的基本原理和操作。

（3）初步掌握萃取操作和水浴蒸馏操作。

【实验器材】

实验试剂：环己醇、浓磷酸、无水氯化钙、5％的碳酸钠水溶液。

实验仪器：圆底烧瓶、蒸馏头、韦氏分馏柱、温度计、直形冷凝管、接引管、锥形瓶、分液漏斗、量筒、烧杯、电子天平。

【实验原理】

烯烃是一种重要的化工原料，工业上主要通过石油裂解的方法制备。实验室主要利用质子酸催化醇脱水或卤代烷脱卤化氢来制备烯烃。常用的催化剂有浓硫酸和浓磷酸等。由于浓硫酸容易使醇类化合物碳化，因此本实验以浓磷酸为催化剂，催化环己醇分子内脱水来制备环己烯。

主反应：

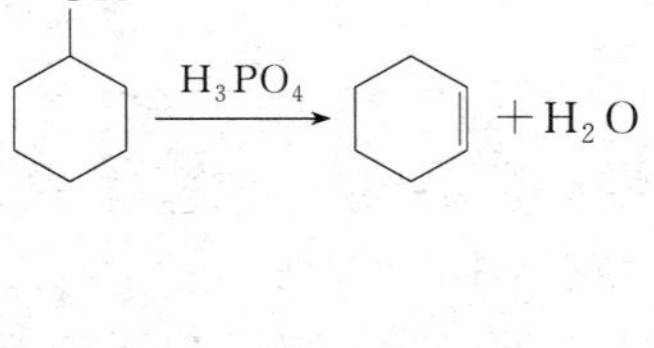

OH

$$\xrightarrow{H_3PO_4} \quad + H_2O$$

可能产生的副反应：

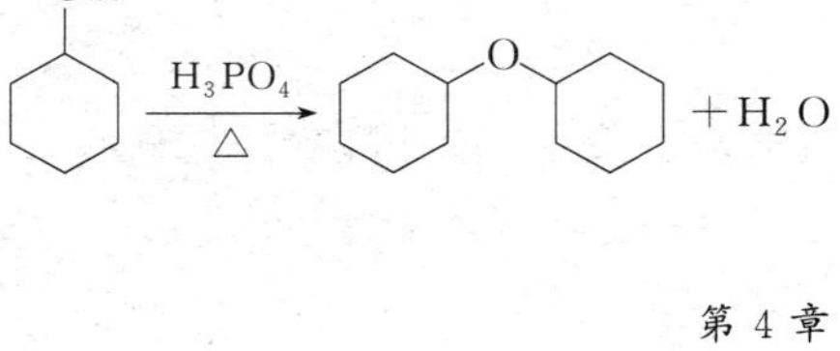

OH

$$\xrightarrow[\triangle]{H_3PO_4} \quad \text{O} \quad + H_2O$$

一般认为，该反应为E1历程，反应过程是可逆的。因此为提高反应产物收率，需及时将生成的沸点较低的烯烃蒸出。

反应历程：

$$\text{环己醇(OH)} \xrightarrow{H^+} \text{环己基}\overset{+}{O}H_2 \xrightarrow[-H_2O]{} \text{环己基碳正离子} \xrightarrow[-H^+]{} \text{环己烯}$$

【实验过程】

在50 mL圆底烧瓶中加入10 g（0.095 mol）环己醇[1]、4 mL浓磷酸和几粒沸石（或磁子），充分振摇使之混合均匀，安装分馏装置。用锥形瓶作为接收瓶，并将其置于冰水中。小火缓慢加热至沸腾，注意控制分馏柱顶部馏出液温度不超过90℃[2]，馏速以1滴/(2～3 s)。无馏出液时可适当提高加热温度，当烧瓶内出现阵阵白雾时停止蒸馏。蒸馏时间约需1 h。

在馏出液中加入1 g精盐进行盐析，然后加入3～4 mL 5%的Na_2CO_3溶液中和微量酸。充分振摇后倒入分液漏斗中静置分层（上层为产品）。放出下层水溶液，上层的粗产物倒入干燥的锥形瓶中，加入1～2 g无水氯化钙干燥[3]。将溶液过滤，倒入干燥的圆底烧瓶中，水浴蒸馏[4]，收集80～85℃的馏分，产品约4 g，产率约51%。

纯的环己烯为无色透明液体，沸点为83℃，折射率为1.4465。

【注意事项】

[1] 环己醇在常温下为黏稠状液体，为避免筒量量取过程中因转移而造成的损失，可改用称量法定量。

[2] 控制好分馏柱顶部温度，速度不宜过快，以减少未反应的环己醇蒸出。环己烯与水可形成共沸物（沸点70.8℃，含水10%）；环己醇与环己烯可形成共沸物（沸点64.9℃，含环己醇30.5%）；环己醇与水可形成共沸物（沸点97.8℃，含水80%）。

[3] 无水氯化钙既可以干燥除水，也可除去少量环己醇。

[4] 在蒸馏已干燥的产物时，蒸馏所用仪器都应充分干燥。

【问题与思考】

(1) 在粗制的环己烯中，加入精盐使水层饱和的目的何在？

(2) 为什么本实验中，分馏的温度不可过高，馏出速度不可过快？

(3) 实验中，在精制产品时，如果80℃以下有较多前馏分产生，可能的原因是什么？

（展军颜编写）

实验4-2　溴乙烷的制备

【实验目的】

(1) 学习以醇和氢卤酸为原料制备卤代烷的原理与方法。

(2) 掌握低沸点有机物蒸馏的基本操作方法。

(3) 学习分液漏斗的使用方法，进一步巩固萃取操作。

【实验器材】

实验试剂：95%乙醇、蒸馏水、溴化钠、浓硫酸。

实验仪器：三口烧瓶、恒压滴液漏斗、蒸馏头、温度计（带套管）、直形冷凝管、接引管、锥形瓶、分液漏斗。

【实验原理】

实验室一般采用醇与氢卤酸的亲核取代反应来制备卤代烷。通过溴化钠或溴化钾和浓硫酸原位生成氢溴酸，然后再与乙醇作用合成溴乙烷。由于该反应是可逆的，增加乙醇和硫酸的用量可使平衡向右移动。

主反应：

$$NaBr + H_2SO_4 \longrightarrow HBr + NaHSO_4$$

$$CH_3CH_2OH + HBr \longrightarrow CH_3CH_2Br + H_2O$$

该反应还可能发生下列副反应：

$$CH_3CH_2OH \xrightarrow{H_2SO_4} H_2C{=}CH_2 + H_2O$$

$$2CH_3CH_2OH \xrightarrow{H_2SO_4} CH_3CH_2OCH_2CH_3 + H_2O$$

$$2HBr + H_2SO_4(浓) = Br_2 + SO_2\uparrow + 2H_2O$$

【实验过程】

在 100 mL 三口烧瓶中，从一个侧口加入 5 mL 95%乙醇（0.085 mol）和 4.5 mL 蒸馏水[1]，再加入研细的 7.5 g（0.075 mol）溴化钠[2]，搅拌使之混合均匀。在另外一个侧口装上恒压滴液漏斗，里面加入 9.5 mL 浓 H_2SO_4（0.17 mol）备用。中间瓶口安装蒸馏装置。打开恒压滴液漏斗，缓慢加入浓 H_2SO_4[3]，小火加热，使反应平稳发生（接收瓶中加入少量冰水，将其置于冰水浴中，接引管的支口连接橡胶管，导入下水道）。当接收瓶中无油状物出现时停止反应[4]。稍冷后将三口烧瓶中液体倒入废液缸中。

将馏出液转入分液漏斗，静置，分出有机层（有机层为上层还是下层），转入干燥的锥形瓶中。将锥形瓶置于冰水浴中，在搅拌条件下滴入 1～2 mL 浓 H_2SO_4。用干燥的分液漏斗分出硫酸层，并将有机层倒入 50 mL 圆底烧瓶中，水浴蒸馏。为减少溴乙烷的损失，可将接收瓶置于冰水浴中，收集 35～40℃的馏分，产品约 5 g，产率约 61%。

纯的溴乙烷为无色液体，沸点为 38.4℃，折射率为 1.4239。

【注意事项】

[1] 加入少量的水可以预防反应中产生大量泡沫，避免溴化氢的挥发。

[2] 溴化钠需要研细，在搅拌下加入，避免结块。

[3] 滴加浓硫酸，可将其与水、醇产生的热量用于反应，还可以不断产生溴化氢参与反应。

[4] 馏出液由浑浊变为澄清时，实验完成。停止反应时，需先将接引管与接收瓶分开，以免倒吸。

【问题与思考】

（1）所得溴乙烷粗产物使用浓硫酸洗涤的目的是什么？

（2）为何要用水浴蒸馏提纯溴乙烷？

（3）实验中得到的溴乙烷产率往往不高，试分析影响该反应产率的因素有哪些？

（展军颜编写）

实验 4-3　1-溴丁烷的制备

【实验目的】

（1）学习由醇制备一溴代烷的原理与方法。

（2）学习含有气体吸收装置的加热回流操作方法。

（3）巩固蒸馏和萃取的基本操作方法。

【实验器材】

实验试剂：正丁醇、蒸馏水、溴化钠、浓硫酸、无水氯化钙、饱和碳酸氢钠溶液。

实验仪器：圆底烧瓶、球形冷凝管、蒸馏头、温度计、直形冷凝管、接引管、锥形瓶、分液漏斗、量筒、烧杯。

【实验原理】

卤代烷是一种重要的有机合成中间体。由醇与氢卤酸的亲核取代反应制备卤代烷是实验室常用的一种方法。溴化氢是一种极易挥发且具有腐蚀性的无机酸，贮存难度较大，因此实验室通常用溴化钠和浓硫酸作用生成 HBr 气体，再与正丁醇反应合成 1-溴丁烷。同时为了避免多余的 HBr 气体污染环境，需在装置中连接气体吸收装置。该反应是可逆反应，可采用正丁醇和浓硫酸过量的方法，使平衡向生成 1-溴丁烷的方向移动。

主反应：

$$NaBr + H_2SO_4 \longrightarrow HBr + NaHSO_4$$

$$n\text{-}C_4H_9OH + HBr \longrightarrow n\text{-}C_4H_9Br + H_2O$$

副反应：

$$n\text{-}C_4H_9OH \xrightarrow{H_2SO_4} CH_3CH_2CH{=}CH_2 + H_2O$$

$$2n\text{-}C_4H_9OH \xrightarrow{H_2SO_4} CH_3CH_2CH_2CH_2OCH_2CH_2CH_2CH_3 + H_2O$$

【实验过程】

在 100 mL 圆底烧瓶中，加入 10 mL 水，然后慢慢加入 12 mL 浓 H_2SO_4（0.22 mol），摇匀冷却至室温，再加入 7.5 mL（0.08 mol）正丁醇，混合后加入研细的 10 g（0.1 mol）溴化钠[1]，加入磁力搅拌子和几粒沸石，在烧瓶上装上球形冷凝管，在冷凝管上端连接气体吸收装置[2]。

小火加热回流 30 min（此过程中需不断搅拌）。冷却后改为蒸馏装置，加热蒸出 1-溴丁烷[3]。稍冷后将圆底烧瓶中液体倒入废液缸中。

粗产物转入分液漏斗，用 10 mL 水洗涤[4]，分出有机层（上层还是下层），并转移至另一干燥的分液漏斗中，并用 5 mL 浓硫酸洗涤[5]。分去硫酸层（上层还是下层），有机层依次用水、饱和碳酸氢钠溶液和水各 10 mL 洗涤。所得产物转入干燥的锥形瓶中，加入无水氯化钙干燥，间歇摇晃直至液体透明。将干燥后的产物倒入 50 mL 圆底烧瓶中，蒸馏收集 99～103℃的馏分，产品约 6 g，产率约 55%。

纯的 1-溴丁烷为无色透明液体，沸点为 101.6℃，折射率为 1.4401。

【注意事项】

［1］溴化钠需要研细，在搅拌下加入，避免结块。

［2］在冷凝管上端用软管连接一个漏斗，置于盛有5%氢氧化钠溶液的烧杯中。

［3］可用小试管收集几滴馏出液，再加少许水摇动，如无油状物出现时停止蒸馏。

［4］用水洗涤后馏出液如还有红色，是含有溴的缘故，可加入10～15 mL饱和的亚硫酸氢钠溶液洗涤除去。

［5］浓硫酸洗涤的作用是除去未反应的正丁醇及副产物正丁醚等杂质。

【问题与思考】

（1）在1-溴丁烷的制备实验中，浓硫酸的作用是什么？其浓度和用量会对实验带来什么影响？

（2）反应后的粗产物含有哪些杂质？可用什么方法除去？

（3）粗产物精制时，馏出液首先用水洗涤，其目的是什么？

（展军颜编写）

实验4-4　1,2-二溴乙烷的制备

【实验目的】

（1）学习由乙烯制备邻二卤代烃的原理和方法。

（2）掌握萃取操作和蒸馏操作。

【实验器材】

实验试剂：乙醇（95%）、液溴、粗沙、浓硫酸、无水氯化钙、10%的氢氧化钠。

实验仪器：三口烧瓶、单口圆底烧瓶、蒸馏头、温度计、直形冷凝管、接引管、锥形瓶、具支试管、恒压滴液漏斗、分液漏斗、烧杯。

【实验原理】

乙醇在酸的催化下发生分子内消除生成乙烯，乙烯与溴发生亲电加成反应制备1,2-二溴乙烷。

反应式如下：

$$CH_3CH_2OH \xrightarrow[170℃]{H_2SO_4} H_2C{=}CH_2 + H_2O$$

$$H_2C{=}CH_2 + Br_2 \longrightarrow BrCH_2CH_2Br$$

【实验过程】

向250 mL三口烧瓶中加入磁力搅拌子，侧口安装温度计，中间口安装恒压滴液漏斗，另一侧口使用带孔塞子封闭。另准备一具支试管和烧杯，向具支试管中加入3 mL液溴[1]（可加入2～3 mL水减少溴的挥发），烧杯中加入少许冰水混合物[2]，将具支试管上口用带塞子的玻璃导管塞紧后，放入烧杯中并使用橡胶管与三口烧瓶侧口连接。空心玻璃管应插入液溴液面以下。

在冰水浴冷却下，向含有15 mL 95%乙醇的烧杯中使用恒压滴液漏斗缓慢加入30 mL浓硫酸，混合均匀。取出10 mL混合液加入100 mL三口烧瓶中，剩余混合液转移至恒压滴液漏斗中，缓慢滴加到三口烧瓶中。缓慢加热至180℃左右，保持乙烯气体均匀通入具支试管中[3]。当具支试管中溶液褪色或者无色时，反应结束。先拆下具支试管，再停止加热。将具支试管中的粗产品[4] 倒入分液漏斗，依次用10 mL水、10 mL 10%的氢氧化钠溶液洗

涤，直至有机层完全褪色[5]，最后用水洗涤2次（每次10mL）。粗产物用无水氯化钙干燥，蒸馏，收集129～133℃的馏分，产量约为7g，产率为64%。

纯的1,2-二溴乙烷为无色液体，有强烈刺激性，沸点为131.3℃。

【注意事项】

[1] 液溴对皮肤有强烈的腐蚀性，其蒸气有毒，取用时佩戴乳胶手套，需要在通风橱内进行。

[2] 冰水冷却，减少液溴的挥发。

[3] 先缓慢加热到120℃，待乙烯气流稳定后再将空心玻璃管插入液溴中，防止倒吸。

[4] 1,2-二溴乙烷具有刺激性和催泪性，制备和萃取、蒸馏操作应全程在通风橱中进行并佩戴好护目镜和防护手套。

[5] 如果没有完全褪色，可用亚硫酸氢钠溶液洗涤。

【问题与思考】

(1) 粗产物倒入分液漏斗后产物在上层还是下层?

(2) 使用10%氢氧化钠溶液洗涤的目的是什么?

(3) 吸取液溴的滴管应当如何安全处理?

（展军颜编写）

实验4-5　对二叔丁基苯的制备

【实验目的】

(1) 了解Friedel-Crafts烷基化反应的原理。

(2) 学习利用Friedel-Crafts烷基化反应制备对二叔丁基苯的方法。

(3) 巩固萃取操作和重结晶操作。

【实验器材】

实验试剂：无水苯、叔丁基氯、浓硫酸、乙醚、氯化钠溶液、无水硫酸镁、乙醇。

实验仪器：三口烧瓶、恒压滴液漏斗、分液漏斗、磁力搅拌器、布氏漏斗、抽滤瓶、循环水式真空泵、烘箱。

【实验原理】

傅-克烷基化反应（Friedel-Crafts alkylation reaction）是一种亲电取代反应，是芳环上引入烷基的最重要的方法之一。芳烃在路易斯酸（$AlCl_3$、$FeCl_3$、BF_3等）或质子酸（H_2SO_4等）的催化下与卤代烷、烯烃、醇等试剂反应制备烷基苯。当芳香环上连有强吸电子基团（硝基、磺酸基、羧基等）时，不能发生傅-克烷基化反应。由于烷基可以活化芳环，生成物烷基芳烃更容易发生傅-克烷基化反应，生成多烷基芳烃。无水$AlCl_3$是实验室最常用的傅-克反应催化剂，但由于其极易吸潮，后处理较为烦琐，故本实验采用硫酸作为催化剂。

反应式如下：

$$C_6H_6 + 2(CH_3)_3CCl \xrightarrow{浓H_2SO_4} p\text{-}(CH_3)_3C\text{-}C_6H_4\text{-}C(CH_3)_3 + 2HCl$$

反应机理如下：叔丁基氯在硫酸作用下，生成稳定的叔碳正离子，叔碳正离子作为亲电试剂与苯环形成 σ 络合物，然后 σ 络合物脱质子得到单取代的叔丁基苯。随后叔丁基苯进攻叔碳正离子形成新的 σ 络合物，最后 σ 络合物中间体脱质子得到对二叔丁基苯。

【实验过程】

在 50 mL 三口烧瓶中加入 1.5 mL 无水苯[1]（1.32 g，0.017 mol）和 4.9 mL 叔丁基氯（4.16 g，0.045 mol）。烧瓶的中间支口与恒压滴液漏斗相接，里面加入 0.4 mL 浓 H_2SO_4（0.073 mol）；一个侧口先安装氯化钙干燥管[2]，再与 HCl 吸收装置相接；另一个侧口插入温度计，温度计插入液面以下。在磁力搅拌下，滴加浓 H_2SO_4[3]，保持反应温度为 5～10℃，反应 20～30 min，瓶壁出现白色结晶。当有大量白色固体出现且无 HCl 气体放出时，停止搅拌。放置 10～20 min 后，加入 8 mL 冰水分解反应物。随后将混合物转入分液漏斗，加入 10 mL 乙醚分两次萃取反应物，合并乙醚层，用饱和氯化钠溶液洗涤，分离有机层并用无水 $MgSO_4$ 干燥。将干燥后的有机层滤入圆底烧瓶中，水浴蒸去乙醚，冷却后油状物固化。所得粗产物用乙醇重结晶，干燥后得对二叔丁基苯白色固体，产量约为 2.5 g，产率 77％。

纯的对二叔丁基苯为无色针状或柱状结晶，熔点为 76～78℃。

【注意事项】

[1] 苯最好使用分析纯，使用前干燥处理。

[2] 反应装置使用前需要干燥。

[3] 傅-克烷基化反应是放热反应，浓 H_2SO_4 的滴加速度不宜过快。

【问题与思考】

(1) 本实验为何要控制反应在 5～10℃进行？温度过高对实验有何影响？

(2) 影响对二叔丁基苯产率的因素有哪些？

(3) 叔丁基为邻对位定位基，为何生成的中间体叔丁基苯再次与叔丁基氯烷基化时只得到对二叔丁基苯，而几乎没有邻二叔丁基苯生成？

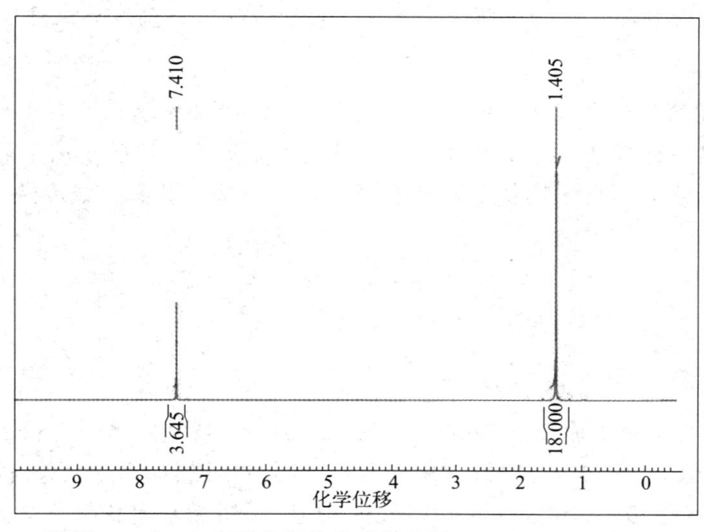

附图-1 对二叔丁基苯的核磁共振氢谱（300 MHz，$CDCl_3$）

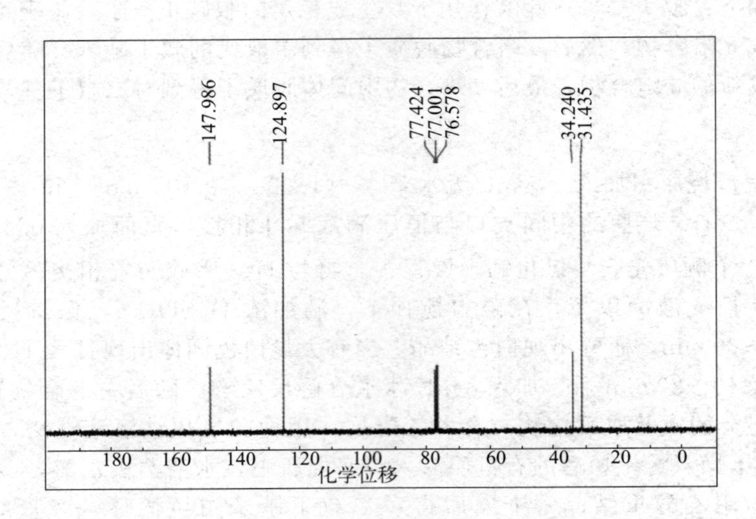

附图-2　对二叔丁基苯的核磁共振碳谱（75 MHz，$CDCl_3$）

（核磁数据参考文献：Eric Fillion et al. *Organic Letters*，2012，14（13）：3474-3477）

（展军颜编写）

实验 4-6　2-甲基-2-氯丙烷的制备

【实验目的】

（1）学习利用浓盐酸和叔丁醇通过亲核反应制备 2-甲基-2-氯丙烷的原理和方法。

（2）进一步巩固蒸馏的基本操作和分液漏斗的使用方法。

【实验器材】

实验试剂：叔丁醇、浓盐酸、碳酸氢钠、氯化钙。

实验仪器：分液漏斗、圆底烧瓶、蒸馏头、直形冷凝管、温度计、锥形瓶、烧杯。

【实验原理】

三级醇与卤化氢反应生成相应的三级卤代烃，反应机理为单分子亲核取代。首先三级醇在酸性条件下形成三级碳正离子中间体，随后卤负离子进攻三级碳正离子形成相应的三级卤代烃。基于上述机理，可以采用叔丁醇与浓盐酸反应合成 2-甲基-2-氯丙烷，其反应式如下：

$$H_3C-\underset{OH}{\overset{CH_3}{C}}-CH_3 + HCl \longrightarrow H_3C-\underset{Cl}{\overset{CH_3}{C}}-CH_3 + H_2O$$

【实验过程】

向 100 mL 圆底烧瓶中加入 8.0 mL（6.2 g，0.084 mol）叔丁醇[1] 和 21 mL 浓盐酸，不断振荡 10～15 min，随后转入分液漏斗中静置，待明显分层后，分离出有机层，并分别用蒸馏水、5%碳酸氢钠溶液[2] 和水各 5 mL 洗涤。有机层用无水氯化钙干燥，放置一段时间，并间歇振荡。将干燥后的产物转入蒸馏烧瓶中，加入沸石，水浴加热蒸馏，接收瓶注意置于冰水浴中，收集 50～51℃馏分，产量 5～6 g，产率 64%～77%。

纯的2-甲基-2-氯丙烷为无色液体，沸点为52℃。

【注意事项】

[1] 叔丁醇熔点为25℃，在冬季易结冰并呈固态。取用时应提前使用热水熔化后再取用。

[2] 使用碳酸氢钠溶液洗涤时会产生大量气体，刚开始加入后只需轻轻振摇并及时放气。

【问题与思考】

(1) 有机层洗涤时是否可以使用氢氧化钠溶液代替碳酸氢钠溶液？为什么？

(2) 有机层为何要选用无水氯化钙干燥？是否可以使用无水硫酸钠代替？

（朱其明编写）

实验4-7 2-甲基-2-丁醇的制备

【实验目的】

(1) 学习Grignard试剂的制备原理和方法。

(2) 掌握Grignard反应制备三级醇的原理和操作方法。

(3) 掌握搅拌、回流、萃取、蒸馏（包括低沸物蒸馏）等操作技能。

【实验器材】

实验试剂：镁条、溴乙烷、碘、乙醚、丙酮、硫酸、碳酸钠、无水碳酸钾。

实验仪器：三口烧瓶、圆底烧瓶、锥形瓶、烧杯、恒压滴液漏斗、温度计、直形冷凝管、烧杯。

【实验原理】

格氏试剂（Grignard试剂）可以与醛、酮或酯类化合物反应生成相应的醇。其中，格氏试剂与酮类化合物反应是制备叔醇的常用方法。例如，2-甲基-2-丁醇可以通过乙基溴化镁与丙酮加成制备。其反应机理为：

$$H_3C-\overset{\overset{\displaystyle O}{\|}}{C}-CH_3 + CH_3CH_2MgBr \xrightarrow{\text{无水乙醚}} H_3C-\underset{\underset{\displaystyle OMgBr}{|}}{\overset{\overset{\displaystyle CH_3}{|}}{C}}-CH_2CH_3 \xrightarrow[H_2O]{H^+} H_3C-\underset{\underset{\displaystyle OH}{|}}{\overset{\overset{\displaystyle CH_3}{|}}{C}}-CH_2CH_3$$

格氏试剂对水非常敏感，需在绝对无水溶剂中制备，通常现做现用。其制备过程为利用卤代烃与镁屑在无水醚类溶剂中通过引发剂引发反应合成。格氏试剂所使用的溶剂主要有乙醚和四氢呋喃，引发剂主要有碘单质和1,2-二溴乙烷等。例如，乙基溴化镁可以通过溴乙烷与镁屑在无水乙醚中合成，其反应式如下：

$$CH_3CH_2Br + Mg \xrightarrow{\text{无水乙醚}} CH_3CH_2MgBr$$

【实验过程】

1. 乙基溴化镁的制备

在250 mL三口烧瓶上安装带氯化钙干燥管的回流冷凝管[1] 和恒压滴液漏斗，向其中放入1.7 g（0.07 mol）镁屑[2]、一小粒碘[3] 以及磁力搅拌子。在恒压漏斗中加入6.5 mL

(9.5 g，0.085 mol）溴乙烷和 20 mL 无水乙醚，混匀。从恒压滴液漏斗中滴入约 5 mL 混合液于三口烧瓶中，数分钟后可观察到溶液呈微沸状态，随即碘的颜色消失（必要时可用温水浴温热）。开动搅拌，缓慢滴加剩下混合液，维持反应液呈微沸状态[4]。如发现反应混合物过于黏稠，可补加适量无水乙醚。滴加完毕后，用温水浴回流搅拌 30 min，使镁屑几乎反应完全。

2. 与丙酮的加成反应

将反应瓶置于冰水浴中，在搅拌下从恒压滴液漏斗中滴入 5 mL 丙酮及 5 mL 无水乙醚的混合液，滴加完毕后，在室温下继续搅拌反应 15 min，瓶中有灰白色黏稠状固体析出。

3. 加成物的水解和产物的提取

将反应瓶在冰水冷却和搅拌下，从恒压滴液漏斗中滴入 30 mL 20％硫酸溶液[5]。然后在分液漏斗中分离出醚层[6]，水层用乙醚萃取 2 次，每次 10 mL。合并醚层，用 10 mL 5％碳酸钠溶液洗涤，再用无水硫酸钠干燥。用热水浴蒸去乙醚，然后常压蒸馏，收集 95～105℃馏分，产量约 2.5 g，产率 40％。

纯 2-甲基-2-丁醇为无色油状物，沸点 102.5℃。

【注意事项】

［1］Grignard 反应所用的仪器和药品必须经过干燥处理。实验装置与大气相连处需接上装有无水氯化钙的干燥管。

［2］镁条需要先用砂纸打磨除去表面氧化层再剪碎。如果使用镁屑，则需要先用稀盐酸除去表面氧化层再干燥使用。处理方法：将镁屑加入 5％盐酸溶液中反应数分钟，然后抽滤，依次用蒸馏水、乙醇和乙醚洗涤，随后真空干燥备用。

［3］实验中也可使用 1,2-二溴乙烷代替碘作为引发剂。

［4］格氏试剂制备反应为放热反应，且格氏试剂易与卤代烃发生偶联反应。因此溴乙烷的滴加速度要控制好，保持反应微沸即可。

［5］也可用饱和氯化铵溶液或稀盐酸代替硫酸水解。

［6］若醚层很少或没有醚层可以直接加入适量乙醚萃取。

【问题与思考】

（1）碘在格氏试剂制备中起到什么作用？原理是什么？

（2）乙基溴化镁格氏试剂制备中先加入部分溴乙烷，然后再滴加溴乙烷的目的是什么？为何不直接一次性加入溴乙烷？

（朱其明编写）

实验 4-8　1-苯乙醇的制备

【实验目的】

（1）掌握硼氢化钠还原苯乙酮合成 1-苯乙醇的原理和实验方法。

（2）进一步掌握萃取常压蒸馏和减压蒸馏等基本操作。

【实验器材】

实验试剂：苯乙酮、硼氢化钠、乙醇、碳酸钾、乙醚。

实验仪器：圆底烧瓶、温度计、锥形瓶、直形冷凝管、循环水式真空泵。

【实验原理】

硼氢化钠是一种还原能力较强的化学还原剂，可以将醛还原为伯醇，将酮类化合物还原为仲醇。硼氢化钠还原能力弱于四氢铝锂，通常不能用于还原酯类化合物和酰胺类化合物。使用硼氢化钠还原时，主要使用醇类溶剂，如甲醇、乙醇等。

苯乙酮可以在乙醇溶剂中被硼氢化钠还原为 1-苯乙醇，其反应机理为：

$$C_6H_5COCH_3 + NaBH_4 \xrightarrow{C_2H_5OH} [C_6H_5CH(CH_3)O]_4B^- \, Na^+ \xrightarrow{H_2O/H^+} C_6H_5CH(OH)CH_3$$

【实验过程】

向 100 mL 圆底烧瓶中加入 40 mL 乙醇及 2 g 硼氢化钠[1]（0.052 mol）。在 0℃ 冰水浴[2]条件下将 5.6 mL 苯乙酮（5.7 g，0.048 mol）缓慢滴加入上述溶液中。滴加完毕后，移除冰浴，室温搅拌 15 min。随后搅拌下滴加 12 mL 3 mol/L 盐酸溶液，大部分白色固体逐渐溶解。使用水浴蒸馏除去乙醇，然后加入乙醚（20 mL）萃取，分出乙醚层，水层用 10 mL 乙醚萃取，合并乙醚层，用无水硫酸镁干燥。

有机相除去干燥剂后加入 0.5 g 无水碳酸钾[3]，在水浴中蒸馏除去乙醚，然后减压蒸馏，收集 102～103℃、2553 Pa（19 mmHg）的馏分，产量 2.8～3.6 g，产率 49%～61%。

纯苯乙醇为无色油状物，沸点 203.4℃。

【注意事项】

[1] 硼氢化钠具有强烈的吸湿性，称量和加料要尽快完成。

[2] 硼氢化钠还原反应为放热反应，零度低温反应可抑制副反应的发生，提高产率。

[3] 加入无水碳酸钾的目的是防止减压蒸馏时 1-苯乙醇发生脱水反应。

【问题与思考】

(1) 1-苯乙醇的制备是否可以使用四氢铝锂代替？为什么？

(2) 反应完成后为何要使用盐酸酸化？

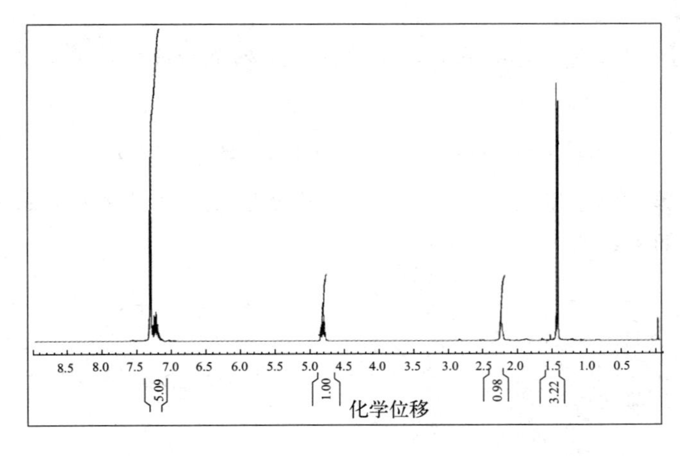

附图 1　1-苯乙醇的核磁共振氢谱（300 MHz，$CDCl_3$）

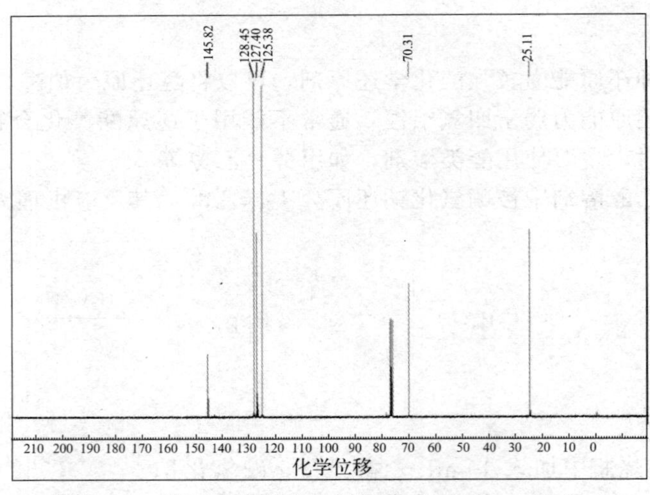

附图 2　1-苯乙醇的核磁共振碳谱（75 MHz，$CDCl_3$）

（核磁数据参考文献：Bernd Plietker et al. *Organic Letters*，2013，15（11)：2858-2861）

（朱其明编写）

实验 4-9　乙醚的制备

【实验目的】

（1）掌握实验室乙醇制备乙醚的原理和方法。

（2）初步掌握低沸点、易燃有机化合物蒸馏操作要点。

（3）进一步巩固萃取和蒸馏操作。

【实验器材】

实验试剂：乙醇、浓硫酸、氢氧化钠、无水氯化钙。

实验仪器：恒压滴液漏斗、温度计、三口烧瓶、圆底烧瓶、锥形瓶、接引管、蒸馏头、水槽、烧杯。

【实验原理】

乙醚是一种常用的低沸点有机溶剂，实验室采用浓硫酸催化乙醇制备。

反应式为：

$$CH_3CH_2OH \xrightleftharpoons[140℃]{H_2SO_4} CH_3CH_2OCH_2CH_3 + H_2O$$

浓硫酸催化乙醇生成乙醚的同时，可能会发生消除反应生成乙烯，同时还可能被氧化生成乙醛，其副反应如下：

$$CH_3CH_2OH \xrightarrow{H_2SO_4} \begin{cases} \xrightarrow{170℃} H_2C{=}CH_2 + H_2O \\ \xrightarrow{[O]} CH_3CHO + SO_2\uparrow + H_2O \end{cases}$$

【实验过程】

1. 乙醚的制备

在干燥的 100 mL 三口烧瓶中，放入 12 mL 95% 乙醇，在冷水浴冷却下边摇晃边缓慢加入 12 mL 浓硫酸，混合均匀后加入 2 粒沸石。在恒压滴液漏斗中加入 25 mL 95%乙醇[1]，安装温度计，注意水银球必须浸没在液面以下，距离瓶底约 0.5～1 cm 处。用作接收器的烧瓶应浸没于冰水浴中冷却，接引管的支管接上橡皮管通入下水道或室外。

将反应瓶放在石棉网上加热，使反应液的温度比较迅速地上升到 140℃，开始由恒压滴液漏斗慢慢滴加 95%乙醇，控制滴入速度与流出速度大致相等（约 1 滴/s），并保持温度在 135～140℃之间。待乙醇加完（约需 45 min），继续小火加热 10 min，直到温度上升到 160℃为止。关闭热源[2]，停止反应。

2. 乙醚的精制

将馏出物倒入分液漏斗中，依次用 10 mL 5%氢氧化钠溶液、10 mL 饱和氯化钠溶液洗涤，最后再用 10 mL 饱和氯化钙溶液洗涤 2 次，充分静置后将下层氯化钙溶液分出，从分液漏斗上口把乙醚倒入干燥的 50 mL 锥形瓶中，用无水氯化钙干燥。待乙醚干燥澄清后，转入 25 mL 蒸馏烧瓶中，投入 2～3 粒沸石，装好蒸馏装置，在热水浴上加热蒸馏，接收瓶使用冰水浴冷却，收集 33～38℃的馏分。

乙醚为无色易挥发的液体，沸点 34.5℃。

【注意事项】

[1] 注意控制滴加速度。若滴加速度明显超过馏出速度，可能会导致乙醇还未反应就被蒸出，使反应体系温度骤降，减少乙醚的生成。

[2] 加热时注意周围不能有明火。在精制乙醚时，热水需要事先热好，并且注意蒸馏装置的气密性，若漏气可能导致爆燃。

【问题与思考】

(1) 乙醚的制备实验中，馏出物主要成分有哪些？

(2) 乙醚的精制实验中使用氯化钙溶液洗涤的目的是什么？

(3) 接收瓶使用冰水浴冷却的目的是什么？

（朱其明编写）

实验 4-10　正丁醚的制备

【实验目的】

(1) 掌握实验室制备正丁醚的反应原理与实验方法。

(2) 学习分水器的安装和操作方法。

(3) 巩固萃取和分馏操作。

【实验器材】

实验试剂：正丁醇、浓硫酸、无水氯化钙、氢氧化钠。

实验仪器：分水器、球形冷凝管、温度计、三口烧瓶、分液漏斗、烧杯、锥形瓶、循环水式真空泵。

【实验原理】

醇分子间脱水成醚是制备简单醚类化合物的常用方法。用硫酸作为催化剂，在不同温度下正丁醇和硫酸作用会生成不同的产物，主要有正丁醚或丁烯，因此该反应必须严格控制温度。

主反应：

$$2CH_3CH_2CH_2CH_2OH \xrightarrow{H_2SO_4,134\sim135℃} CH_3CH_2CH_2CH_2OCH_2CH_2CH_2CH_3 + H_2O$$

副反应：

$$CH_3CH_2CH_2CH_2OH \xrightarrow[>135℃]{H_2SO_4} CH_3CH_2CH{=}CH_2 + H_2O$$

浓硫酸在反应中的作用是作催化剂和脱水剂。

【实验过程】

在 100 mL 三口烧瓶中加入 15.5 mL（12.5 g）正丁醇，随后加入 2.2 mL（4.0 g）浓硫酸和几粒沸石，振摇使混合均匀后水浴冷却至室温。在三口烧瓶的一侧口装上温度计，温度计应插入液面以下，中间口装上分水器，另一口用塞子塞紧，并在分水器的上端安装回流冷凝管。先在分水器内放置（$V-2$）mL 水[1]，然后将三口烧瓶放在电热套小火加热至微沸，进行分水回流。

随着反应的进行，分水器的液面逐渐增高。冷凝液中除了水之外还有共沸带出的正丁醇[2]。正丁醇微溶于水且密度比水小，会浮于水的上层。上层正丁醇有机相随着水量的增多会从分水器支管部位返回烧瓶。大约经 1.5 h 后，三口烧瓶中反应液温度达 134～136℃时停止加热，此时分水器已全部被水充满。若继续加热，则反应液变黑并有较多副产物烯生成。

将反应液及分水器中的水冷却到室温后倒入盛有 50 mL 水的分液漏斗中，充分振摇，静置后弃去下层液体。上层粗产物用 16 mL 50%硫酸[3] 分两次洗涤，然后用 10 mL 水洗涤。有机相转入干燥的锥形瓶中，用无水氯化钙干燥 15 min，期间注意振荡锥形瓶。将干燥后的产物滤入蒸馏瓶中蒸馏，收集 139～142℃馏分，产量 5～6 g，产率 45%～54%。

常压下纯正丁醚的沸点为 142℃。

【注意事项】

[1] 如果反应定量进行，那么反应生成的水的量可以使用下列反应式计算：

$$2C_4H_9OH \longrightarrow (C_4H_9)_2O + H_2O$$

	$2C_4H_9OH$	$(C_4H_9)_2O$	H_2O
分子量	74×2	130	18
投料量	12.5g		
物质的量	0.084 mol		n

生成水的体积 $V=m/\rho=nM/\rho=1.52$ mL

该体积为假设反应 100%定量进行的情况下生成水的体积，实际反应不会进行完全。正丁醇还会进行消除反应生成烯烃和水。此外，部分正丁醇还会与水形成共沸物一起馏出，造成最终体积大于 1.52 mL。因此应先将分水器装满水，然后用量筒测量确认分水器总体积 V，再从分水器中放出约 2 mL 水即可。

[2] 实验过程中正丁醇、正丁醚和水可能产生几种共沸物：

共沸混合物		沸点/℃	质量分数/%		
			正丁醚	正丁醇	水
二元共沸物	正丁醇-水	93.0		55.5	45.5
	正丁醚-水	94.1	66.6		33.4
	正丁醇-正丁醚	117.6	17.5	82.5	
三元共沸物	正丁醇-正丁醚-水	90.6	35.5	34.6	29.9

[3] 使用 50%硫酸的原因是正丁醇能溶解在 50%硫酸中，而正丁醚几乎不溶。也可使用 20 mL 2 mol/L 氢氧化钠洗涤，然后用 10 mL 水洗涤，再干燥。

【问题与思考】

(1) 本实验中分水器上最适宜安装哪种冷凝管？

(2) 有机层为何使用无水氯化钙干燥？是否可以使用其他干燥剂代替？

(朱其明编写)

实验 4-11 环己酮的制备

【实验目的】

(1) 学习铬酸氧化法制备环己酮的原理和方法。

(2) 巩固萃取和蒸馏的基本操作。

【实验器材】

实验试剂：铬酸溶液、浓硫酸、环己醇、乙醚、无水硫酸镁。

实验仪器：分液漏斗、烧杯、锥形瓶、温度计、冷凝管、接收管、三口烧瓶、循环水式真空泵、烘箱。

【实验原理】

实验室制备脂肪和脂环醛、酮最常用的方法是将伯醇和仲醇用铬酸氧化。铬酸是重铬酸盐与40%～50%硫酸的混合液。制备分子量低的醛，可以将铬酸滴加到热的酸性醇溶液中，以防止反应混合物中有过量的氧化剂存在，同时将较低沸点的醛不断蒸出，可以达到中等产率。

将重铬酸钠（钾）或三氧化铬溶于浓硫酸后加水稀释制得的氧化剂称为琼斯试剂(Jones reagent)。这类氧化剂具有制备简单、廉价易得、氧化效率高等特点，可高效地将伯醇、仲醇氧化为相应的醛或酮。同时，过量的琼斯试剂还可将醛氧化为羧酸。琼斯试剂为酸性氧化剂，通常以水、丙酮、二甲亚砜、醋酸等作为反应溶剂，反应时会剧烈放热。

实验室可以使用预先配制的铬酸溶液氧化环己醇为环己酮，其反应式为：

$$3\,\text{(环己醇, C}_6\text{H}_{11}\text{OH)} + Na_2Cr_2O_7 + 4H_2SO_4 \longrightarrow 3\,\text{(环己酮)} + Cr_2(SO_4)_3 + Na_2SO_4 + 7H_2O$$

【实验过程】

向一个装有 50 mL 滴液漏斗、磁力搅拌装置和回流冷凝管的 250 mL 三口圆底烧瓶中依次加入 5.3 mL 环己醇（约 0.05 mol）和 25 mL 乙醚，摇匀，冷却到 0℃。将已冷至 0℃的 50 mL 铬酸溶液[1] 分两次倒入滴液漏斗中，在剧烈搅拌[2] 下和 10 min 内将铬酸溶液滴入反应烧瓶中。加完后再继续剧烈搅拌 20 min，用分液漏斗分出醚层[3]，水层[4] 用乙醚萃取 2 次（每次 15 mL），合并醚溶液，用 15 mL 5%碳酸钠溶液洗涤 1 次，然后用 15 mL 水洗涤 4 次。用无水硫酸钠干燥后过滤，用 50～55℃水浴蒸馏回收乙醚，再蒸馏收集 152～155℃馏分，产量 2.1～3.2 g，产率 43%～65%。

【注意事项】

[1] 铬酸溶液的配制方法为：将 20 g（0.067 mol）$Na_2Cr_2O_7 \cdot 2H_2O$ 溶于 60 mL 水中，搅拌使固体完全溶解。随后将上述溶液在搅拌下缓慢加入 14.8 mL（26.8 g，0.268 mol）98%浓硫酸中，冷却后加水稀释至 100 mL 即可。

[2] 可以使用磁力搅拌子在加热套中搅拌。

［3］由于有机层和水层都呈深红棕色，分层不明显。可以补加少量乙醚和饱和氯化钠溶液，再用手电筒从背面照射溶液，便可看清楚两相分界面。

［4］废液中含有强酸，具有强腐蚀性，切记不要接触皮肤。

【问题与思考】

（1）本实验的氧化剂能否改用高锰酸钾，为什么？

（2）在伯醇氧化制备醛的实验中，为何要将铬酸溶液加入伯醇中，而不是将伯醇加入铬酸溶液中？

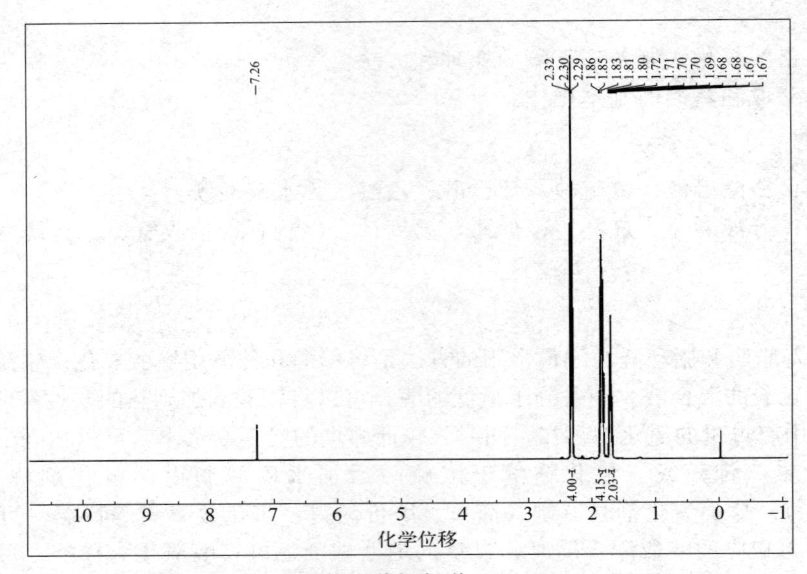

附图 1　环己酮的核磁共振氢谱（400 MHz，$CDCl_3$）

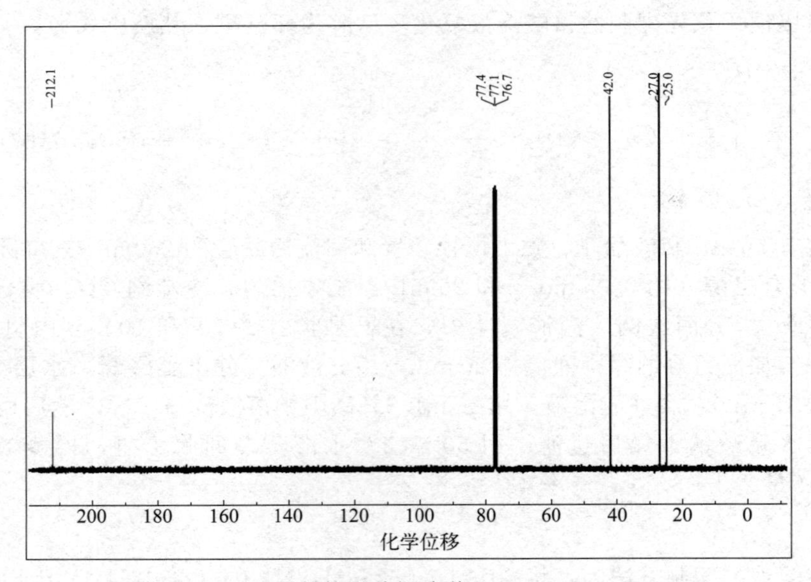

附图 2　环己酮的核磁共振碳谱（100 MHz，$CDCl_3$）

（核磁数据参考文献：Kai Guo et al. *Synlett*，2019，30（03）：329-332）

（贺益苗编写）

实验 4-12　二苯亚甲基丙酮的制备

【实验目的】

（1）学习利用羟醛缩合反应增长碳链的原理和方法。

（2）学习利用反应物的投料比控制反应产物。

【实验器材】

实验试剂：苯甲醛、丙酮、95%乙醇、10%NaOH、冰醋酸。

实验仪器：烧杯、布氏漏斗、抽滤瓶、锥形瓶。

【实验原理】

两分子具有活泼 α-氢的醛、酮在稀酸或稀碱催化下发生分子间缩合反应生成 β-羟基醛、酮，若提高反应温度则进一步失水生成 α,β-不饱和醛、酮，这种反应称为羟醛缩合反应。该方法是合成 α,β-不饱和羰基化合物的重要方法，也是有机合成中增长碳链的重要反应。

没有活泼 α-氢的芳香醛类化合物可与有活泼 α-氢的醛或酮类化合物发生交叉羟醛缩合反应得到 α,β-不饱和醛或酮（烯醛或烯酮），这类反应称为 Claisen-Schmidt 反应。这类反应选择性高，且无自身羟醛缩合副产物，因此常用于化学反应中碳链的增长。

例如，苯甲醛与丙酮反应，可通过控制反应物投料比，高效合成二苯亚甲基丙酮或苯亚甲基丙酮。当醛和酮比例为 2∶1 时，使用氢氧化钠催化反应，可以高产率地生成二苯亚甲基丙酮。

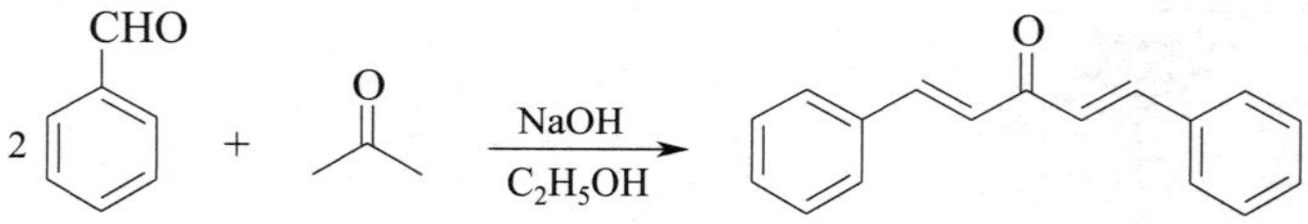

CHO　2　+　O　NaOH　C_2H_5OH　O

其反应机理如下：

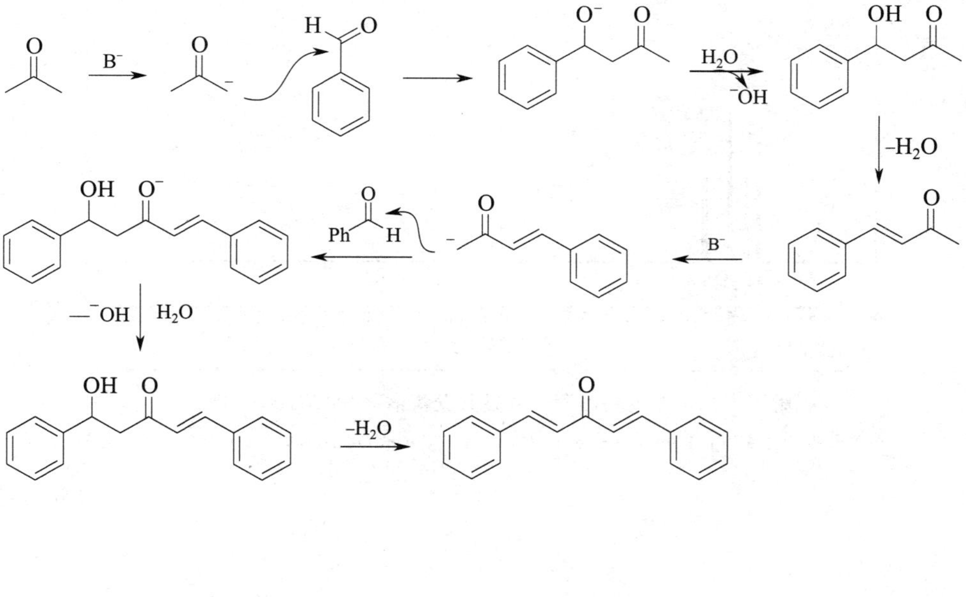

O　B^-　O　H　O　O^-　O　H_2O　^-OH　OH　O

$-H_2O$

OH　O^-　O　Ph　H　O　$-$　B^-　O

$-^-OH$　H_2O

OH　O　$-H_2O$　O

【实验过程】

将 2.6 mL（0.025 mol）苯甲醛（新蒸馏）、0.9 mL（0.0125 mol）丙酮、20 mL 95%乙醇、25 mL 10% NaOH 在搅拌下依次加入烧杯中，加入磁力搅拌子[1] 继续搅拌 20～30 min，有大量黄色固体析出，溶液呈淡黄色或橘黄色[2]。随后抽滤，用蒸馏水洗涤滤饼，再用 1 mL 冰醋酸和 13 mL 95%乙醇组成的混合液浸泡[3]，洗涤，最后再用水洗涤一次，抽干，得到黄色固体粗产物。将固体转移至 100 mL 锥形瓶中，用无水乙醇进行重结晶[4]。将饱和溶液用冰水冷却至 0℃，待晶体完全析出后抽滤，在表面皿上烘干[5]，得二苯亚甲基丙酮黄色晶体 2.0～2.2 g，产率 68%～73%。

纯的二苯亚甲基丙酮为淡黄色片状晶体，熔点 113℃。

【注意事项】

[1] 搅拌可以使用玻璃棒，也可以使用磁力搅拌子在电热套内进行。

[2] 若溶液不是淡黄色而呈棕红色，可加活性炭进行脱色。

[3] 浸泡过程可以直接在布氏漏斗中进行，将连接真空泵管拔去浸泡即可。浸泡完成后再进行抽滤。

[4] 乙醇的用量不宜过多，采用少量多次、分批加入原则添加。

[5] 烘干温度应控制在 50～60℃，以免高温下产物熔化或分解。

【问题与思考】

(1) 本实验若碱的浓度偏高，会有哪些副反应发生？

(2) 本实验可能会有哪些副反应发生？请写出副反应的反应式。

(3) 使用冰醋酸和乙醇混合物浸泡的目的是什么？

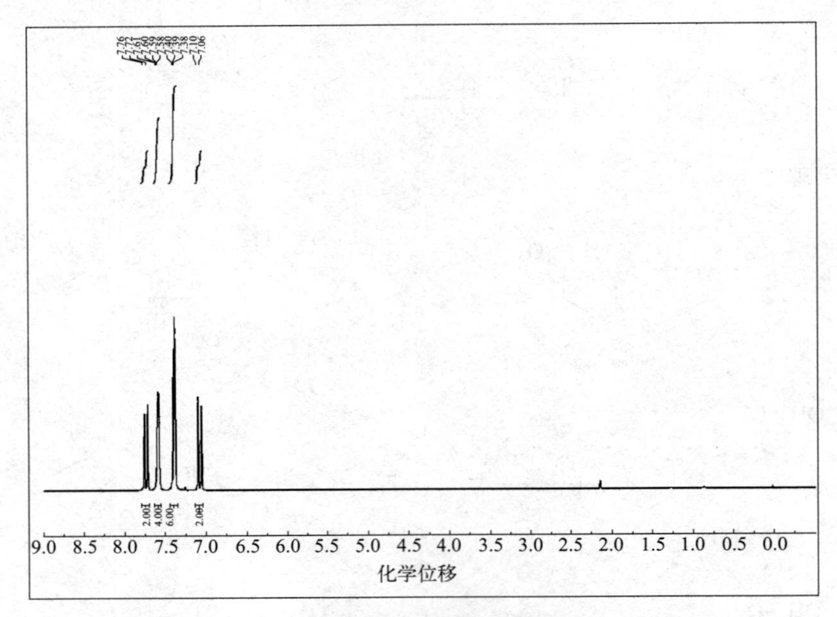

附图　二苯亚甲基丙酮的核磁共振氢谱（400 MHz，$CDCl_3$）

（核磁数据参考文献：Renhua Liu et al. *Chemical Communications*，2019，55：2348-2351）

（贺益苗编写）

实验 4-13 安息香缩合反应

【实验目的】

（1）学习安息香缩合反应的原理和方法。

（2）巩固回流和重结晶操作。

【实验器材】

实验试剂：维生素 B_1、95%乙醇、氢氧化钠、苯甲醛、活性炭。

实验仪器：圆底烧瓶、烧杯、试管、锥形瓶、回流冷凝管、水浴锅、布氏漏斗、抽滤瓶、循环水式真空泵、烘箱。

【实验原理】

在一定条件下，一些芳醛可以缩合生成安息香。例如：

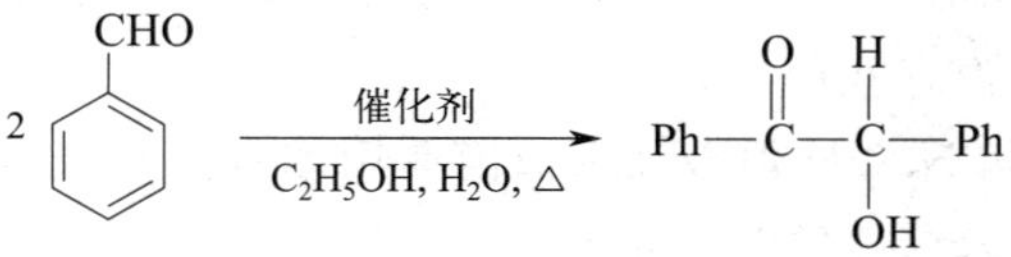

$$2\,C_6H_5CHO \xrightarrow[C_2H_5OH,\ H_2O,\ \triangle]{\text{催化剂}} Ph-\overset{O}{\overset{\|}{C}}-\underset{OH}{\underset{|}{\overset{H}{\overset{|}{C}}}}-Ph$$

早期使用的催化剂是剧毒的氰化物，极为不便。近年来改用维生素 B_1 作催化剂，价廉易得、操作安全、效果良好。

维生素 B_1，又叫硫胺素，它是一种生物辅酶，它在生化过程中主要是对 α-酮酸的脱羧和生成偶姻（α-羟基酮）等三种酶促反应发挥辅酶的作用。维生素 B_1 结构如下：

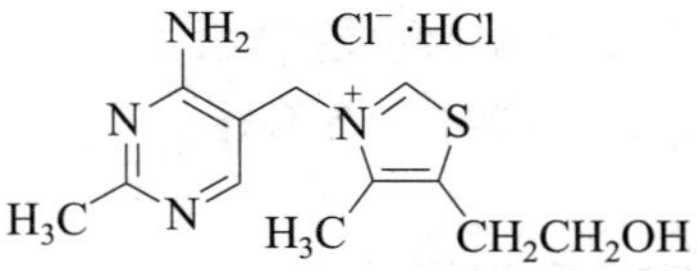

NH$_2$　Cl$^-$·HCl　N　N　S　H$_3$C　H$_3$C　CH$_2$CH$_2$OH

维生素 B_1 分子中右边噻唑环上的氮原子和硫原子之间的氢有较大的酸性，在碱的作用下易被除去形成碳负离子，从而催化安息香的形成。

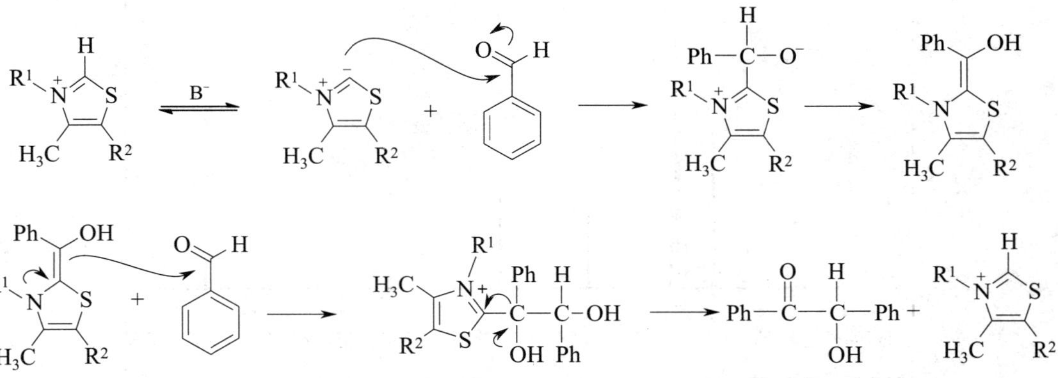

R¹ N⁺ S H H$_3$C R²　$\overset{B^-}{\rightleftharpoons}$　R¹ N⁺ S H$_3$C R² + PhCHO ⟶ Ph—C(H)—O$^-$ (噻唑盐) ⟶ Ph(OH)C= (烯醇中间体)

Ph(OH)C= 中间体 + PhCHO ⟶ 加合物 Ph—C(OH)—C(H)(OH)—Ph ⟶ Ph—CO—CH(OH)—Ph + R¹ N⁺ S H H$_3$C R²

【实验过程】

在 50 mL 圆底烧瓶中，加入 1.75 g（0.005 mol）维生素 B_1[1]、3.5 mL 蒸馏水和 15 mL 95%乙醇，摇匀溶解后将圆底烧瓶置于冰水浴中冷却，同时取 5 mL 10%氢氧化钠溶液于一支试管中，也置于冰水浴中冷却。在冰水浴冷却下，将冷透的氢氧化钠溶液[2]逐滴加入反应瓶中，然后加入 10 mL（10.4 g，0.098 mol）新蒸馏的苯甲醛，充分摇匀，调节反应液的 pH 值为 9～10。去掉冰水浴，加入几粒沸石，装上回流冷凝管，将混合物置于 60～75℃水浴中温热 1.5 h（反应后期可将水浴温度升高到 80～90℃），期间注意摇动反应烧瓶并保持反应液的 pH 值为 9～10（必要时可滴加 10% NaOH 溶液），等混合物冷至室温后将烧瓶置于冰水中使结晶完全析出[3]，抽滤并用 20 mL 冷水洗涤 2 次，结晶，抽滤，干燥，称量。

粗产物可用 95%乙醇重结晶[4]，必要时可加入少量活性炭脱色，产量 5.0～5.4 g（产率 48%～52%）。

【注意事项】

［1］维生素 B_1 的纯度对本实验影响很大，应使用新开瓶或原密封、保管良好的维生素 B_1，用不完的应尽快密封保存在阴凉处。

［2］维生素 B_1 溶液和 NaOH 溶液在反应前要用冰水浴充分冷透，否则维生素 B_1 的噻唑环在碱性条件下易开环失效，导致实验失败。

［3］若冷却太快，产物易呈油状析出，可重新加热溶解后再慢慢冷却重新结晶，必要时可用玻璃棒摩擦瓶壁诱发结晶。

［4］安息香在沸腾的 95%乙醇中的溶解度为 12～14 g/100 mL。

【问题与思考】

（1）安息香缩合、羟醛缩合、歧化反应有何不同？

（2）本实验为什么要使用新蒸的苯甲醛？为什么加入苯甲醛后，反应混合物的 pH 值要保持在 9～10？溶液的 pH 值过低或过高有什么不好？

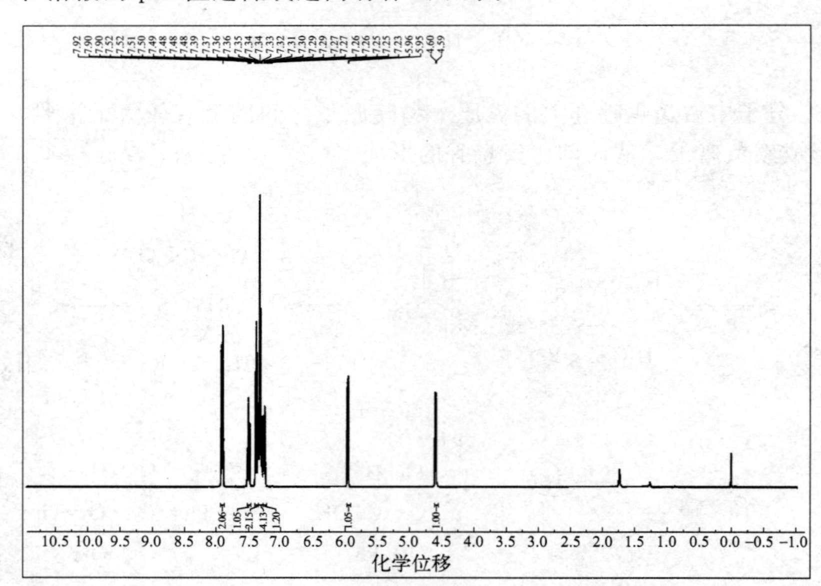

附图 1　安息香的核磁共振氢谱（400 MHz，$CDCl_3$）

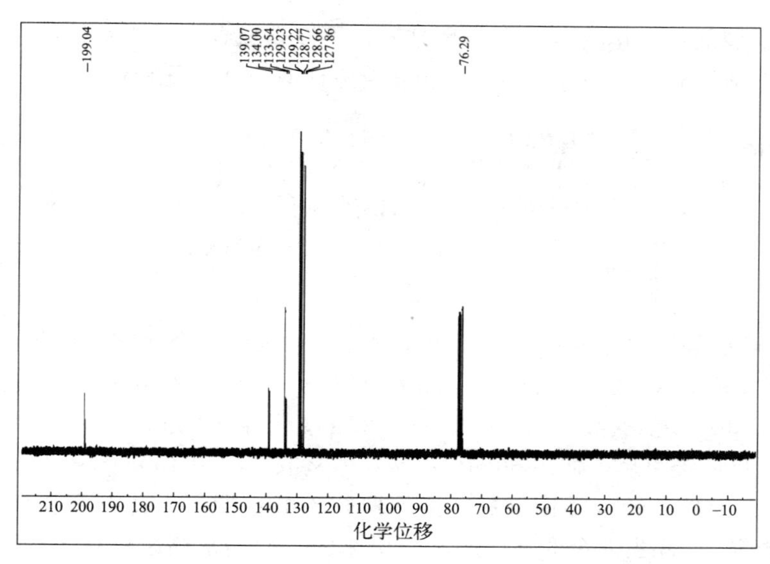

附图 2　安息香的核磁共振碳谱（100 MHz，$CDCl_3$）

（核磁数据参考文献：Yingsheng Zhao et al. *European Journal of Organic Chemistry*，2021，21：2955-2961）

（贺益苗编写）

实验 4-14　L-脯氨酸催化羟醛缩合反应

【实验目的】

（1）了解 L-脯氨酸催化得到立体选择性羟醛缩合产物的反应原理及意义。

（2）掌握增长碳链的方法以及利用羟醛缩合反应合成 β-羟基酮的方法。

（3）进一步巩固分馏和重结晶操作。

【实验器材】

实验试剂：环己酮、4-硝基苯甲醛、L-脯氨酸、氯化锌、二甲亚砜。

实验仪器：圆底烧瓶、恒温水浴锅、薄层硅胶板、冷凝管、温度计、接收器、接引管、蒸馏烧瓶、电热套、布氏漏斗、色谱柱、烧杯、锥形瓶、循环水式真空泵。

【实验原理】

具有 α-H 的醛或酮，在碱催化下生成碳负离子，生成的碳负离子进而作为亲核试剂对醛或酮进行亲核加成，生成 β-羟基醛或 β-羟基酮，这类反应称为羟醛缩合反应。如果使用强碱作为催化剂，则 β-羟基醛/酮会脱水生成 α,β-不饱和烯醛/烯酮。

L-脯氨酸可作为有机小分子催化剂催化羟醛缩合生成 β-羟基醛/酮。其反应机理如下：首先 L-脯氨酸可与醛或酮发生加成-消除反应生成烯胺中间体，烯胺中间体可通过互变异构形成亚胺中间体。随后亚胺进攻无 α-H 的醛羰基，再经过水解脱脯氨酸得到 β-羟基醛/酮。

$-H_2O$　　　−L-脯氨酸

烯胺　　　亚胺　　　β-羟基醛/酮

利用 L-脯氨酸催化 4-硝基苯甲醛与环己酮，可以合成含有 2 个手性碳原子的 β-羟基酮化合物。由于 L-脯氨酸具有手性，因此产物 β-羟基酮具有 4 个异构体。

L-脯氨酸(20mol%)，$ZnCl_2$(10mol%)，DMSO:H_2O=8:2，rt, 24 h

Syn(顺式)　　*Anti*(反式)

【实验过程】

向 100 mL 圆底烧瓶中加入 40 mL 二甲亚砜和蒸馏水的混合溶剂（体积比 8：2），随后加入 3.0 g 对硝基苯甲醛（20 mmol）、4.1 mL 环己酮（3.9 g，40 mmol）和磁力搅拌子。搅拌条件下加入 0.46 g L-脯氨酸（4 mmol）和 0.27 g 氯化锌（2 mmol）。混合物在室温下继续搅拌反应 24 h。反应结束后，使用 50 mL 乙酸乙酯萃取，再用 100 mL 饱和氯化钠溶液洗涤两次。有机层[1] 干燥后转入蒸馏烧瓶，蒸馏回收乙酸乙酯[2]，待剩余物体系温度上升至 95℃后，减压蒸馏[3] 除去多余的环己酮和二甲亚砜，待体系剩余物约为 5 mL 时，冰水浴冷却得 β-羟基酮粗产物。使用乙醇重结晶得 β-羟基酮晶体 2.9 g，产率 60%，dr=9：1（反式为主要产物），99% *ee*。

【注意事项】

[1] 萃取后有机层除产物外主要还有乙酸乙酯、未反应的环己酮和少量二甲亚砜残余物。

[2] 常压蒸馏乙酸乙酯最好使用水浴蒸馏。乙酸乙酯沸点 76～77℃。

[3] 减压蒸馏时需控制馏出物速度，不要蒸干，否则产物会脱水形成亚苄基环己酮。环己酮沸点为 155～156℃，二甲亚砜沸点为 188～189℃。

【问题与思考】

（1）该反应的副反应是什么？请写出副反应的反应式。

（2）本实验中用饱和氯化钠溶液洗涤可以除去反应体系中的哪些物质？

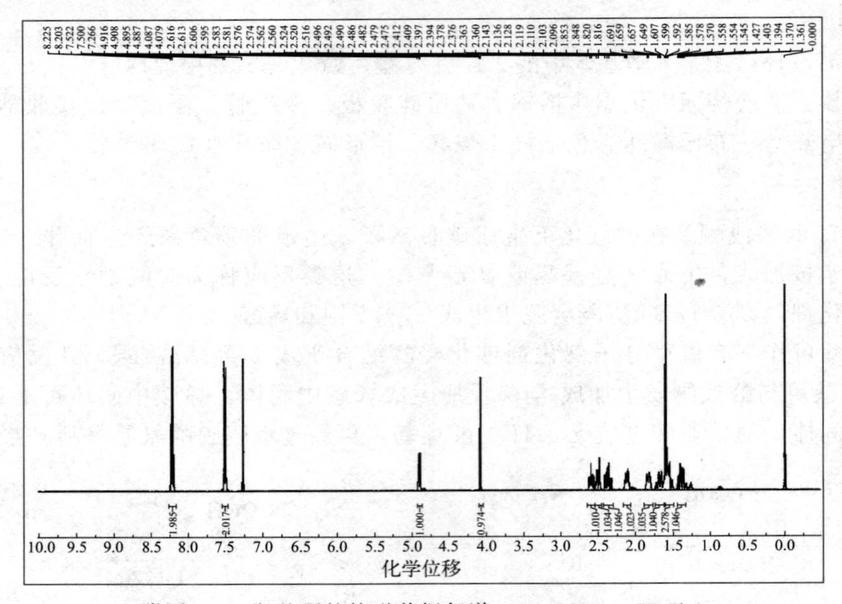

附图 1　β-羟基酮的核磁共振氢谱（400 MHz，$CDCl_3$）

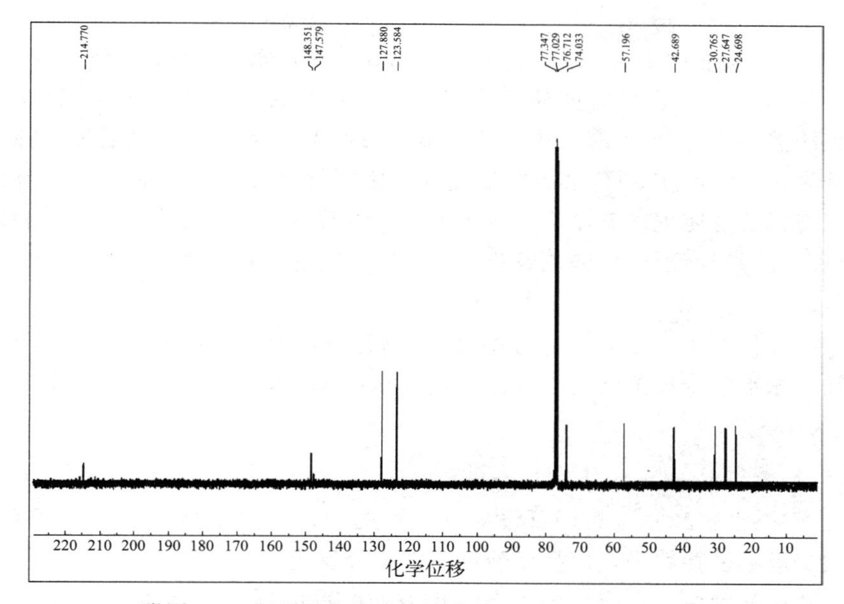

附图 2　*β*-羟基酮的核磁共振碳谱（100 MHz，$CDCl_3$）

（核磁数据参考文献：Xinyuan Liu et al. *Green Chemistry*，2018，20：4085-4093）

（贺益苗编写）

实验 4-15　己二酸的制备

【实验目的】

（1）学习用环己醇氧化制备己二酸的原理和方法。

（2）掌握浓缩、过滤、重结晶等操作。

【实验器材】

实验试剂：环己醇、碳酸钠、高锰酸钾、浓硫酸。

实验仪器：三口烧瓶、烧杯、温度计、锥形瓶、磁力搅拌器、回流冷凝管、恒温水浴锅、布氏漏斗、抽滤瓶、循环水式真空泵、烘箱。

【实验原理】

己二酸是合成尼龙-66 的主要原料之一，它可以用高锰酸钾或硝酸氧化环己醇制得。例如，在高锰酸钾氧化环己醇制备己二酸的实验中，高锰酸钾会首先将环己醇氧化为环己酮，生成的环己酮随后会被进一步氧化成己二酸，己二酸在碱性条件下生成己二酸盐，经酸化得到游离的己二酸。该方法具有反应条件温和、无有毒有害气体放出等优点。

反应式如下：

$$\text{环己醇(OH)} \xrightarrow{[O]} \text{环己酮(=O)} \xrightarrow{[O]} HO\overset{\overset{O}{\|}}{C}(CH_2)_4\overset{\overset{O}{\|}}{C}OH$$

【实验过程】

在 250 mL 三口烧瓶中加入 2.6 mL（0.027 mol）环己醇[1] 和碳酸钠溶液（3.8 g 碳酸钠溶于 35 mL 温水[2]）。在磁力搅拌下分四批加入研细的 12 g（0.051 mol）高锰酸钾[3]，整个添加过程约需 2.5 h。加入时，控制反应温度始终大于 30℃。加完后继续搅拌直至反应温度不再上升为止，然后在 50℃水浴中加热并不断搅拌 30 min。反应过程中有大量二氧化锰生成。反应完成后可使用玻璃棒蘸取溶液观察溶液颜色，反应完全后溶液紫色基本褪去并带有大量黑色沉淀。若溶液仍呈紫色或紫黑色，则说明有大量高锰酸钾剩余，应继续加热反应至溶液无色。

抽滤反应混合物，用 10 mL 10%碳酸钠[4] 溶液洗涤滤渣。搅拌下滴加浓硫酸[5]，直到溶液呈强酸性，冰水浴冷却至己二酸沉淀析出完全，抽滤，晾干。产量约 2.2 g（产率约为 56%），熔点为 153℃。

【注意事项】

[1] 环己醇熔点为 23℃，若因低温凝固，需提前放入热水浴中解冻方可量取。

[2] 水太少影响搅拌效果，使高锰酸钾不能充分反应。

[3] 加入高锰酸钾后，反应可能不会立即发生，此时需要水浴温热，当温度升到 30℃时，必须立即撤开温水浴，因该反应放热促使反应继续进行。

[4] 二氧化锰残渣中易夹杂己二酸钾盐，需用碳酸钠溶液将其溶解洗出。

[5] 浓硫酸滴加时有大量气体产生并放热，因此需要缓慢滴加，以防产物冲出。

【问题与思考】

（1）反应体系中加入碳酸钠有何作用？

（2）抽滤后滤液加入浓硫酸的目的是什么？

（3）该反应有哪些副反应？请写出副反应的反应式。

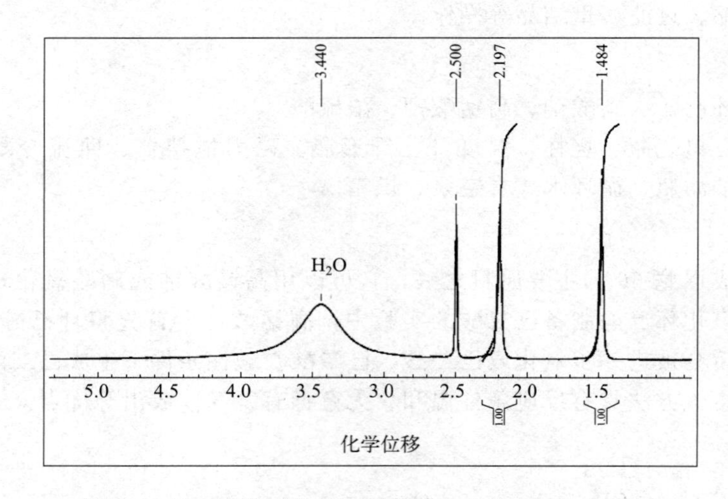

附图 1　己二酸的核磁共振氢谱（400 MHz，DMSO-d_6）

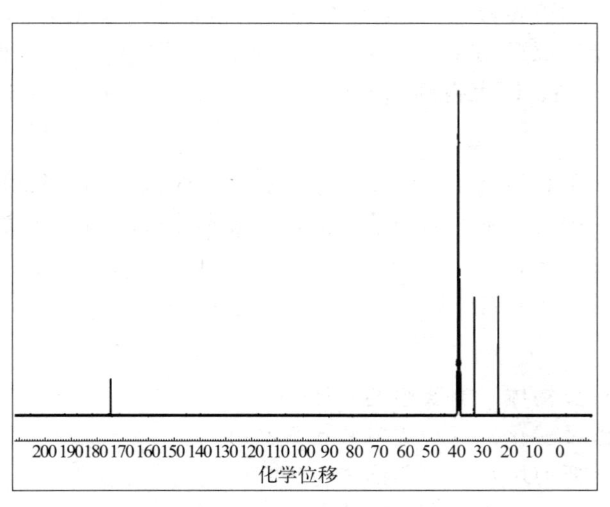

附图 2　己二酸的核磁共振碳谱（100 MHz，$CDCl_3$）

（核磁数据参考文献：Yugen Zhang et al. *Angewandte Chemie International Edition*，2014，126（16）：4284-4288）

（贺益苗编写）

实验 4-16　肉桂酸的制备

【实验目的】

（1）了解 Perkin 反应的原理与意义。

（2）掌握水蒸气蒸馏和重结晶的操作方法与步骤。

【实验器材】

实验试剂：苯甲醛、乙酸酐、无水碳酸钾、氢氧化钠、盐酸、无水乙醇。

实验仪器：三口圆底烧瓶、研钵、量筒、冷凝管、温度计、接引管、布氏漏斗、抽滤瓶、烧杯、锥形瓶、表面皿、电热套、循环水式真空泵。

【实验原理】

利用 Perkin 反应，在碱的促进作用下，将不含有 α-H 的芳香醛与含有 α-H 的酸酐反应，可制得 β-芳基-α,β-不饱和酸。

肉桂酸是从肉桂皮或安息香中分离出来的一种有机羧酸，在香料、食品、医药、农药和有机合成等领域发挥着重要作用。利用 Perkin 反应，以苯甲醛和乙酸酐为原料，在碳酸钾的作用下，可快速制备肉桂酸。

$$C_6H_5CHO + (CH_3CO)_2O \xrightarrow[\text{回流}]{K_2CO_3} C_6H_5CH{=}CHCOOH + CH_3COOH$$

【实验过程】

向干燥的 100 mL 三口圆底烧瓶中加入 1.5 mL 苯甲醛[1]（1.6 g，0.015 mol）、3.4 mL 新蒸馏的乙酸酐（3.7 g，0.036 mol）和 2.2 g 研细的无水碳酸钾（0.016 mol）。用电热套加热回流 30 min[2]。反应混合物冷却后，加入 10 mL 温水，更换水蒸气蒸馏装置，蒸馏出未反应完全的苯甲醛。随后向混合物中加入 10 mL 10%氢氧化钠溶液，使肉桂酸转化成相应钠盐而溶解。抽滤，将滤液转移至250 mL烧杯中，冷却至室温后，用浓盐酸酸化至刚果红试纸变蓝，析出的沉淀抽滤后用少量水洗涤，抽干并在空气中晾干。得到的粗产品用水-乙醇（体积比5：1）重结晶，即可得到1.5 g肉桂酸白色固体（产率约68%）。

【注意事项】

[1] 苯甲醛放置久了容易被氧化为苯甲酸，影响反应效率和产品质量；而乙酸酐放置久了易吸潮水解成乙酸。因此，本实验中使用的苯甲醛和乙酸酐均需在实验前进行重新蒸馏。

[2] 实验中反应温度比较高，一般控制在150～200℃。温度低了，反应效率差；温度高了，可能会使产物进一步脱羧。

【问题与思考】

(1) 肉桂酸有顺反异构体，本实验的立体选择性如何？

(2) 后处理过程涉及酸化，可否用硫酸代替盐酸？

(3) 本实验为什么要使用水蒸气蒸馏进行纯化？

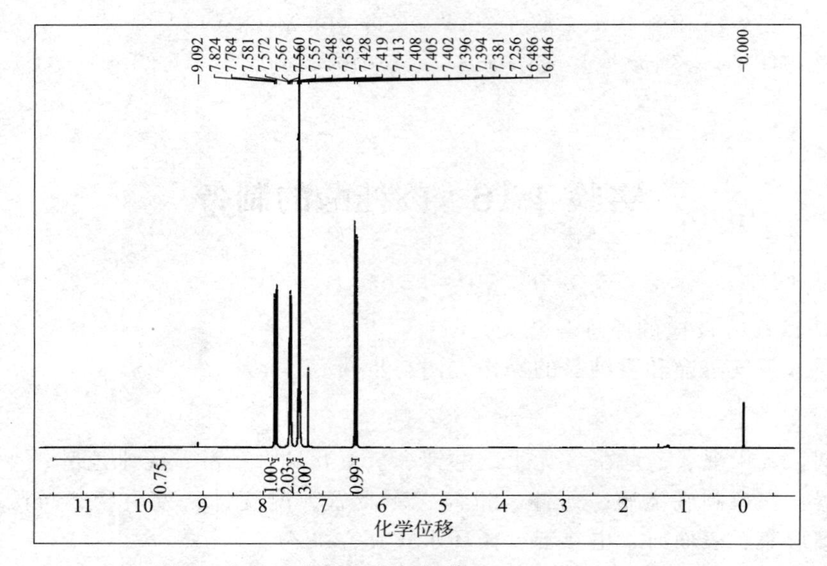

附图 肉桂酸的核磁共振氢谱（400 MHz，$CDCl_3$）

（核磁数据参考文献：Dayong Sang et al. *The Journal of Organic Chemistry*，2021，86（5）4254-4261）

（黄俊编写）

实验4-17 乙酸乙酯的制备

【实验目的】

(1) 了解酯化反应的原理与意义。

(2) 掌握蒸馏操作和分液漏斗的使用。

【实验器材】

实验试剂：乙酸、无水乙醇、浓硫酸、碳酸钠、氯化钠、氯化钙、无水硫酸钠。

实验仪器：圆底烧瓶、量筒、冷凝管、温度计、接引管、分液漏斗、电热套。

【实验原理】

有机羧酸和醇在酸性条件下，可以发生酯化反应生成酯。

乙酸乙酯是一种非常重要的有机化工原料和极好的工业溶剂，也是实验室常用的一种有机溶剂。利用酯化反应，以乙酸和乙醇为原料，在硫酸催化作用下，可以快速制备乙酸乙酯。

$$CH_3COOH + CH_3CH_2OH \underset{回流}{\overset{H_2SO_4}{\rightleftharpoons}} CH_3COOCH_2CH_3 + H_2O$$

【实验过程】

往装有磁力搅拌子的50 mL干燥圆底烧瓶中加入5.7 mL乙酸（6.0 g，0.1 mol）、12 mL无水乙醇（9.2 g，0.2 mol），随后缓慢加入2.5 mL浓硫酸，搅拌混合均匀后，装上冷凝管，加热回流30 min。冷却后，更换成蒸馏装置（产物沸点低，接收瓶应置于冰水浴中冷却），加热蒸出乙酸乙酯[1]，待反应瓶中剩余混合物的总体积仅剩最初体积的一半时，停止加热。

向馏出液中加入饱和碳酸钠溶液并不断振摇[2]，至不再有气泡冒出。再将反应体系转移至分液漏斗，待分层后，收集有机相，并分别用5 mL饱和氯化钠溶液[3]、5 mL饱和氯化钙溶液和水洗涤，无水硫酸钠干燥，过滤得到的粗产物再进行蒸馏，收集73～78℃的馏分[4]，即可得到乙酸乙酯无色液体，产量4.2 g，产率约48%。

【注意事项】

[1] 反应后的馏出液除了产物乙酸乙酯和水外，还含有未反应的乙酸和乙醇，可分别加碱和氯化钙去除。

[2] 加入饱和碳酸钠溶液时会产生大量二氧化碳气体，萃取时应注意安全。萃取时先轻轻振荡同时及时放气，待气体释放完毕后溶液呈碱性时再大力振荡后静置分层。

[3] 用饱和氯化钠溶液的原因是加饱和碳酸钠溶液处理后，若直接用饱和氯化钙溶液洗涤，会生成碳酸钙沉淀，难以分离。因此，需先用水洗去除多余的碳酸钠后，再用氯化钙洗涤；由于乙酸乙酯在水中会有部分溶解，因此实验中选用饱和氯化钠溶液洗涤，以减少损失。

[4] 分馏时接收瓶应浸入冰水浴中，减少产物挥发损失。

【问题与思考】

（1）反应是可逆的，如何促使反应尽可能向产物方向进行？

（2）反应中使用到硫酸钠干燥，还可以用哪些干燥剂代替？

（黄俊编写）

实验4-18 苯甲酸乙酯的制备

【实验目的】

（1）进一步了解酯化反应的原理与意义。

（2）掌握分水器和分液漏斗的使用。

【实验器材】

实验试剂：苯甲酸、95%乙醇、环己烷、浓硫酸、碳酸钠、乙醚、氯化钙。

实验仪器：圆底烧瓶、量筒、冷凝管、温度计、接引管、分水器、分液漏斗、电热套。

【实验原理】

有机羧酸和醇在酸性条件下，可以发生酯化反应生成酯。

苯甲酸乙酯天然存在于桃、菠萝、红茶中，被广泛应用于香料、食品添加剂行业。利用酯化反应，以苯甲酸和乙醇为原料，在浓硫酸催化下，可以快速合成苯甲酸乙酯。

$$C_6H_5COOH + CH_3CH_2OH \xrightarrow[\text{回流}]{H_2SO_4} C_6H_5COOC_2H_5 + H_2O$$

【实验过程】

往装有磁力搅拌子的 100 mL 干燥圆底烧瓶中加入 6.1 g 苯甲酸（0.05 mol）、13 mL 95%乙醇（10.1 g，0.22 mol）和 10 mL 环己烷，随后缓慢加入 2 mL 浓硫酸，搅拌混合均匀后，装上分水器，并将环己烷[1] 从分水器上端加至与分水器支管平齐，再装上回流冷凝管。加热回流，分水器中分成两层，至分出下层液体约 15 mL 即可停止。继续加热使多余的环己烷和乙醇蒸至分水器中。

将烧瓶内的残留物转至装有 20 mL 冷水的烧杯中，缓慢加入碳酸钠[2] 粉末至 pH 值呈中性。然后转至分液漏斗中分出粗产物。水层用 10 mL 乙醚萃取，醚层和粗产物合并，用无水氯化钙干燥。然后，转至蒸馏装置，水浴蒸去乙醚，而后在石棉网上继续蒸馏或改用减压蒸馏，收集 211～213℃的馏分，即可得到苯甲酸乙酯无色液体，产量约 6 g，产率 80%。

【注意事项】

[1] 分水器中加环己烷是为了便于观察水层的分出。

[2] 加入碳酸钠是为了除去硫酸和未反应完全的苯甲酸，注意要缓慢加入，防止放出大量二氧化碳气体，使液体溢出。

【问题与思考】

(1) 开始反应时，回流要慢，不能加热太快的原因是什么？

(2) 反应中为什么要用氯化钙干燥，可否用其他干燥剂代替？

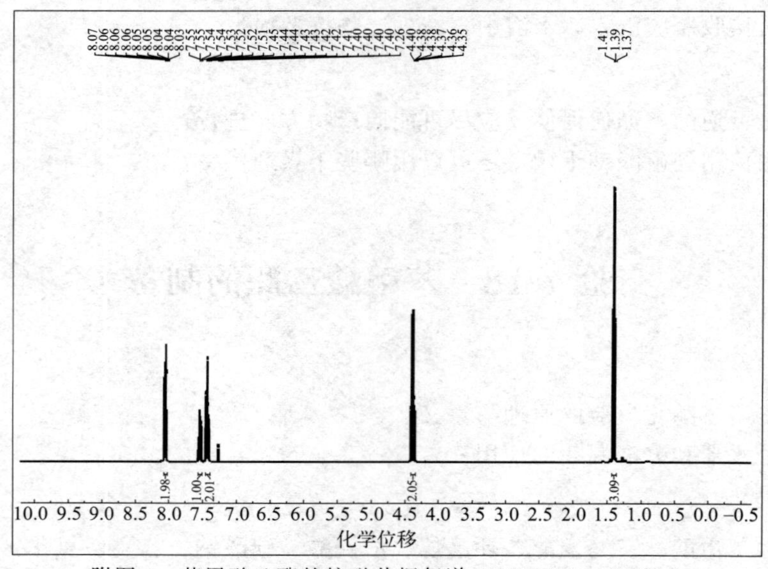

附图 1　苯甲酸乙酯的核磁共振氢谱（400 MHz，$CDCl_3$）

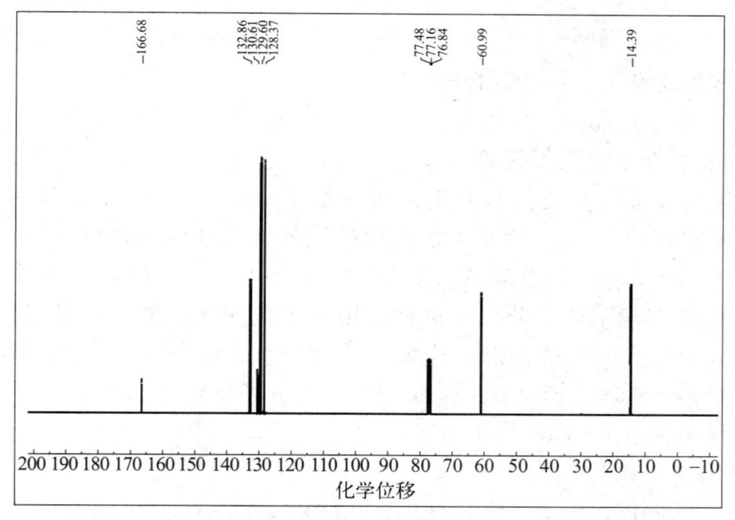

附图 2　苯甲酸乙酯的核磁共振碳谱（100 MHz，$CDCl_3$）

（核磁数据参考文献：Julien Annibalettoet al. *Organic Letters*，2022，24（23）：4170-4175）

（黄俊编写）

实验 4-19　乙酰乙酸乙酯的制备

【实验目的】

（1）了解 Claisen 酯缩合反应的原理和方法。

（2）掌握无水操作和减压蒸馏等基本操作。

【实验器材】

实验试剂：金属钠、乙酸乙酯、二甲苯、醋酸、饱和氯化钠溶液、无水硫酸钠。

实验仪器：圆底烧瓶、冷凝管、干燥管、蒸馏头、克氏蒸馏头、分液漏斗、接液管、温度计、循环水式真空泵、量筒、电热套等。

【实验原理】

Claisen 酯缩合反应是指含有 α-氢的酯在醇钠等强碱性物质作用下发生分子间缩合，失去一分子醇得到 β-酮酸酯的一类缩合反应。

Claisen 酯缩合反应一般使用醇钠或者金属钠作为强碱进行。如果使用金属钠，需要将钠片熔融制成钠珠。反应时由于酯中含有微量的醇首先与金属钠生成醇钠，随后醇钠催化 Claisen 酯缩合反应的进行，同时生成更多醇，直至金属钠被完全消耗。由于金属钠属于易制爆化学品且具有一定的危险性，实验中推荐直接使用醇钠催化 Claisen 酯缩合反应。

反应机理如下：

$$CH_3\overset{\overset{O}{\|}}{C}-OC_2H_5 \xrightarrow{C_2H_5O^-} H_2\bar{C}-\overset{\overset{O}{\|}}{C}-OC_2H_5 + CH_3CH_2OH$$

$$CH_3\overset{\overset{O}{\|}}{C}-OC_2H_5 + H_2\bar{C}-\overset{\overset{O}{\|}}{C}-OC_2H_5 \longrightarrow H_3C-\underset{CH_2COOC_2H_5}{\overset{O^-}{\overset{|}{\underset{|}{C}}}}-OC_2H_5 \longrightarrow H_3C-\overset{\overset{O}{\|}}{C}-CH_2-\overset{\overset{O}{\|}}{C}-OC_2H_5+C_2H_5O^-$$

【实验过程】

方法一：乙醇钠催化 Claisen 酯缩合反应

在圆底烧瓶中加入 10 mL 乙酸乙酯（0.1 mol）及磁力搅拌子。在搅拌下加入 3.4 g 乙醇钠（0.05 mol），装上带氯化钙干燥管的球形冷凝管，反应立即开始并伴有大量热量放出[1]，此时溶液应处于微沸状态。如无热量放出说明该反应尚未发生，可以稍加热，待反应启动后即可撤去热源。常温反应 30 min 后小火加热保持微沸状态继续搅拌反应 2 h。待反应冷却至常温后搅拌下缓慢加入 50% 乙酸-蒸馏水调节 pH＝5～6[2]。将混合物转移至分液漏斗，使用 10 mL 饱和氯化钠溶液萃取，分出有机相，用无水硫酸钠干燥。有机层转移至圆底烧瓶，水浴加热蒸馏除去未反应的乙酸乙酯，当馏出物温度上升至 95℃ 时停止蒸馏。烧瓶中剩余物减压蒸馏，收集 54～55℃、931 Pa（7 mmHg）馏分即得产物。

方法二：金属钠促进 Claisen 酯缩合反应

1. 钠珠的制备

在干燥的 100 mL 圆底烧瓶中，加入 13 mL 二甲苯和 2.6 g（0.11 mol）金属钠[3]，装上回流冷凝管（顶端接氯化钙干燥管），在石棉网上加热回流至钠熔融。待回流停止，拆去冷凝管，用胶塞塞紧瓶口，按紧塞子用力振摇几下，使钠分散成钠珠，待冷却后，钠珠迅速固化成粉状[4]。

2. 缩合、酸化和盐析

在烧瓶中，钠粉沉于底部，小心将二甲苯倒出后，迅速加入 28 mL（25.5 g，0.29 mol）乙酸乙酯[5]，装上回流冷凝管（顶端接氯化钙干燥管），反应即刻发生并有氢气逸出。若反应很慢，可稍微加热，促使反应进行。在石棉网上小火加热，保持微沸状态至金属钠作用完全，生成透明的橘红色乙酰乙酸乙酯钠盐溶液。待反应物稍冷，振摇下加入约 15 mL 50% 乙酸溶液[6]，使反应液呈弱酸性为止。将反应物移入分液漏斗中，加等体积饱和氯化钠溶液，用力振摇，静置，分出上层粗产物并用无水硫酸钠干燥。

3. 蒸馏和减压蒸馏

将粗产品滤至蒸馏烧瓶中，水浴蒸馏收集低沸点物。残留液进行减压蒸馏[7]（沸点参见附表），收集（82～88℃ 20～30 mmHg）的馏分，产量约 7 g，产率 50%。

纯乙酰乙酸乙酯为无色透明液体，沸点 180.4℃，密度 1.0282，折射率 n_{D}^{20} 为 1.4194。

附表　乙酰乙酸乙酯的沸点与压强的关系

压强/mmHg	760	80	60	40	30	20	18	14	12	10
沸点/℃	181	100	97	92	88	82	78	74	71	67.3

注：1 mmHg＝1.33 Pa。

【注意事项】

[1] 该反应为放热反应，一旦启动放热非常剧烈。如反应温度过高，可使用冷水稍微冷却一下。

[2] 使用醋酸水溶液中和乙醇钠为放热反应，应缓慢滴加。

[3] 金属钠一般贮存在煤油中。使用时应十分小心，严禁钠与水直接接触。在称量和切片的过程中动作要迅速，以免氧化或为空气中的水汽所侵入。

[4] 做成的钠珠颗粒的大小直接影响到反应速率，应尽量制备较小的钠珠，如一次做得不够细，可重新将钠熔融，再行振摇。

[5] 所用乙酸乙酯的品质对反应进程影响很大，它应是绝对无水，同时乙醇的含量应少于 2%。为达到此要求，普通的乙酸乙酯可用饱和氯化钙溶液洗涤两次，再用烘过的无水碳

酸钾干燥，水浴上蒸馏，收集 76～78℃的馏分。

[6] 用醋酸中和时，开始有固体析出，继续加酸并不断振摇，固体会逐渐溶解，最后得到澄清的液体。如尚有少量固体未溶解，可加少许水使其溶解。但应避免加入过量的醋酸，否则会增加酯在水中的溶解度而降低产量。

[7] 乙酰乙酸乙酯在常压蒸馏时，很容易分解而降低产量。

【问题与思考】

(1) 哪些物质可作为 Claisen 酯缩合反应的催化剂？本实验为什么可以用金属钠代替？

(2) 本实验中，加入 50%醋酸和饱和氯化钠溶液有何作用？

(3) 如何用实验证明常温下得到的乙酰乙酸乙酯是两种互变异构体的平衡混合物？

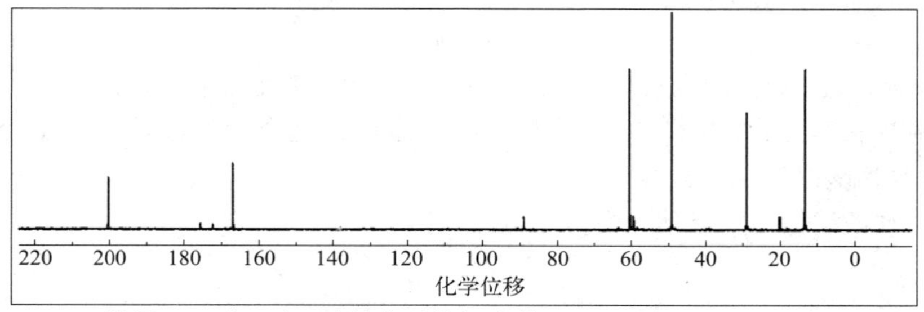

附图　乙酰乙酸乙酯的核磁共振碳谱（100 MHz，DMSO-d_6）

（核磁数据参考文献：Brenno A. D. Neto et al. *The Journal of Organic Chemistry*，2012，77 (22)：10184-10193）

（尹民海编写）

实验 4-20　乙酰水杨酸的制备

【实验目的】

(1) 了解乙酰水杨酸的制备原理与方法。

(2) 进一步熟练掌握重结晶、抽滤等操作。

【实验器材】

实验试剂：水杨酸、浓硫酸、浓盐酸、乙酸酐、饱和碳酸氢钠溶液。

实验仪器：锥形瓶、布氏漏斗、烧杯、抽滤瓶。

【实验原理】

乙酰水杨酸，即阿司匹林（Aspirin）诞生于 19 世纪末，是有效的解热止痛、治疗感冒的药物。水杨酸（邻羟基苯甲酸）可以止痛，常用于治疗关节炎和风湿病。它的分子结构中含有羟基和羧基，是一种具有双官能团的化合物。两个官能团都能发生酯化反应，而且还能形成分子内氢键，阻碍酰化和酯化反应的发生。阿司匹林是由水杨酸与乙酸酐进行酯化反应而得的。水杨酸可由水杨酸甲酯，即冬青油（由冬青树提取而得）水解制得。本实验采用水杨酸与乙酸酐在酸催化条件下合成乙酰水杨酸，其反应式如下：

$$o\text{-}HOC_6H_4COOH + (CH_3CO)_2O \xrightarrow{H_2SO_4} o\text{-}CH_3COOC_6H_4COOH$$

反应过程中水杨酸还可能发生二聚或者多聚形成聚合物等副产物，其副反应如下：

【实验过程】

在 250 mL 锥形瓶中依次加入 2.0 g（14.5 mmol）水杨酸和 5.0 mL（4.6 g，45 mmol）乙酸酐，然后使用滴管滴加 5 滴浓硫酸[1]，缓缓摇动锥形瓶直至水杨酸全部溶解。待白色固体全部溶解后，将锥形瓶置于 70～80℃水浴[2] 中加热维持 20 min。反应完毕后，冷却至 50℃，将反应液倒入含有 100 mL 冷水的烧杯中，并将烧杯置于冰水浴中冷却 10 min，抽滤，滤饼用少量冰水洗涤 2 次，得乙酰水杨酸粗产物。

将粗产物转移至 100 mL 烧杯中，加饱和碳酸氢钠溶液直至不再冒出气泡[3]。抽滤，滤液用浓盐酸调节 pH 值至 2～3，冷却结晶。待晶体析出完全后抽滤，用少量冷水洗涤，烘干[4] 得乙酰水杨酸晶体 1.8 g，产率 69%。

纯的乙酰水杨酸为白色晶体，熔点 136～138℃。

【注意事项】

[1] 加入浓硫酸的量过多会导致副产物增加。

[2] 反应过程温度需控制在 70℃左右，温度过高会加快副产物的生成。

[3] 加完饱和碳酸氢钠后再继续搅拌几分钟至无气泡冒出再抽滤。

[4] 乙酰水杨酸受热后易发生分解，分解温度为 126～135℃，烘干温度 80℃为宜。

【问题与思考】

(1) 该反应加入浓硫酸的目的是什么？

(2) 粗产物加入饱和碳酸氢钠溶液的目的是什么？

(3) 本实验中副产物有哪些？如何除去？

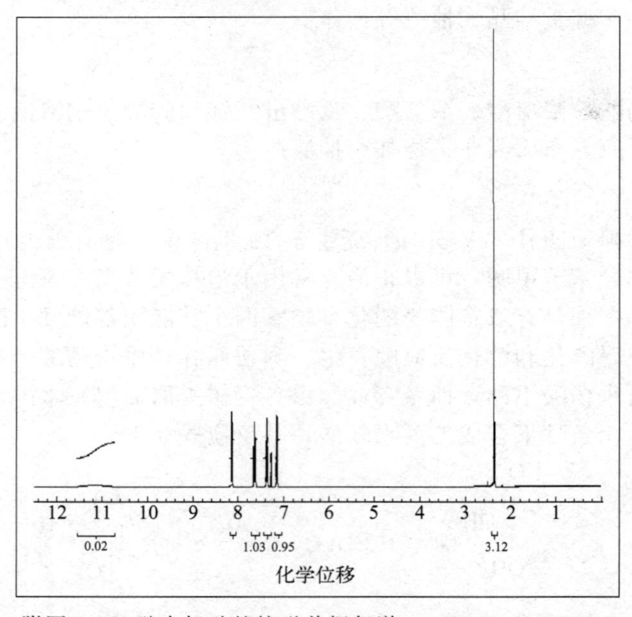

附图 1　乙酰水杨酸的核磁共振氢谱（400 MHz，$CDCl_3$）

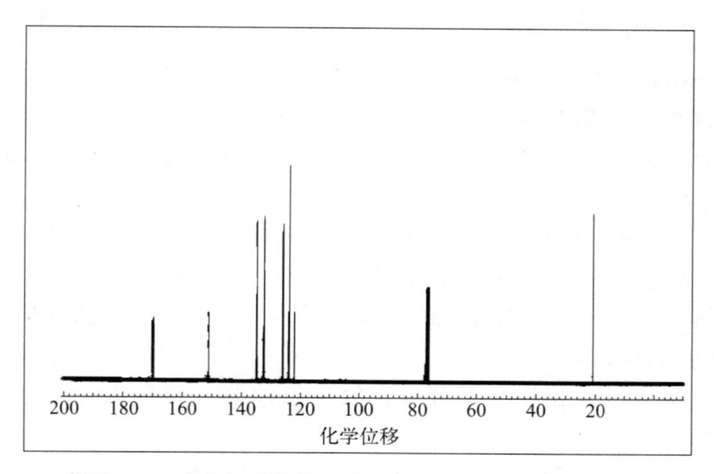

附图 2 乙酰水杨酸的核磁共振碳谱（100 MHz，$CDCl_3$）

（核磁数据参考文献：Rajesh Sunasee et al. *New Journal of Chemistry*，2021（45）：7109-7116）

（张远飞编写）

实验 4-21 四氢铝锂还原肉桂醛制备肉桂醇

【实验目的】

（1）了解四氢铝锂还原肉桂醛制备肉桂醇的反应机理。

（2）熟悉四氢铝锂的性质和四氢铝锂还原醛基的反应特点。

（3）掌握无水实验的操作方法，进一步巩固萃取和蒸馏操作。

【实验器材】

实验试剂：肉桂醛、四氢铝锂、乙醚、无水四氢呋喃、无水硫酸钠。

实验仪器：圆底烧瓶、分液漏斗、锥形瓶、烧杯。

【实验原理】

四氢铝锂（$LiAlH_4$）能产生氢负离子，氢负离子与羰基碳原子结合，形成醇盐，经水解可得醇。四氢铝锂在水中会分解，在醚和四氢呋喃中稳定，因此，其所参与的反应一般在醚或四氢呋喃中进行。四氢铝锂还原能力强于硼氢化钠，不仅可以将醛、酮类化合物还原为醇，还可还原酯、酰胺类化合物。实验室可利用四氢铝锂还原肉桂醛制备肉桂醇，其反应式如下：

$$PhCH{=}CHCHO \xrightarrow[\text{无水四氢呋喃}]{LiAlH_4} PhCH{=}CHCH_2OH$$

还原反应机理如下：首先，锂与羰基配位，然后 AlH_4^- 中的氢进攻羰基碳，经过一个四元环状过渡态将一个氢负离子转移到碳上形成醇盐中间体，醇盐经水解得醇。

$$PhCH{=}CHCH{=}O \xrightarrow{LiAlH_4} PhCH{=}CHCH{=}O{\cdots}Li^+ + AlH_4^- \longrightarrow PhCH{=}CHCH_2OLi^+AlH_3^- \xrightarrow{H_2O} PhCH{=}CHCH_2OH$$

【实验过程】

将 1.3 g（33 mmol）四氢铝锂固体加入含有 40 mL 无水乙醚的 100 mL 烧瓶[1] 中，将烧瓶浸入冰水混合物中冷却至 0℃。量取 3.8 mL（4.0 g，30 mmol）肉桂醛溶于 10 mL 无水乙醚中，将混合液转入恒压滴液漏斗。将恒压滴液漏斗安装到预冷却的圆底烧瓶上，将混合液 0℃下缓慢滴加到烧瓶中[2]。加完后 0℃下继续搅拌反应 30 min，随后撤去冰浴，并在室温下继续搅拌 10 min。在冰浴下缓慢滴加 10%稀盐酸[3] 猝灭反应，此时有大量黏稠状物产生。过滤，滤饼用少量乙醚洗涤，滤液用乙醚（30 mL×2）萃取，有机相用饱和氯化钠溶液洗涤两次，每次 30 mL。合并有机相，用无水硫酸钠干燥，水浴蒸馏除去乙醚，得到黄色油状液体，产量 2.4 g，产率 60%。粗产物中含有少量过度还原产物 3-苯丙醇，可以进一步通过硅胶柱色谱分离，使用石油醚：乙酸乙酯＝(9：1)～(3：1)洗脱得浅黄色油状物。

纯的肉桂醇为无色或浅黄色油状物，熔点 30～33℃，沸点 250℃。

【注意事项】

［1］本实验使用的烧瓶和恒压滴液漏斗需要预先彻底干燥再使用。

［2］滴加时注意控制速度。四氢铝锂还原反应为剧烈放热反应并伴随有大量气体放出，如滴加速度过快会导致冲料。

［3］该反应也可使用饱和氯化铵溶液猝灭，再使用盐酸溶液调节 pH 值。

【问题与思考】

（1）为什么该反应要在低温下进行？

（2）加酸猝灭后产生的大量黏稠状物的主要成分是什么？如何除去？

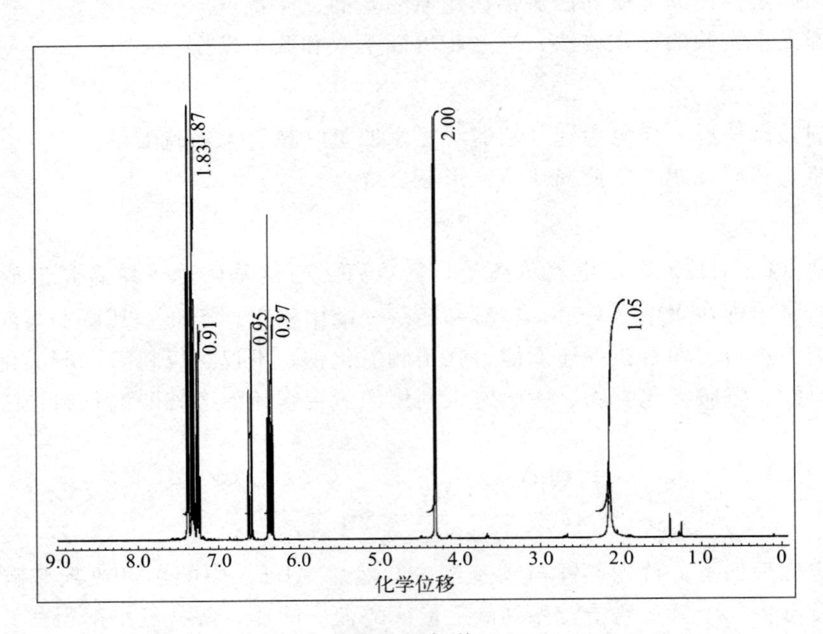

附图 1　肉桂醇的核磁共振氢谱（400 MHz，$CDCl_3$）

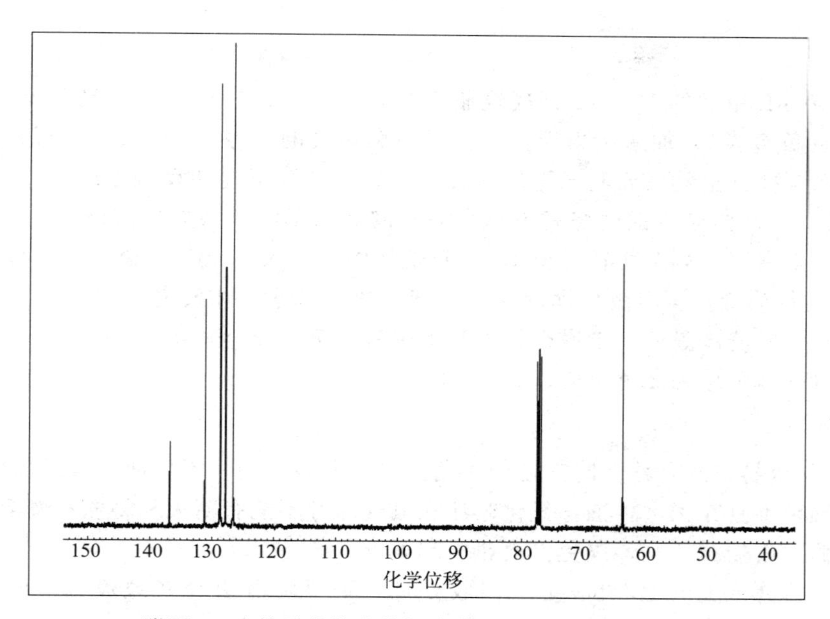

附图 2　肉桂醇的核磁共振碳谱（100 MHz，$CDCl_3$）

（核磁数据参考文献：Makoto Tokunaga et al. *Chemistry -A European Journal*，2014，20（32）：9914-9917）

（张远飞编写）

实验 4-22　邻硝基苯甲酸催化氢化制备 2-氨基苯甲酸

【实验目的】

（1）了解催化氢化反应的原理与意义。

（2）掌握无氧反应的操作方法与步骤。

【实验器材】

实验试剂：邻硝基苯甲酸、甲醇、钯/炭（5%）。

实验仪器：圆底烧瓶、三通阀、布氏漏斗、抽滤瓶、锥形瓶、烧杯。

【实验原理】

邻氨基苯甲酸，又称 2-氨基苯甲酸，常用作染料、医药、香料的中间体。实验室可以通过邻硝基苯甲酸还原法合成，常用的还原策略有铁粉-盐酸体系还原和非均相催化氢化法。催化氢化法因还原产率高、纯化简单、反应条件温和常用于硝基化合物的还原。

催化氢化法还原硝基常用的催化剂有瑞尼镍（Raney Ni）和钯/炭等。钯/炭催化剂因反应效率高、用量少、后处理简单最为常用。该反应常用醇类为溶剂，如甲醇或乙醇等，也可使用乙酸乙酯作为反应溶剂。使用钯/炭催化剂可以将邻硝基苯甲酸在氢气氛围下高效还原为 2-氨基苯甲酸，其反应式如下：

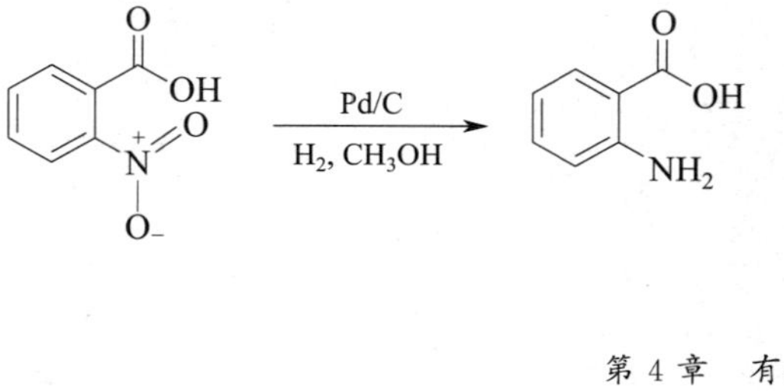

$$\xrightarrow[H_2,\ CH_3OH]{Pd/C}$$

【实验过程】

向含有 40 mL 甲醇的 100 mL 圆底烧瓶中加入 3.0 g（18 mmol）邻硝基苯甲酸和 0.3 g 钯/炭[1]（5%负载量），加入磁力搅拌子。将充满氢气的气球[2] 套入三通阀并连接在圆底烧瓶上，用水泵抽真空然后充氢气重复 3 次，随后在常温下搅拌反应 2 h。待反应完成后抽滤除去钯/炭[3]，滤液转入圆底烧瓶中，水浴蒸馏除去甲醇。待瓶中溶液剩余约 2 mL 后停止蒸馏，冷却至室温。剩余物转移至 100 mL 烧杯中，加入 20 mL 乙醚溶解，随后滴加沸程为 60～90℃的石油醚直至溶液呈浑浊状。将溶液置于冰水浴中冷却结晶，待结晶完全后抽滤，用少量石油醚洗涤晶体，干燥得邻氨基苯甲酸 1.7 g，产率 70%。

纯的邻氨基苯甲酸为无色晶体，熔点 144～148℃。

【注意事项】

[1] 钯/炭极易自燃，称量时需使用牛角药勺或塑料药勺，不要使用金属药勺称量。

[2] 氢气球不宜充太大，催化氢化时注意氢气球旁不能有明火和易燃易爆溶剂，不要在靠近氢气球的附近插拔插座，以免电火花引起爆炸。

[3] 抽滤后滤纸上的钯/炭应统一回收处理，不要随意丢弃在垃圾桶，以免自燃引起火灾。

【问题与思考】

本实验可以使用哪些其他化学还原方法实现？

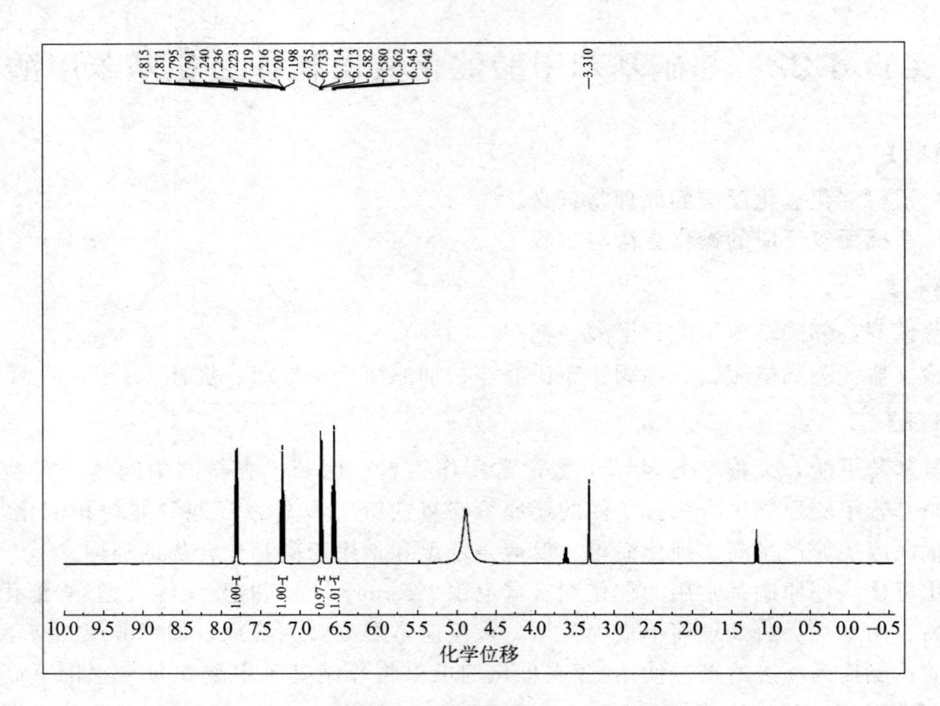

附图 1　2-氨基苯甲酸的核磁共振氢谱（400 MHz，CD_3OD）

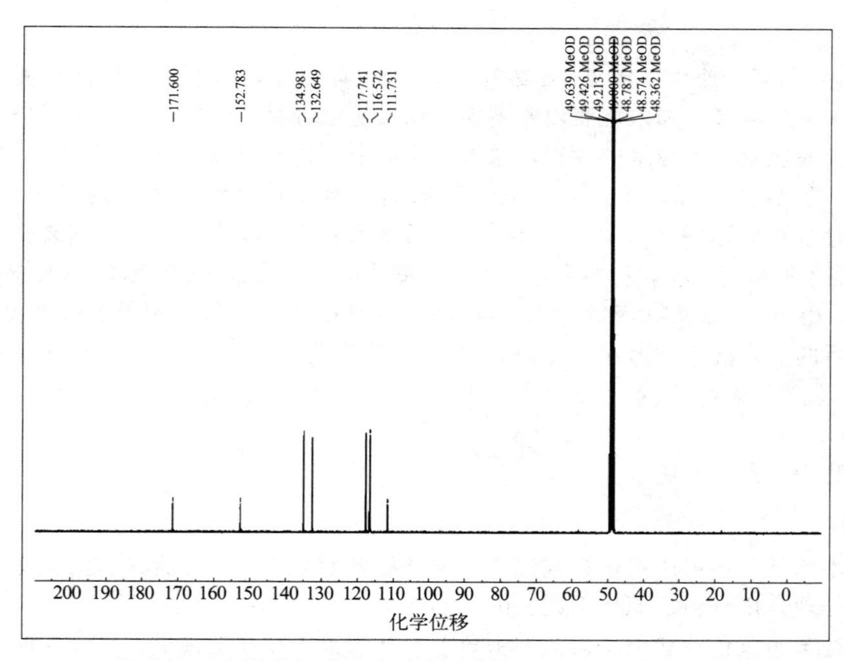

附图 2　2-氨基苯甲酸的核磁共振碳谱（100 MHz，CD_3OD）

（核磁数据参考文献：Xuefeng Jiang et al. *Green Chemistry*，2021（23）：2986-2991）

（张远飞编写）

实验 4-23　苯胺的制备

【实验目的】

（1）掌握硝基苯还原为苯胺的操作方法和原理。

（2）进一步巩固水蒸气蒸馏和简单蒸馏的基本操作。

【实验器材】

实验试剂：锡粒、硝基苯、浓盐酸、乙醚、无水硫酸钠。

实验仪器：圆底烧瓶、冷凝管、温度计、接引管、水浴锅、分液漏斗、锥形瓶、电热套、循环水式真空泵。

【实验原理】

芳胺通常是通过间接的方法来制取，即先硝化引入硝基，再还原成氨基。实验室常用的还原体系有铁粉-盐酸、铁粉-乙酸、锌粉-乙酸、锡-盐酸体系。铁粉作为还原剂有一个致命的缺点，就是铁粉具有磁性，会吸附在磁力搅拌子上造成搅拌困难，因此铁粉体系最好使用机械搅拌。实验室制取少量苯胺采用锡-盐酸体系作为还原剂还原硝基苯，其反应较快，产率较高，且不需用机械搅拌。

反应方程式为：

$$2C_6H_5NO_2+3Sn+14HCl \longrightarrow (C_6H_5NH_3)_2^+SnCl_6^{2-}+4H_2O+2SnCl_4$$

$$(C_6H_5NH_3)_2^+SnCl_6^{2-}+8NaOH \longrightarrow 2C_6H_5NH_2+Na_2SnO_3+5H_2O+6NaCl$$

【实验过程】

在 100 mL 圆底烧瓶中，放置 9 g 锡粒[1]、4 mL 硝基苯，装上回流装置，量取 20 mL 浓盐酸，分数次从冷凝管口加入烧瓶内并不断摇动反应混合物。若反应太激烈，烧瓶内混合物沸腾时，将圆底烧瓶浸入冷水中片刻，减慢反应速率。待所有的盐酸加完后，将烧瓶置于沸腾的热水浴中加热 30 min，使还原彻底[2]。随后，冷却至室温，在摇动下慢慢加入 50% NaOH 溶液使反应物呈碱性（pH 8～10）。然后将反应装置改为水蒸气蒸馏装置，进行水蒸气蒸馏直到馏出液澄清为止，将馏出液放入分液漏斗中，分出粗苯胺。水层加入 3～5 g 氯化钠使其饱和后，用 20 mL 乙醚分两次萃取，合并粗苯胺和乙醚萃取液，用无水硫酸钠干燥。

将干燥后的混合液小心地倾入干燥的 50 mL 蒸馏烧瓶中，在热水浴上蒸去乙醚，然后改用空气冷凝管，在石棉网上加热[3]，收集 180～185℃ 的馏分，产量 2.3～2.5 g，产率 63%～69%。

纯的苯胺为无色油状物，沸点 184℃。

【注意事项】

[1] 除用锡外，还可以用铁粉或锌粉，但使用铁粉会产生大量含苯胺的红棕色氧化铁不溶物，不易处理，用锌粒还原体系则乙酸不易除去。

[2] 硝基苯为黄色油状物，回流液中黄色油状物消失转而变成乳白色油珠时，表示反应已经完成。

[3] 蒸馏苯胺时加入少量锌粉可以防止高温时苯胺的氧化。

【问题与思考】

（1）反应完毕后为何选择水蒸气蒸馏法将苯胺从反应混合物中分离出来？

（2）制得苯胺中含有少量硝基苯应该如何除去？

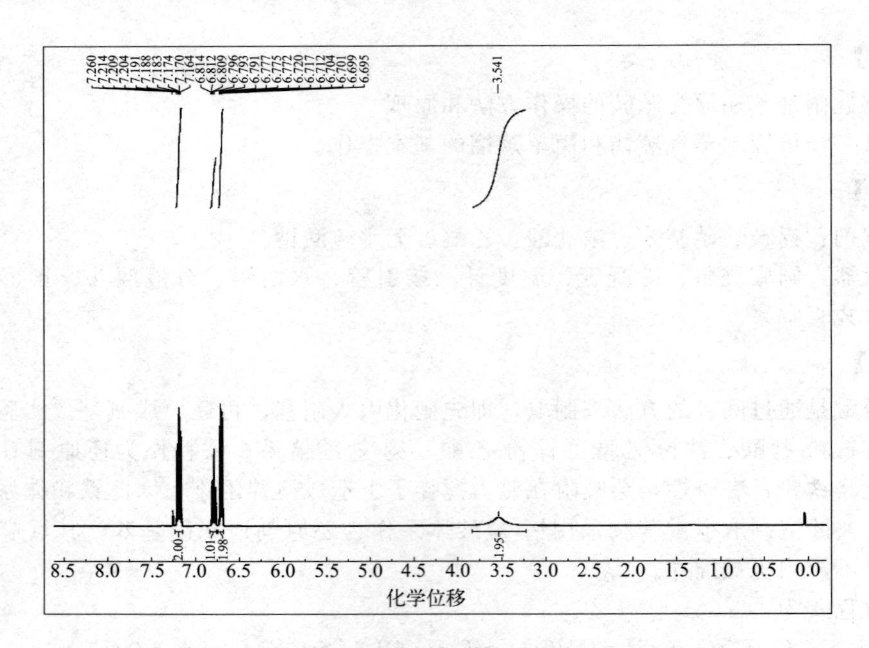

附图 1　苯胺的核磁共振氢谱（400 MHz，$CDCl_3$）

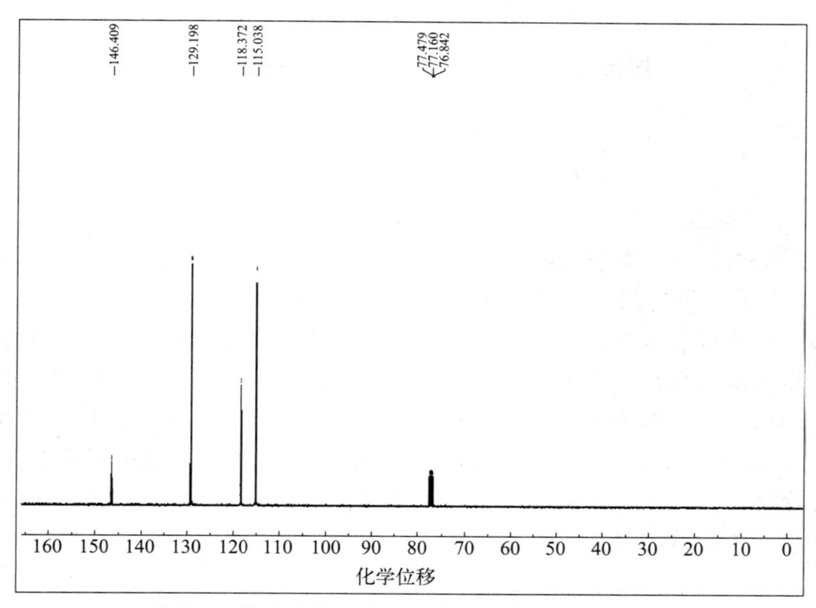

附图 2　苯胺的核磁共振碳谱（100 MHz，$CDCl_3$）

（核磁数据参考文献：Changzhi Li et al. *Chemistry-An Asian Journal*，2021，16（13）：1725-1729）

（张远飞编写）

实验 4-24　乙酰苯胺的制备

【实验目的】

（1）掌握苯胺乙酰化反应的原理和实验操作。

（2）进一步熟悉固体有机物重结晶提纯的方法。

【实验器材】

实验试剂：苯胺、冰醋酸、锌粉、蒸馏水。

实验仪器：圆底烧瓶、温度计、烧杯、电炉、循环水式真空泵、分馏柱、试管、烘箱、布氏漏斗、接液管、蒸馏头、量筒。

【实验原理】

芳香族伯胺的芳环和氨基反应活性都很高，因此在某些化学转化中为了提高反应的选择性，常需要对氨基进行保护，再进行后续转化。乙酰化是常用的氨基保护策略，这类保护基后续可在酸或者碱性条件下发生水解，重新得到芳香胺。

乙酰苯胺可通过苯胺与冰醋酸、醋酸酐或乙酰氯等试剂作用制得，其中苯胺与乙酰氯反应最激烈，醋酸酐次之，冰醋酸最慢，但用冰醋酸价格便宜，操作方便。

反应式如下：

NH_2 + CH_3COOH ⟶ HN—C(=O)—CH_3

该反应在高温下还可能有下列副反应发生：

NH_2 + $2CH_3COOH$ ⟶ H_3C O N O CH_3

【实验过程】

在 50 mL 圆底烧瓶中，放置 5 mL（5.1 g，0.055 mol）新蒸馏的苯胺、7.5 mL（7.85 g，0.13 mol）冰醋酸及少许锌粉[1]（约 0.1 g），装上分馏柱，插上温度计，用一支试管收集蒸出的水和乙酸。圆底烧瓶放在电加热套中加热回流，保持温度在 105℃左右反应 1 h，反应生成的水及少量乙酸被蒸出，当温度下降表明反应已完成，在搅拌下趁热将反应物边搅拌边倒入盛有 100 mL 冷水的烧杯中，冷却后抽滤，用冷水洗涤粗产品[2]。将粗产品转移至 250 mL 烧杯中，加入 80～120 mL 水[3]，将烧杯置于石棉网上加热，使粗产品溶解[4]，稍冷即过滤，滤液冰水浴冷却，乙酰苯胺晶体析出，抽滤。产量 4.5～5.0 g，产率 61%～67%。

纯乙酰苯胺为白色片状晶体，熔点 114℃。

【注意事项】

[1] 贮存较久的锌粉易结块，使用前应使用研钵研细后再称量。

[2] 粗产物若有颜色，则加水煮沸溶解后稍冷再加入 1～2 g 活性炭脱色，再趁热抽滤。滤液冷却结晶。注意不要在溶液沸腾时加入活性炭，否则引发溶液暴沸。

[3] 重结晶溶剂水的用量应根据粗产物的量适当加入，遵循“少量多次、分批加入”原则，切不可过多加入，否则易导致重结晶后产量较低。

[4] 重结晶过程中有油状不溶物在烧杯或锥形瓶底部，这是由于乙酰苯胺还未溶解于水中已熔化，此时需要继续补加适量水并搅拌加速油状物溶解。

【问题与思考】

（1）反应过程中加入锌粉的目的是什么？

（2）反应温度为什么要控制在 105℃左右？

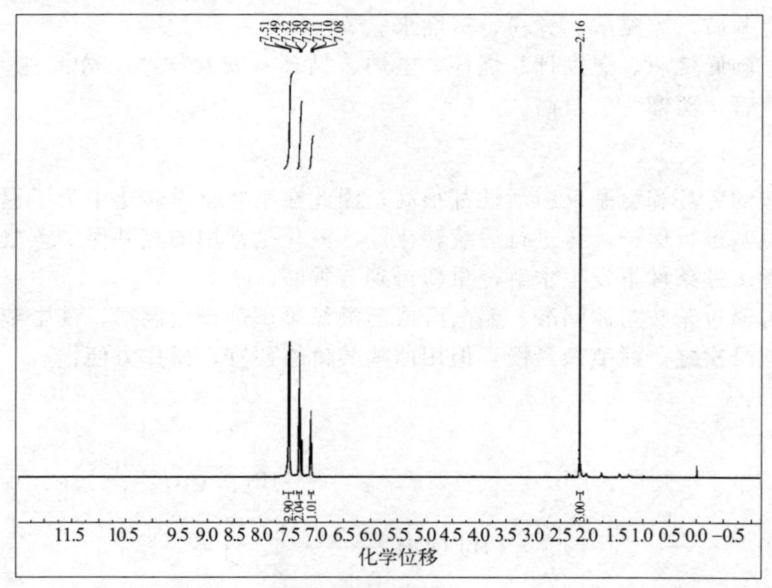

附图 1　乙酰苯胺的核磁共振氢谱（500 MHz，$CDCl_3$）

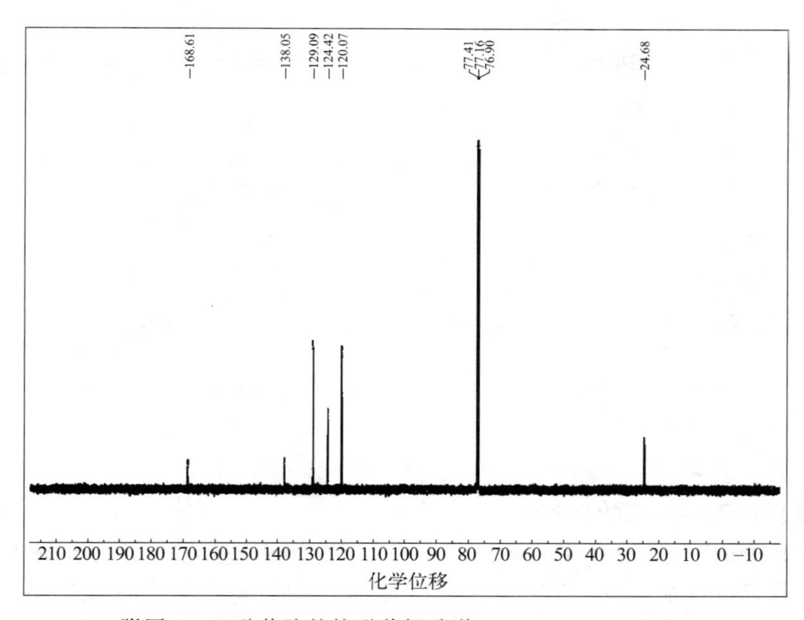

附图 2　乙酰苯胺的核磁共振碳谱（125 MHz，$CDCl_3$）

（核磁数据参考文献：Tao Zhang et al. *Green Chemistry*，2013，15：2680-2684）

（张远飞编写）

实验 4-25　对氨基苯磺酰胺的制备

【实验目的】

（1）学习对氨基苯磺酰胺的制备方法，掌握苯环上的磺化反应、酰氯的氨解和乙酰氨基衍生物水解反应。

（2）巩固回流、脱色、重结晶及抽滤等基本操作。

【实验器材】

实验试剂：乙酰苯胺、氯磺酸、浓氨水（28%）、乙醇、10%盐酸、活性炭、碳酸钠。

实验仪器：锥形瓶、烧杯、电热套、循环水式真空泵、布氏漏斗、圆底烧瓶、回流冷凝管。

【实验原理】

对氨基苯磺酰胺是一种最简单的磺胺药，俗称 SN。它是以乙酰苯胺为原料，然后再氯磺化和氨解，最后在酸性介质中水解除去乙酰基而制得。乙酰苯胺的氯磺化需要用过量的氯磺酸[1]，1 mol 的乙酰苯胺至少要用 2 mol 的氯磺酸，否则会有磺酸生成。过量氯磺酸的作用是将磺酸转变为磺酰氯。

反应式：

(1) $C_6H_5NHCOCH_3 + 2HSO_3Cl \longrightarrow p\text{-}CH_3CONHC_6H_4SO_2Cl + HCl + H_2SO_4$

(2) 对乙酰氨基苯磺酰氯 (p-$CH_3CONHC_6H_4SO_2Cl$) + NH_3 ⟶ 对乙酰氨基苯磺酰胺 (p-$CH_3CONHC_6H_4SO_2NH_2$) + HCl

(3) 对乙酰氨基苯磺酰胺 (p-$CH_3CONHC_6H_4SO_2NH_2$) + H_2O $\xrightarrow{H^+}$ 对氨基苯磺酰胺 (p-$H_2NC_6H_4SO_2NH_2$) + CH_3CO_2H

【实验过程】

1. 对乙酰氨基苯磺酰氯的制备

在干燥的 100 mL 三口烧瓶中，加入干燥的乙酰苯胺 5 g（0.037 mol），用小火加热熔化[2]，瓶壁上若有少量水凝结，用干净的滤纸吸去。边冷却边转动烧瓶使熔化物在瓶壁上凝结成薄层，将烧瓶置于冰水浴中充分冷却后，接上氯化氢尾气吸收装置，迅速加入 13 mL（0.192 mol）氯磺酸。反应迅速发生，若反应过于激烈，可用冰水浴冷却。若无明显反应现象，可将烧瓶温热。待反应缓和后，轻轻摇动烧瓶使固体全溶，然后再在温水浴（60～70℃）中加热 10～15 min，使反应完全，直至无氯化氢气体产生[3]。将反应瓶在冷水中充分冷却后，于通风橱中在强烈搅拌下，将反应液徐徐倒入盛 75～100 g 碎冰的烧杯中[4]，用少量冷水洗涤反应瓶，洗涤液倒入烧杯中。搅拌数分钟，并尽量将大块固体粉碎[5]，使之成为颗粒小而均匀的白色固体。抽滤收集，用少量冷水洗涤 2～3 次，压干，立即进行下一步反应。

2. 对乙酰氨基苯磺酰胺的制备

将上述粗产物移入三口烧瓶中，装配好尾气吸收装置，在不断搅拌中慢慢加入浓氨水 18 mL（0.457 mol），立即发生放热反应并产生糊状物。加完后，继续搅拌 20 min，使反应完全。然后 70℃加热，并不断搅拌，以除去多余的氨。冷却、抽滤、用冷水洗涤、抽干，得对乙酰氨基苯磺酰胺粗产物，直接进行下一步水解反应[6]。

3. 对氨基苯磺酰胺的制备

将上述反应物放入圆底烧瓶中，加入 20 mL 10%盐酸和几粒沸石，装上回流装置，加热回流，待产品全部溶解后（约 0.5 h）[7]。冷却至室温（若溶液呈黄色，则加入少量活性炭，煮沸、过滤、冷却），在搅拌下小心加入碳酸钠（约 4 g）中和至 pH 值为 7～8[8]。在冰水浴中冷却，待对氨基苯磺酰胺全部结晶析出后，抽滤收集固体，用少量冰水洗涤，压干。粗产物用蒸馏水重结晶（每克产物约需 12 mL 水）。产量约 3～4 g。纯对氨基苯磺酰胺为白色针状结晶，熔点 163～164℃。

本实验约需 4～6 h。

【注意事项】

[1] 氯磺酸有强烈的腐蚀性，遇空气会冒出大量氯化氢气体，遇水会发生猛烈的放热反应，甚至爆炸，故取用时必须特别注意，避免接触到皮肤和水。实验所涉及的所有仪器及药品皆需充分干燥。注意含氯磺酸的废液不能直接倒入水槽！

[2] 氯磺酸与乙酰苯胺的反应非常剧烈，将乙酰苯胺凝结成块状，可使反应缓和进行，

当反应过于激烈时，应适当冷却。

[3] 在氯磺化过程中，将有大量氯化氢气体放出。为避免污染室内空气，装置应严密，导气管的末端要与接收器内的水面接近，但不能插入水中，否则可能倒吸而引起严重事故！

[4] 反应液需缓慢倒入冰水中，同时需充分搅拌，以免局部过热而使对乙酰氨基苯磺酰胺水解。这是实验成功的关键。

[5] 尽量洗去固体所夹杂和吸附的盐酸，否则产物在酸性介质中放置过久，会很快水解，因此在洗涤后，应尽量压干，且在 1～2 h 内将它转变为磺胺类化合物。

[6] 为了节省时间，对氨基苯磺酰胺粗产物可不必分出。若要得到产品，可在冰水浴中冷却，抽滤，用冰水洗涤，干燥即可。粗品用水重结晶，纯品熔点为 219～220℃。

[7] 对乙酰氨基苯磺酰胺在稀酸中水解成磺胺，后者又与过量的盐酸形成水溶性的盐酸盐，所以水解完成后，反应液冷却时应无晶体析出。由于水解前溶液中氨的含量不同，加 3.5 mL 盐酸有时不够，因此，在回流至固体全部消失前，应测一下溶液的酸碱性，若酸性不够，应补加盐酸回流一段时间。

[8] 用碳酸钠中和滤液中的盐酸时，有二氧化碳产生，故应控制加热速度并不断搅拌，使其逸出。磺胺是一两性化合物，在过量的碱溶液中也易变成盐类而溶解。故中和操作必须仔细进行，以免降低产量。

【注释】

(1) 用碱中和滤液中的盐酸，使对氨基苯磺酰胺析出。但对氨基苯磺酰胺能溶于强酸或强碱中，故中和时必须注意控制 pH 值。

$$H_3\overset{+}{N}-C_6H_4-SO_2NH_2 \underset{H^+}{\overset{OH^-}{\rightleftharpoons}} H_2N-C_6H_4-SO_2NH_2 \underset{H^+}{\overset{NaOH}{\rightleftharpoons}} H_2N-C_6H_4-SO_2NHNa$$

(2) 对氨基苯磺酰胺在丙酮、热乙醇或沸水中易溶，在冷水或冷乙醇中的溶解度很小，所以可用水或乙醇作溶剂进行重结晶。

【问题与思考】

(1) 对乙酰氨基苯磺酰胺分子中既含有羧酰胺，又含有苯磺酰胺，但水解时，前者远比后者容易，如何解释？

(2) 为什么苯胺要乙酰化后再氯磺化？直接氯磺化行吗？

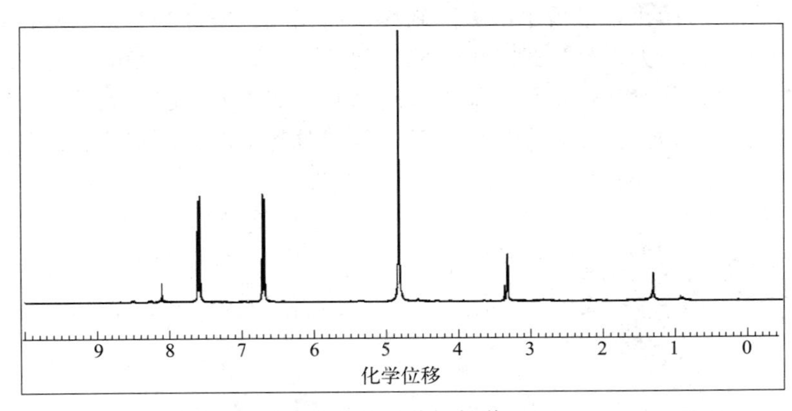

附图 1 对氨基苯磺酰胺的核磁共振氢谱（300 MHz，CD_3OD）

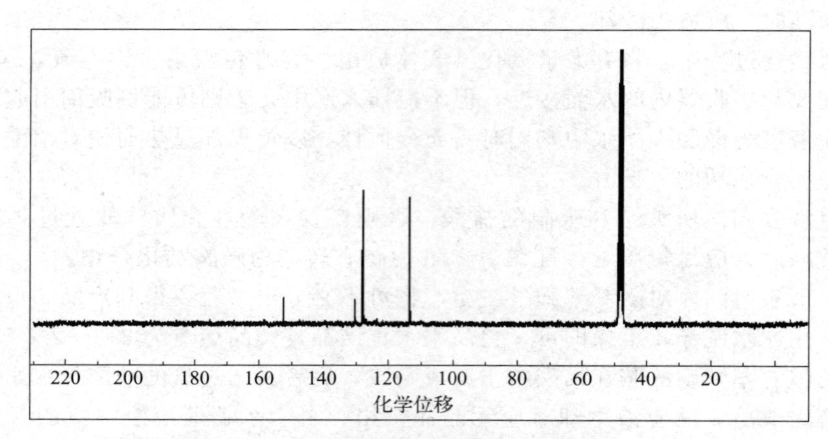

附图 2　对氨基苯磺酰胺的核磁共振碳谱（75 MHz，CD_3OD）

（核磁数据参考文献：Bikram Singh et al. *Green Chemistry*，2012，14：2289-2293）

（杜娟编写）

实验 4-26　2-硝基-1,3-苯二酚的制备

【实验目的】

（1）掌握芳环定位规律和占位效应的应用。

（2）掌握磺化、硝化的原理和实验方法。

（3）熟悉水蒸气蒸馏装置的安装与操作。

【实验器材】

实验试剂：间苯二酚、浓硫酸、浓硝酸、乙醇、尿素。

实验仪器：长颈圆底烧瓶、T 形管、空心玻璃管、三口烧瓶、蒸馏头、直形冷凝管、布氏漏斗、抽滤瓶、研钵、烧杯、锥形瓶。

【实验原理】

2-硝基-1,3-苯二酚的制备是定位规律和磺酸基占位效应在合成上巧妙应用的例子。它通过间苯二酚先磺化、再硝化，最后水解去除磺酸基而完成。酚羟基为强邻对位定位基，磺酸基为间位定位基且其体积大，易通过水解移除。间苯二酚磺化时，磺酸基先进入最容易起反应的 4 和 6 位接着再硝化时，受定位规律支配，硝基只能进入位阻较大的 2 位，将硝化后的产物水解，即可得到产物。因此，在反应中磺酸基同时起了占位、定位和钝化三重作用。

反应式：

$$\text{间苯二酚 (HO, OH)} \xrightarrow[<65^{\circ}C]{2H_2SO_4} \text{4,6-二}(SO_3H)\text{-1,3-苯二酚} \xrightarrow[<30^{\circ}C]{HNO_3,\ H_2SO_4} \text{2-}NO_2\text{-4,6-二}(SO_3H)\text{-1,3-苯二酚} \xrightarrow[H^+,\ \triangle]{2H_2O} \text{2-}NO_2\text{-1,3-苯二酚}$$

【实验过程】

在 100 mL 烧杯中加入 2.8 g（0.025 mol）研细的粉状间苯二酚[1]，在充分搅拌下小心加入 13 mL（0.24 mol）98%浓硫酸，此时反应液发热且有白色磺化产物生成。混合物继续在 60～65℃反应 15 min，然后在冰水浴中冷却到室温。在锥形瓶中加入 2 mL（0.032 mol）65%～68%浓硝酸，在摇荡下加入 98%浓硫酸（2.8 mL，0.052 mol），制成混合酸并置于冰水浴中冷却。用滴管将冷却好的混合酸缓慢滴加到上述磺化后的反应液中，并不停搅拌，控制反应温度不超过 30℃，此时反应物呈黄色黏稠状（不应为棕色或紫色）。滴加完毕后，在室温下继续搅拌 15 min，然后小心加入 7 mL 冰水稀释[2]，保持圆底烧瓶内温度不超过 50℃。

将反应物转移到 250 mL 三口烧瓶中，加入约 0.1 g 尿素[3]，然后进行水蒸气蒸馏，冷凝管壁和馏出液中有橘红色固体产生[4]。当冷凝管壁上无橘红色固体时，停止蒸馏。将馏出液在水浴中冷却后，减压抽滤，粗产物用乙醇-水（约需 5 mL 50%乙醇）混合溶剂重结晶，得橘红色片状结晶。

纯 2-硝基-1,3-苯二酚的熔点是 84～85℃。

本实验约需 4 h。

【注意事项】

[1] 间苯二酚需要在研钵中研成粉状，否则磺化不完全。间苯二酚有腐蚀性，勿与皮肤直接接触。

[2] 蒸馏水应当缓慢滴加，否则剧烈放热导致反应温度过高，影响产率。

[3] 加入尿素的目的，是使多余的硝酸与尿素反应生成络盐[$CO(NH)_2 \cdot HNO_3$]，减少二氧化氮气体的污染。

[4] 可通过调节冷凝水速度的方法，避免蒸馏出的固体堵塞冷凝管。

【问题与思考】

(1) 2-硝基-1,3-苯二酚能否用间苯二酚直接硝化来制备，为什么？

(2) 本实验中硝化反应的温度为什么要控制在 30℃以下？温度过高有何影响？

(3) 进行水蒸气蒸馏前为什么先要用冰水稀释？

（杜娟编写）

实验 4-27　甲基橙的制备

【实验目的】

(1) 通过制备甲基橙来学习重氮化反应和偶联反应的实验操作。

(2) 巩固盐析和重结晶的原理和操作。

【实验器材】

实验试剂：对氨基苯磺酸、亚硝酸钠、5%氢氧化钠、*N*,*N*-二甲基苯胺、饱和氯化钠溶液、浓盐酸、冰醋酸、10%氢氧化钠、95%乙醇。

实验仪器：烧杯、布氏漏斗、吸滤瓶、表面皿、滤纸、KI-淀粉试纸、pH 试纸。

【实验原理】

甲基橙是一种指示剂，它是由对氨基苯磺酸重氮盐与 *N*,*N*-二甲基苯胺的乙酸盐，在弱酸性介质中偶合生成。偶合后，首先得到的是鲜红色的酸式甲基橙，称为酸性黄。在碱中酸性黄转变为橙色的钠盐，即甲基橙。

芳香族伯胺在酸性介质中和亚硝酸钠作用下生成重氮盐，重氮盐与富电子芳香叔胺偶联，生成偶氮染料，其反应式如下：

$$H_2N-C_6H_4-SO_3H + NaOH \longrightarrow H_2N-C_6H_4-SO_3Na + H_2O$$

$$H_2N-C_6H_4-SO_3Na \xrightarrow[HCl]{NaNO_2} [HO_3S-C_6H_4-N^+\equiv N]Cl^- \xrightarrow[HAc]{C_6H_5N(CH_3)_2}$$

$$[HO_3S-C_6H_4-N=N-C_6H_4-NH(CH_3)_2]^+ OAc^- \xrightarrow{NaOH}$$

酸性黄

$$NaO_3S-C_6H_4-N=N-C_6H_4-N(CH_3)_2 + NaAc + H_2O$$

甲基橙

【实验过程】

1. 重氮盐的制备

在烧杯中放置 10 mL 5% NaOH 溶液及 2.1 g（0.012 mol）对氨基苯磺酸[1] 晶体，使用热水小火温热使之溶解。混合物冷却至室温，加入 0.8 g（0.011 mol）$NaNO_2$，搅拌溶解后将上述混合物在 0～5℃冰水浴[2] 下加入含有 2.5 mL 浓盐酸与 13 mL 冰水配成的溶液中，并控制温度在 5℃以下，滴加完毕，继续在冰水浴中放置 15 min。用淀粉-碘化钾试纸[3] 检验（注意观察现象），若试纸不显色则需补充亚硝酸钠，保证反应完全。

2. 偶合反应

在试管内混合 1.3 mL（0.01 mol）*N*,*N*-二甲基苯胺[4] 和 1 mL 冰醋酸，在不断搅拌下，将此溶液缓慢滴加到上述冷却的重氮盐溶液中（观察现象），加完后，继续搅拌 10 min，此时为鲜红色液体，然后慢慢加入 15 mL 10% NaOH，直至反应物变为橙色，此时反应液呈碱性。将反应物在沸水浴上加热 5 min，使粗产物溶解后，冷却至室温后，再在冰水浴中冷却，使甲基橙晶体析出完全。抽滤收集晶体，依次用水和乙醇分别洗涤两次，抽滤，烘干，称量所得甲基橙产物的质量。

【注意事项】

[1] 对氨基苯磺酸是两性化合物，酸性比碱性强，以酸性内盐存在，所以它能与碱作用成盐而不能与酸作用成盐。

[2] 反应过程中的低温一定要严格控制。

[3] 若试纸不显蓝色，需补充亚硝酸钠溶液。

[4] 若反应物中含未反应的 *N*,*N*-二甲基苯胺乙酸盐，在加入氢氧化钠后，就会有难溶于水的 *N*,*N*-二甲基苯胺析出，影响产物的纯度。湿的甲基橙在空气中受光的照射后，颜色很快变深，所以一般得紫红色粗产物。

【问题与思考】

（1）若制备重氮盐时温度超过 5℃，会有什么影响？

（2）盐酸在反应中起什么作用？

（3）碘化钾-淀粉试纸的检测原理是什么？写出反应方程式。

（杜娟编写）

实验 4-28　Diels-Alder 环加成反应

【实验目的】

（1）了解狄尔斯-阿尔德（Diels-Alder）反应的基本原理。

（2）掌握利用马来酸酐与环戊二烯的［4+2］环加成反应合成桥环化合物的原理和操作步骤。

（3）进一步巩固蒸馏和重结晶操作。

【实验器材】

实验试剂：环戊二烯、顺丁烯二酸酐、乙醚。

实验仪器：圆底烧瓶、回流冷凝管、布氏漏斗、抽滤瓶。

【实验原理】

Diels-Alder 反应是一类在加热条件下利用双烯体与亲双烯体进行协同式［4+2］环加成的反应，因此又称［4+2］环加成反应，是有机化学合成反应中非常重要的碳碳键形成的手段之一。双烯体一般是共轭双烯，例如 1,3-丁二烯、环戊二烯等，而亲双烯体可以是 α，β-不饱和烯烃、炔烃、醛/酮或亚胺等。

例如，环戊二烯与马来酸酐以协同机理进行［4+2］环加成反应，得到六元环结构的环加成产物。这类加成产物有两个异构体：*endo* 内型加成产物和 *exo* 外型加成产物，其中以外型加成产物为主要异构体。

H　O　H　O　O　O　O　H　O　H　O　O　O

exo　*endo*

H　O　H　O　NaOH　H_2O　H　H　COONa　COONa　H^+　H　H　COOH　COOH

环加成产物可水解生成二羧酸盐，随后酸化得到游离的二羧酸桥环化合物。

【实验过程】

在 100 mL 圆底烧瓶中加入 6 g（0.061 mol）马来酸酐[1] 和 20 mL 乙酸乙酯。混合物在水浴上加热并振荡使固体完全溶解。随后加入 20 mL 沸程为 60～90℃的石油醚并混合均匀。待混合物冷却后，向混合物中加入 4.8 g（6.0 mL，0.073 mol）环戊二烯。搅拌下反应[2] 直至放热结束。水浴蒸馏除去溶剂得白色固体环加成粗产物。熔点 164～165℃，产率 7.2 g（72%）。

取上述环加成产物 4 g 加入含有 40 mL 10%氢氧化钠溶液的 100 mL 圆底烧瓶中。将混合物加热至沸腾并搅拌反应 10 min。随后冷却至室温，转移至 100 mL 烧杯中，向其中滴加浓盐酸至 pH 值约为 2～3，使用冰水浴冷却结晶，抽滤，干燥得白色晶体，熔点 180～182℃。

【注意事项】

［1］顺丁烯二酸酐在室温下不易溶解于乙醚中。

［2］Diels-Alder 环加成反应在高温下是可逆的，所以应尽可能在较低的温度下进行反应。

【问题与思考】

（1）环戊二烯与顺丁烯二酸酐的 Diels-Alder 反应的主要副反应是什么？

（2）在蒸馏除去溶剂时为何选择使用水浴加热？

（3）使用浓盐酸酸化的目的是什么？

（杜娟编写）

实验 4-29　呋喃甲醇和呋喃甲酸的制备

【实验目的】

（1）掌握由呋喃甲醛制备呋喃甲醇和呋喃甲酸的原理和方法，从而加深对 Cannizzaro 歧化反应的认识。

（2）进一步巩固沸点的测定、蒸馏及重结晶等操作。

【实验器材】

实验试剂：呋喃甲醛、42% NaOH 水溶液、乙醚、浓盐酸、无水硫酸镁。

实验仪器：分液漏斗、烧杯、圆底烧瓶、锥形瓶、直形冷凝管、尾接管、温度计。

【实验原理】

Cannizzaro 反应：在浓的强碱作用下，无 α-氢的醛类可以发生分子间自身歧化反应，其中一分子醛被氧化成酸，而另一分子醛则被还原为醇。在 Cannizzaro 反应中，通常使用 40%左右的浓碱，其中碱的物质的量比醛的物质的量多一倍以上，否则反应不完全，而未反应的醛与生成的醇混在一起，难以通过蒸馏分离。

$$\text{(呋喃环)-CHO} \xrightarrow{42\%\,\text{NaOH}} \text{(呋喃环)-CH}_2\text{OH} + \text{(呋喃环)-CO}_2\text{Na}$$

$$\text{(呋喃环)-CO}_2\text{Na} \xrightarrow{\text{HCl}} \text{(呋喃环)-CO}_2\text{H}$$

在碱的催化下，反应结束后产物为呋喃甲醇和呋喃甲酸钠盐。不难看出，呋喃甲酸钠盐更易溶于水，而呋喃甲醇则更易溶于有机溶剂。因此，利用萃取的方法可对二者进行分离，其中通过蒸馏有机层可得到呋喃甲醇；通过对水层酸化可得呋喃甲酸。

【实验过程】

将 6 mL 42%的氢氧化钠溶液置于小烧杯中，将小烧杯置于冰水浴中冷却至约 5℃，不断搅拌[1]下滴加 6.5 mL（0.078 mol）新蒸馏的呋喃甲醛[2]（约用 10 min），把反应温度控制保持在 8～12℃[3]。滴加完毕，继续于冰水浴中搅拌约 20 min，反应即可完成，得奶黄色浆状物。在搅拌下约加入 10 mL 水至固体全溶，将溶液转入分液漏斗中用 30 mL 乙醚分三次（15 mL、10 mL、5 mL）萃取，合并有机层（保留水层进行后续步骤），加无水硫酸镁干燥后，用水浴加热蒸馏乙醚，待乙醚蒸完后，改用电热套加热蒸馏呋喃甲醇，收集 169～172℃的馏分，产量约 2.6 g，产率约 66%。

经乙醚萃取后的水溶液用约 14 mL 1∶1（体积比）盐酸酸化[4]至 pH 值为 2～3，则析出晶体，充分冷却后抽滤结晶，并用少量水洗涤晶体 1～2 次得粗产品。粗产品加入适量的水和活性炭重结晶[5]，抽滤，干燥得纯呋喃甲酸，产量约 3.3 g，产率约 70%。

【注意事项】

[1] 本反应是在两相中进行的，必须充分搅拌。

[2] 呋喃甲醛久置易氧化变成棕黑色，因此需要进行重蒸，收集 155～162℃馏分。新蒸馏的呋喃甲醛为无色或浅黄色油状物。

[3] 加碱反应时要注意控制温度。若温度高于 12℃则反应难控制，副反应增多，颜色变深红色；若温度低于 8℃则反应过慢，体系内不断积聚 NaOH，一旦发生反应即可能剧烈而使温度升高。

[4] 酸要加够，以保证 pH=3 左右，使呋喃甲酸充分游离出来，这是影响呋喃甲酸收率的关键。

[5] 重结晶呋喃甲酸可不用加活性炭，直接回流溶解、冷却结晶即可。注意回流时间不能太长，否则产品会分解。

【问题与思考】

（1）乙醚萃取后的水溶液用盐酸酸化，为什么要用刚果红试纸？如不用刚果红试纸，怎样知道酸化是否恰当？

（2）本实验根据什么原理来分离呋喃甲酸和呋喃甲醇？

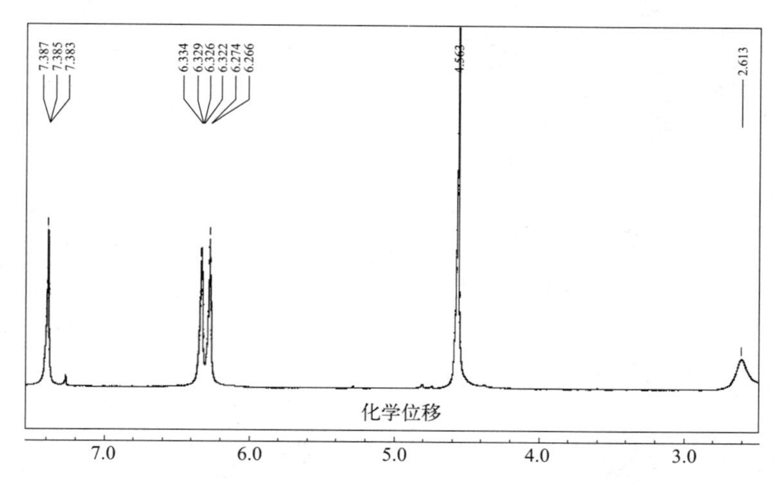

附图 1　呋喃甲醇的核磁共振氢谱（400 MHz，$CDCl_3$）

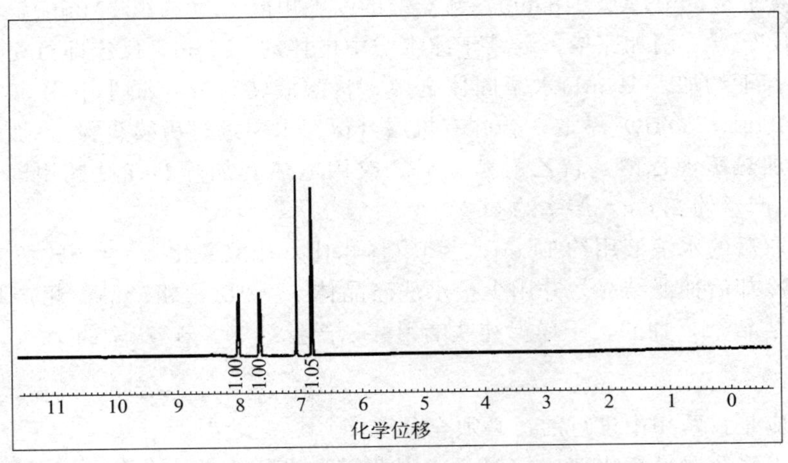

附图 2　呋喃甲酸的核磁共振氢谱（400 MHz，$CDCl_3$）

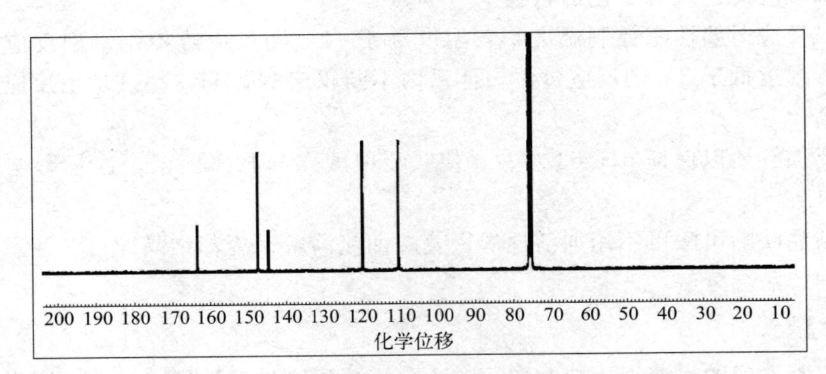

附图 3　呋喃甲酸的核磁共振碳谱（100 MHz，$CDCl_3$）

（核磁数据参考文献：Suman L Jain et al. *Chemical Communications*，2022，58：2208-2211）

（杜娟编写）

第5章 有机化学创新实验

实验5-1 1-溴-2,4,6-三甲氧基苯的固态无溶剂研磨合成

【实验目的】

（1）了解亲电取代反应的原理与意义。

（2）掌握研磨反应的操作方法与步骤。

（3）进一步巩固萃取和重结晶操作。

【实验器材】

实验试剂：*N*-溴代丁二酰亚胺（NBS）、1,3,5-三甲氧基苯、无水乙醇、乙醚、无水硫酸钠。

实验仪器：研钵、分液漏斗、烧杯、锥形瓶、电炉、循环水式真空泵、烘箱。

【实验原理】

芳香烃在路易斯酸（Lewis acid）催化下能与亲电试剂发生亲电取代反应。该反应广泛用于合成卤代芳烃、硝基芳烃、烷基芳烃和酰基芳烃等芳香烃衍生物。当芳环上含有富电子官能团时，亲电取代反应活性增高，无需路易斯酸催化即可实现亲电取代反应。

NBS是一种常用的亲电溴化试剂。其与富电子芳烃1,3,5-三甲氧基苯在无催化剂条件下通过研磨反应可以高效地合成1-溴-2,4,6-三甲氧基苯。

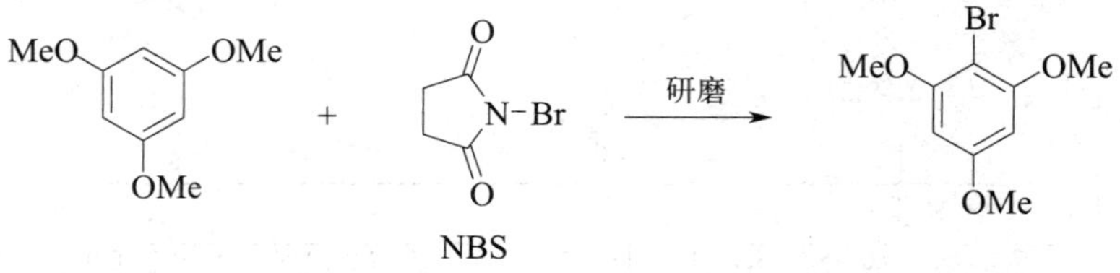

1,3,5-三甲氧基苯的亲电溴化反应机理如下：富电子芳烃首先与亲电溴化试剂NBS形成σ络合物，同时得到丁二酰亚胺负离子。然后σ络合物脱质子得到1-溴-2,4,6-三甲氧基

苯，而丁二酰亚胺负离子攫取质子得到丁二酰亚胺。

MeO, OMe, OMe —NBS / 研磨→ (H, Br, MeO, OMe, +, OMe) —$-H^+$→ (Br, MeO, OMe, OMe)

【实验过程】

分别称取 1,3,5-三甲氧基苯（2.0 g，11.9 mmol）和 *N*-溴代丁二酰亚胺（2.3 g，13.0 mmol），置于玻璃研钵中研磨反应 15 min[1-2]。反应混合物转移至 250 mL 烧杯中，用 30 mL 乙醚溶解固体，混合物用 10% 氢氧化钠溶液（10 mL）洗涤两次，然后用去离子水（10 mL）洗涤一次。有机相使用无水硫酸钠或无水氯化钙干燥，干燥后的有机相转移至圆底烧瓶，水浴加热蒸馏除去大部分乙醚（瓶底保留 10 mL 乙醚）。剩余物转移至锥形瓶中，使用无水乙醇（约 10 mL）重结晶得到 1-溴-2,4,6-三甲氧基苯白色固体 2.6 g，产率 90%。

【注意事项】

[1] 研磨反应时间不能过短，否则反应不彻底，导致混合物中产物的纯度过低，难以重结晶纯化。

[2] 研磨时注意将边缘的混合物及时使用刮刀或者不锈钢药勺刮入研钵中间，使反应更加充分。

【问题与思考】

（1）产物萃取过程中使用 10% 氢氧化钠溶液洗涤的目的是什么？

（2）萃取后为何要用水浴蒸馏除去大部分乙醚溶液？

附表　化合物理化性质

化合物名称	分子量	熔点/℃	沸点/℃	密度/(g/cm^3)	水溶性
1,3,5-三甲氧基苯	168	50～53	257	1.04	难溶
N-溴代丁二酰亚胺	178	175～178	221	2.04	难溶
1-溴-2,4,6-三甲氧基苯	247	97～99	303	1.39	难溶

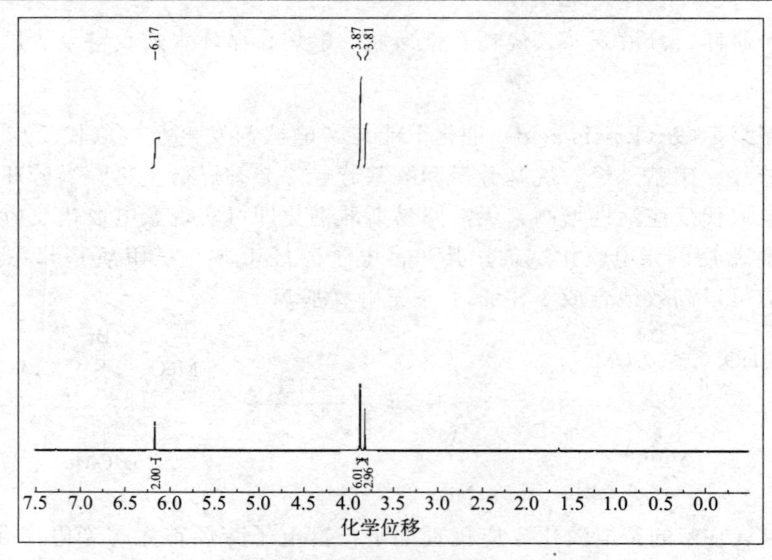

附图 1　1-溴-2,4,6-三甲氧基苯的核磁共振氢谱（400 MHz，$CDCl_3$）

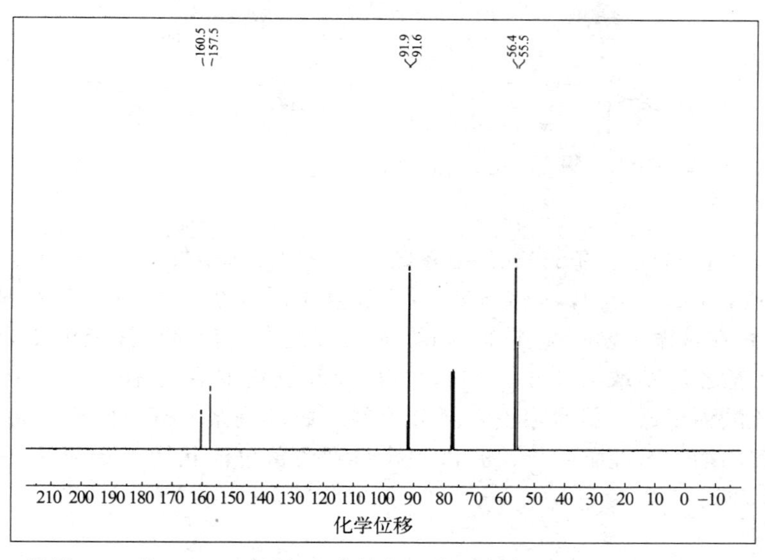

附图 2　1-溴-2,4,6-三甲氧基苯的核磁共振碳谱（400 MHz，$CDCl_3$）

（肖军安编写）

实验 5-2　靛红与烯丙基溴的水相巴比耶反应

【实验目的】

（1）了解巴比耶反应的原理及意义。

（2）了解水相反应的特点及其在绿色化学中的重要性。

（3）进一步巩固萃取操作和蒸馏操作。

【实验器材】

实验试剂：3-溴丙烯、2,3-吲哚二酮、锌粉、四氢呋喃、无水乙醇、乙醚、无水硫酸钠。

实验仪器：分液漏斗、烧杯、锥形瓶、电炉、循环水式真空泵、烘箱。

【实验原理】

巴比耶反应（Barbier reaction）是卤代烃在镁、铝、锡、铟、锌等金属或其盐类作用下对羰基化合物进行亲核加成生成醇的反应。

$$R^1C(=O)R^1 + R{-}X \xrightarrow{M} R^1R^1C(OH)R$$

M = Mg, Zn, In, Al, Sn

该反应属于亲核加成反应，使用的金属是对水不敏感的金属。因此多数巴比耶反应可以在水相中进行，符合绿色化学的宗旨。

2,3-吲哚二酮又称靛红。其 C-3 位羰基由于受到酰胺羰基吸电子诱导效应影响，亲核加成反应活性较高。靛红、3-溴丙烯与锌粉在混有少量四氢呋喃的水相中进行巴比耶反应能用于合成 3-烯丙基-3-羟基-2-氧化吲哚衍生物。其反应机理为：锌与 3-溴丙烯形成对水不敏感的有机锌试剂，随后有机锌试剂与靛红进行亲核加成反应得到目标产物。

Zn

THF, H_2O

2,3-吲哚二酮　　3-溴丙烯

【实验过程】

向含有 20 mL 四氢呋喃的 250 mL 圆底烧瓶中依次加入靛红（2.0 g，13.6 mmol）、3-溴丙烯[1]（3.5 mL，40.8 mmol，3 倍当量）、饱和氯化铵溶液（60 mL）和锌粉[2]（4.4 g，5 倍当量）。混合物在常温下剧烈搅拌 20 min，至反应混合物颜色由浅橙色变为无色透明。随后将混合物用乙酸乙酯萃取（20 mL×3），再用饱和氯化钠溶液洗涤（50 mL×3）。合并有机相并用无水硫酸钠干燥。蒸馏除去大部分溶剂（瓶底剩余 5 mL 溶剂），残余物用硅胶柱色谱分离（乙酸乙酯∶石油醚＝1∶1）洗脱，得到浅黄色油状物 3-烯丙基-3-羟基-2-氧化吲哚 1.9 g，产率 73%。

【注意事项】

［1］3-溴丙烯具有刺激性和催泪性，使用时需要在戴好护目镜的情况下在通风橱中量取和加入反应。

［2］锌粉容易板结，颗粒较大会降低反应效果，因此反应前需将锌粉充分研细。

【问题与思考】

（1）反应中过量的锌粉如何除去？

（2）反应中可能会有哪些副产物产生？

附表　化合物物理性质

化合物名称	分子量	熔点/℃	沸点/℃	密度/(g/cm^3)	水溶性
2,3-吲哚-2-酮	147	203.5	—	—	溶于热水
3-溴丙烯	121	−119	71.3	1.4	不溶

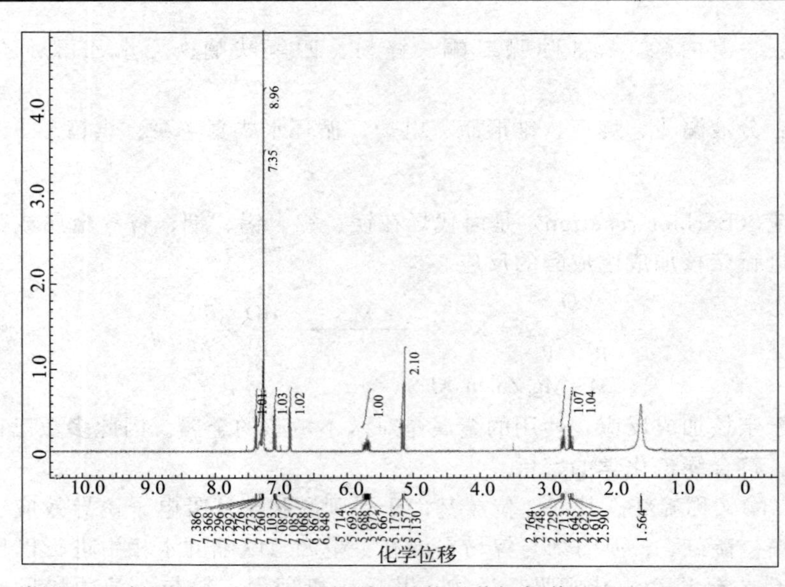

附图 1　3-烯丙基-3-羟基-2-氧化吲哚的核磁共振氢谱（400 MHz，$CDCl_3$）

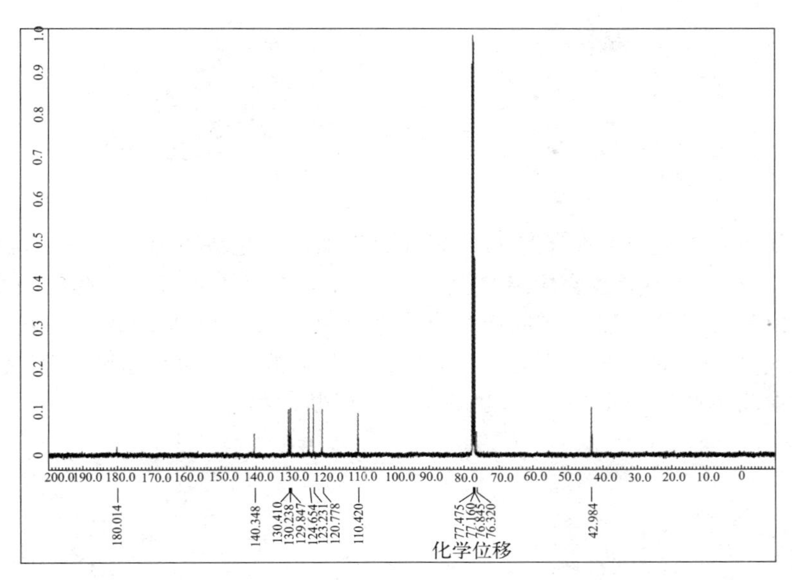

附图 2　3-烯丙基-3-羟基-2-氧化吲哚的核磁共振碳谱（100 MHz，$CDCl_3$）

（核磁数据参考文献：Seiji Suga et al. *Organic Letters*，2021，23（4）：1169-1174）

（肖军安编写）

实验 5-3　可见光促进芳环的杂芳基化反应

【实验目的】

（1）了解光催化反应的原理与意义。

（2）掌握光催化反应的装置搭建及操作方法与步骤。

（3）进一步巩固萃取操作和蒸馏操作。

【实验器材】

实验试剂：呋喃、对氨基苯腈、亚硝酸叔丁酯、曙红 Y、DMSO、无水乙醇、乙醚、无水硫酸钠。

实验仪器：圆底烧瓶、蓝光 LED 灯、磁力搅棒器、分液漏斗、烧杯、锥形瓶、电炉、循环水式真空泵、烘箱。

【实验原理】

光催化，或称光氧化还原催化（photoredox catalysis），是利用光驱动电子转移，进而实现化学反应的发生。大部分光催化反应需要加入光催化剂（光敏剂），以促进反应的进行。常见的光催化剂有过渡金属配合物[如 $Ru(bpy)_3(PF_6)_2$、*fac*-$Ir(ppy)_3$ 等]和有机光催化剂［如 $Arc\text{-}Mes^+$、曙红 Y(Eosin Y)、孟加拉玫瑰红（Rose Bengal)、罗丹明 B（Rhodamine B）等］。在光催化反应中，光催化剂首先在光的照射下变成激发态，进而通过氧化还原猝灭过程回到基态，同时完成相应的化学转化。目前光催化已成为合成化学领域最热门的研究领域之一。

对氨基苯腈与呋喃及亚硝酸叔丁酯在曙红 Y 催化下通过蓝光 LED 灯照射能合成 4-(2-呋喃基)苯甲腈。

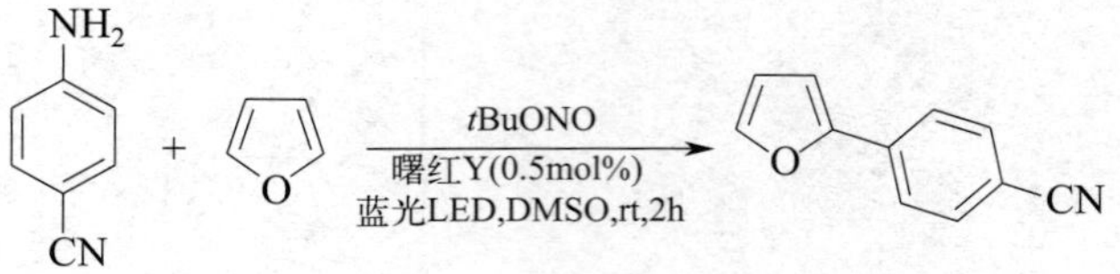

反应机理如下：首先对氨基苯腈与亚硝酸叔丁酯反应生成重氮化合物。该重氮中间体随后被激发态曙红 Y 还原为芳基自由基中间体。自由基中间体通过与呋喃的自由基加成得到加成产物的自由基中间体。然后加成产物自由基中间体被曙红 Y 自由基正离子氧化得到加成产物的碳正离子中间体，同时曙红 Y 自由基正离子被还原为基态曙红 Y 完成催化循环。最后碳正离子中间体脱质子得到 4-(2-呋喃基) 苯甲腈产物。

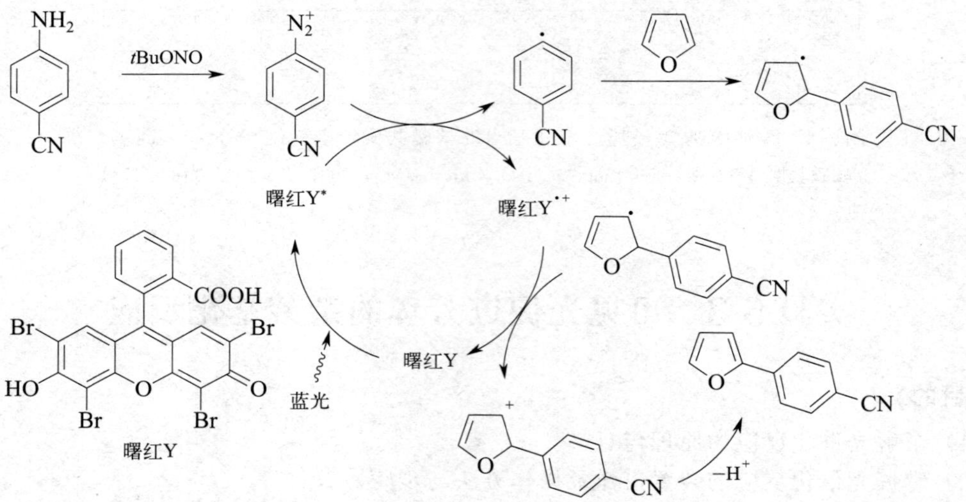

【实验过程】

向装有二甲亚砜（17 mL）溶液的圆底烧瓶中分别加入对氨基苯腈（1.0 g，8.5 mmol）和呋喃（6.1 mL，85.0 mmol，10 倍当量）、亚硝酸叔丁酯（1.2 mL，10.2 mmol，1.2 倍当量）和曙红 Y（0.055 g，1 mol%）。反应物在蓝光 LED 灯（30 W）照射下反应 2h 并通过薄层色谱跟踪反应。待反应完全后混合物用乙酸乙酯（10 mL×3）萃取，饱和氯化钠溶液（20 mL×3）洗涤。有机相使用无水硫酸钠干燥后蒸馏[1]，除去大部分乙酸乙酯（瓶底保留 5mL 溶剂）。剩余物用硅胶柱色谱法分离（乙酸乙酯：石油醚＝1：9[2]）洗脱，得到白色固体产物。

【注意事项】

［1］有机相干燥后蒸馏不可蒸干，否则产物颜色加深，且不易通过柱色谱分离。

［2］色谱法分离宜采用梯度洗脱法，即先用石油醚：乙酸乙酯＝19：1 洗脱，再逐渐加大乙酸乙酯比例到石油醚：乙酸乙酯＝9：1 洗脱。

【问题与思考】

（1）亚硝酸叔丁酯能否用盐酸/亚硝酸钠代替？为什么？

（2）蓝光 LED 灯能否用普通荧光灯代替？

附表　化合物物理性质

化合物名称	分子量	熔点/℃	沸点/℃	密度/(g/cm³)	水溶性
对氨基苯腈	118	83～85	286	1.14	难溶
呋喃	68	－85.6	31.4	0.94	难溶
亚硝酸叔丁酯	103	—	61～63	0.87	微溶

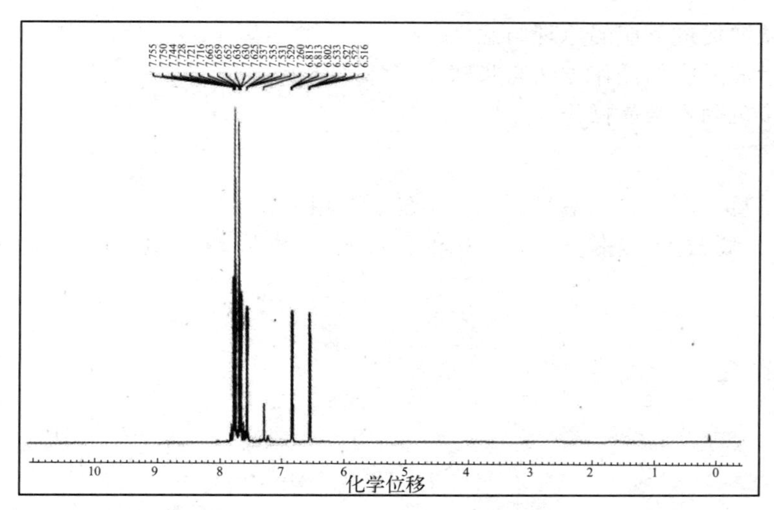

附图 1　4-(2-呋喃基) 苯甲腈的核磁共振氢谱 (300 MHz，$CDCl_3$)

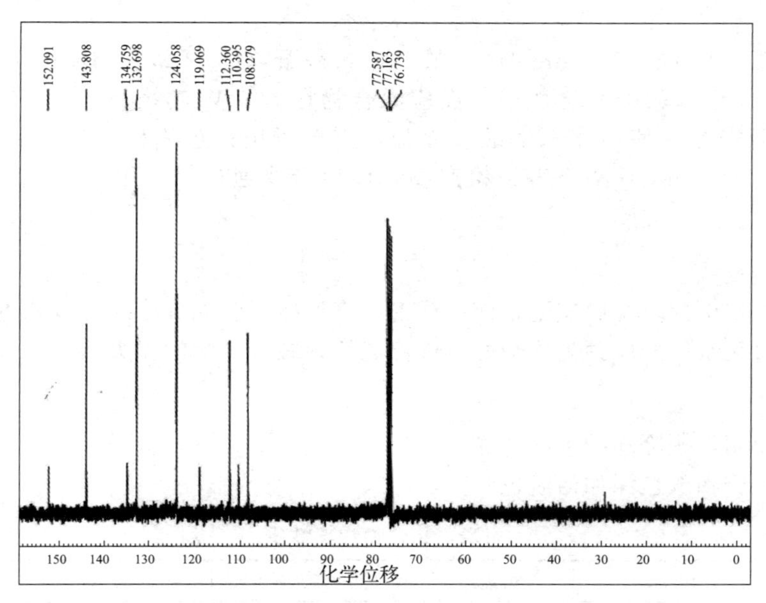

附图 2　4-(2-呋喃基) 苯甲腈的核磁共振碳谱 (75 MHz，$CDCl_3$)

(核磁数据参考文献：Debasish Kundu et al. *European Journal of Organic Chemistry*，2015，8：1727-1734)

(肖军安编写)

实验 5-4　微波促进蒽与顺丁烯二酸酐的去芳构化 Diels-Alder 环加成反应

【实验目的】

（1）了解微波促进反应的原理与意义。

（2）掌握微波反应的操作方法与步骤。

（3）进一步巩固重结晶操作。

【实验器材】

实验试剂：蒽、顺丁烯二酸酐、无水甲醇、二甲苯。

实验仪器：微波反应仪、分液漏斗、烧杯、锥形瓶、电炉、循环水式真空泵、烘箱。

【实验原理】

二甲醛

MW,140℃

【实验过程】

分别称取蒽（1.0 g，5.6 mmol）和顺丁烯二酸酐（0.82 g，8.4 mmol，1.5 倍当量）置于含有 5 mL 二甲苯的圆底烧瓶中。反应混合物在 800 W 功率下 140℃反应 30 min[1]。待混合物冷却至室温后使用冰水浴继续冷却，直至析出白色固体。过滤除去溶剂，滤饼使用预冷却甲醇（10 mL）洗涤得到粗产物。该粗产物通过无水甲醇[2]重结晶可得到针状晶体。

【注意事项】

[1] 反应过程中三口烧瓶应配合使用球形或直形冷凝管充分冷凝，以减少溶剂挥发。

[2] 洗涤时无水甲醇应预先冷却好再洗涤滤饼，减少产物的损失。

【问题与思考】

（1）滤饼使用经预冷却的甲醇洗涤的目的是什么？

（2）如果粗产物颜色深如何脱色？

附表　化合物物理性质

化合物名称	分子量	熔点/℃	沸点/℃	密度/(g/cm^3)	水溶性
蒽	178	215	340	1.24	不溶
顺丁烯二酸酐	98	51～53	202	1.48	易溶

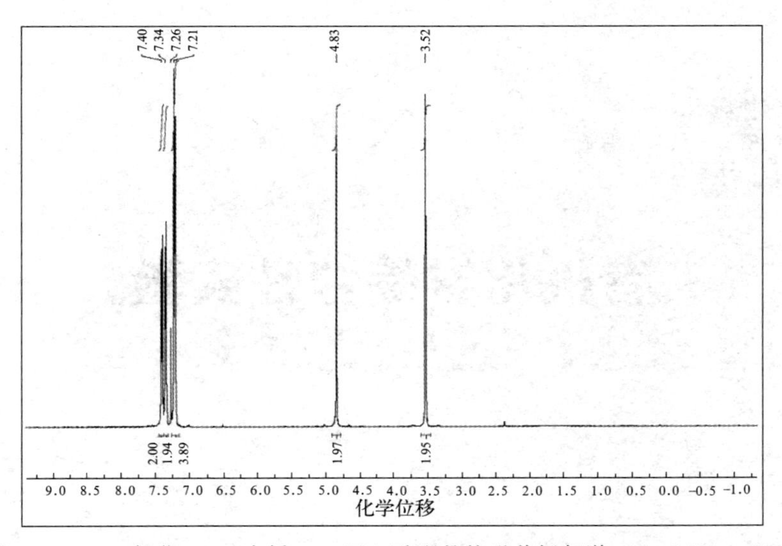

附图 1　9,10-二氢蒽-9,10-内桥-α,β-丁二酸酐的核磁共振氢谱（400 MHz，$CDCl_3$）

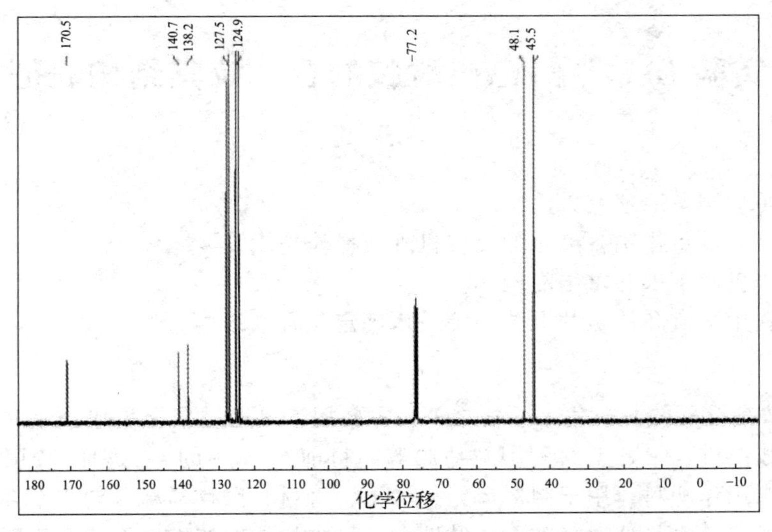

附图 2　9,10-二氢蒽-9,10-内桥-α,β-丁二酸酐的核磁共振碳谱（100 MHz，$CDCl_3$）

（核磁数据参考文献：Michelle H. L. Pung et al. *Organic Letters*，2015，34（17）：4281-4292）

（肖军安编写）

第6章

有机化学综合性实验

实验6-1 ε-己内酰胺的合成及其结构表征

【实验目的】

(1) 掌握肟的制备原理及方法。

(2) 掌握贝克曼重排制备酰胺的反应机理及操作技术。

(3) 进一步巩固萃取和重结晶操作。

(4) 学会利用熔点和核磁共振波谱等技术确定化合物结构。

【实验原理】

ε-己内酰胺是重要的有机化工原料之一，主要用途是通过聚合生成聚酰胺切片，可进一步加工成聚酰胺纤维、工程塑料和塑料薄膜等。目前约90%的ε-己内酰胺用于生产合成聚酰胺纤维，10%用作塑料，用于制造齿轮、轴承、管材、医疗器械及电气、绝缘材料等。ε-己内酰胺可通过环己酮与盐酸羟胺在弱碱性醇溶液中加热回流缩合生成环己酮肟中间体，环己酮肟再在酸性条件下经贝克曼重排得到。其合成路线如下：

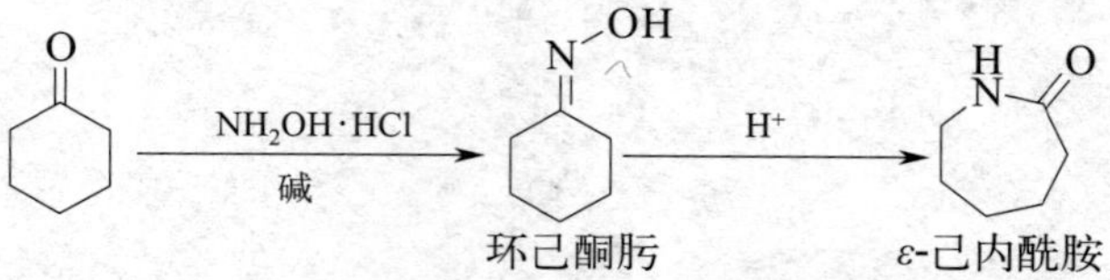

$$\text{环己酮} \xrightarrow[\text{碱}]{NH_2OH \cdot HCl} \text{环己酮肟} \xrightarrow{H^+} \varepsilon\text{-己内酰胺}$$

环己酮肟　　ε-己内酰胺

贝克曼重排（Beckmann rearrangement）是酮肟在质子酸催化剂（如硫酸、多聚磷酸）或三氯化磷、五氯化磷、苯磺酰氯等催化剂作用下重排成酰胺的反应，当底物为环酮肟，重排产物则为对应的内酰胺。该反应常用的催化剂包括质子酸、路易斯酸和酰卤等。ε-己内酰胺即利用环己酮肟通过贝克曼重排反应制备得到。其反应机理如下：

首先环己酮肟在酸性条件下得到质子化锌盐，随后重排脱水形成碳正离子中间体，该中间体与水加成后脱质子、异构化最终得到ε-己内酰胺。

环己酮肟 $\xrightarrow{H^+}$ → $\xrightarrow{-H_2O}$ → $\xrightarrow{+H_2O}$ → $\xrightarrow{-H^+}$ ε-己内酰胺

【实验器材】

实验试剂：环己酮、盐酸羟胺、三水合乙酸钠、乙醇、85%硫酸、20%氨水、二氯甲烷、无水硫酸钠、石油醚。

实验仪器：循环水式真空泵、显微熔点仪、傅里叶变换红外光谱仪、核磁共振波谱仪。

【实验过程】

1. 环己酮肟的合成（4学时）

$$\xrightarrow[NaAc \cdot 3H_2O]{NH_2OH \cdot HCl}$$

在 50 mL 的烧杯中加入 2.5 g 盐酸羟胺溶于 10 mL 水中，然后加入 5.0 g 三水合乙酸钠[1]（如不溶，可微热），充分搅拌，调节溶液的 pH 值约为 8。将 2.5 g 环己酮加入 50 mL 圆底烧瓶，加入 5 mL 乙醇，搅拌下分批将上述羟胺-乙酸钠溶液加入烧瓶，加入完毕后混合物加热回流 20 min。回流反应完成后如溶液中有固体杂质，则趁热减压抽滤，将滤液转移入锥形瓶中冷却，析出结晶，过滤，用少量冷水润洗，干燥并称重，得到 2.3 g 白色固体，熔点 88～89℃，产率 80%。

2. ε-己内酰胺的合成（5学时）

$$\xrightarrow[碱]{80\%H_2SO_4}$$

在 100 mL 三口烧瓶中加入 5.0 g 环己酮肟，随后缓慢滴加 5.0 mL 85%浓硫酸，充分搅拌使反应物混合均匀，并小火加热（约 100～110℃），至反应液中有气泡产生时立即将反应瓶从电热套中移出[2]，该反应在几秒内即可完成。此时有大量热量放出，温度很快上升到 190℃。将三口烧瓶冷却至室温后装上恒压滴液漏斗和温度计，转移至冰水浴中冷却至 0℃，慢慢滴加 20%氨水（滴加时间控制在约 30 min），同时大力搅拌，控制反应瓶中温度在 10℃以下，直至溶液呈弱碱性（pH≈8～9）[3]。此时三口烧瓶中有大量固体产生[4]，加入 5～10 mL 蒸馏水使固体完全溶解，并用 15 mL 二氯甲烷萃取三次（每次 5 mL）。合并有机层，如有机层颜色发黑，可用活性炭脱色，随后用无水硫酸钠干燥有机层，水浴中蒸馏二氯甲烷，待蒸馏瓶中剩余约 5 mL 可停止蒸馏，瓶中残留液转移到烧杯中，加入 3～5 mL 石油醚至有机相变浑浊，随后混合物置于冰水浴中冷却结晶，过滤后用少量石油醚洗涤后干燥，产品约 2 g，熔点 68～70℃，产率约 52%。

3. ε-己内酰胺的结构鉴定（4学时）

纯化后的 ε-己内酰胺通过显微熔点仪测定其熔点。将 5～10 mg 样品使用氘代氯仿溶解后装入核磁管测试其核磁共振氢谱和核磁共振碳谱。将 1 mg 样品经 KBr 压片法测试红外吸收图谱。依据测试所得谱图，对产物结构进行解析并对各信号峰进行归属。

【注意事项】

[1] 肟的重排反应为剧烈的放热反应，加热到 110℃后需从加热器中取出，反应放热可自发完成重排，操作时需在通风橱中进行并全程佩戴好护目镜。

[2] 氨水需在重排完成且冷却条件下滴入，开始滴加时要缓慢，否则反应过于剧烈，温度升高影响产率和产物颜色。

[3] 此时析出的固体主要是硫酸铵，用水溶解后二氯甲烷萃取的目的是将硫酸铵除去。

[4] ε-己内酰胺具有吸湿性，需密封保存。

【问题与思考】

(1) 为什么用冰水浴冷却三口烧瓶使温度降至 0℃后才能缓慢滴加氨水？

(2) 加 20%氨水的目的是什么？

(3) 为什么选择用水浴蒸馏除去二氯甲烷？

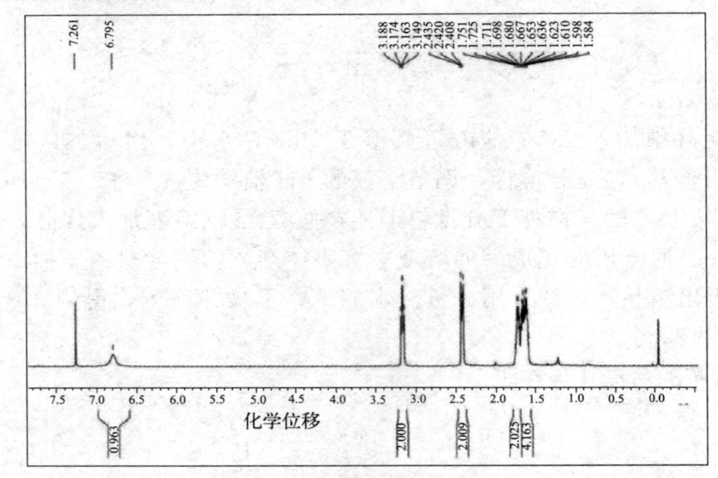

附图 1 ε-己内酰胺的核磁共振氢谱（400 MHz，$CDCl_3$）

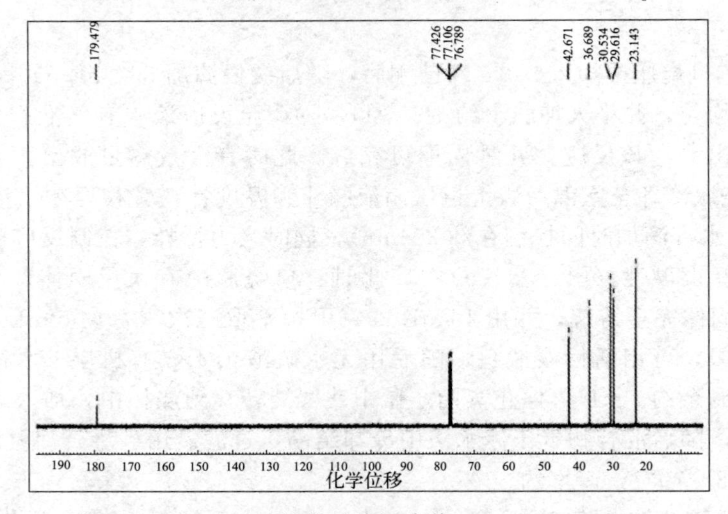

附图 2 ε-己内酰胺的核磁共振碳谱（100 MHz，$CDCl_3$）

（核磁数据参考文献：David Zhigang Wang et al. *Organic Letters*，2013，15（11）：2660-2663）

（刘志平编写）

实验 6-2 色酮的合成及其结构表征

【实验目的】

（1）掌握羟醛缩合反应的原理及操作。

（2）掌握色酮的环化机理及操作。

（3）进一步巩固萃取、重结晶操作。

（4）学会利用熔点和核磁共振波谱等技术确定化合物结构。

【实验原理】

色酮也称苯并-γ-吡喃酮，是一类重要的天然产物母核结构。例如，黄酮或异黄酮类天然产物即为色酮骨架的C-2位或C-3位连有芳香取代基。色酮可以通过邻羟基苯乙酮与*N*，*N*-二甲基甲酰胺二甲缩醛（DMF-DMA）缩合的中间体邻羟基烯酮亚胺水解得到。其合成路线如下：

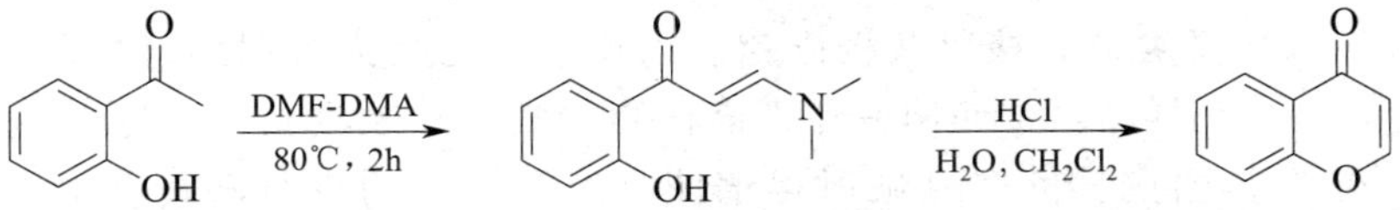

DMF-DMA, 80℃, 2h; HCl, H_2O, CH_2Cl_2

邻羟基烯酮亚胺水解机理：首先烯酮亚胺进攻质子形成亚胺离子中间体，随后酚羟基氧上孤对电子进攻亚胺碳形成2-二甲胺二氢色酮中间体，再经过脱质子、脱二甲胺芳构化形成色酮。

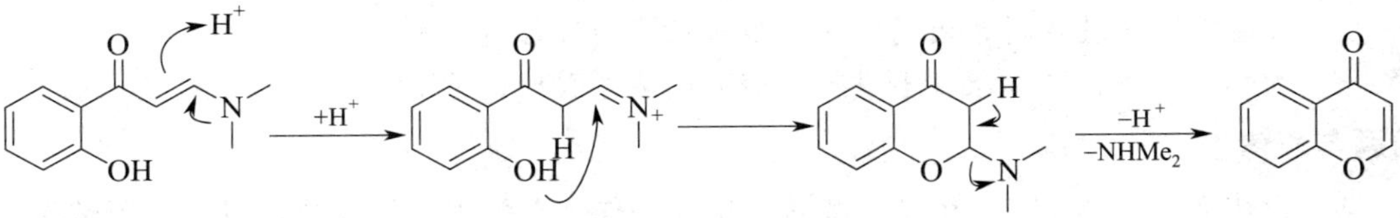

$+H^+$; $-H^+$, $-NHMe_2$

【实验器材】

实验试剂：邻羟基苯乙酮、*N*，*N*-二甲基甲酰胺二甲缩醛、浓盐酸、二氯甲烷、环己烷、石油醚、乙酸乙酯、碳酸氢钠、无水硫酸钠。

实验仪器：循环水式真空泵、紫外光谱仪、显微熔点仪、核磁共振波谱仪。

【实验过程】

1. 3-二甲胺-1-（2-羟基苯基）丙烯酮的合成（4学时）

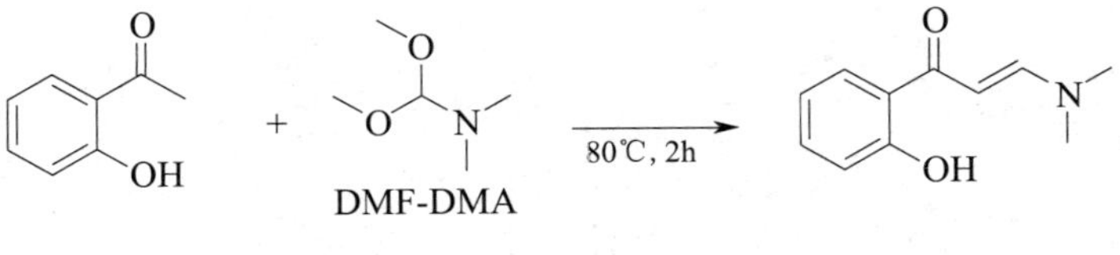

DMF-DMA; 80℃, 2h

分别量取3 mL（3.4 g，25 mmol）2-羟基苯乙酮和3.6 mL（3.2 g，27.5 mmol）*N*，*N*-二甲基甲酰胺二甲缩醛（DMF-DMA）于25 mL圆底烧瓶中，加入磁力搅拌子并在80℃油浴中加热反应2 h[1]，反应物逐渐变为红色黏稠状，停止反应后冷却到室温，将反应瓶置于冰水混合物中冷冻直至黄色晶体析出。抽滤，粗产物用少量石油醚：乙酸乙酯＝9：1混合液洗涤。弃去滤液，得黄色粗产物用环己烷[2]重结晶，抽滤，晶体用少量环己烷洗涤，干燥后得黄色固体 3.3 g，熔点 133～135℃，产率 70%。

2. 色酮的合成（4 学时）

向 100 mL 圆底烧瓶中加入 2 g（10.5 mmol）3-二甲胺-1-（2-羟基苯基）丙烯酮及 40 mL 二氯甲烷，混合物在搅拌下加入 8 mL 浓盐酸[3]，40℃下加热回流 1 h，反应结束后冷却到室温，用 100 mL 二氯甲烷萃取两次（每次 30 mL），有机层用 50 mL 饱和碳酸氢钠溶液洗涤，随后使用饱和氯化钠溶液洗涤一次。合并有机层并用无水硫酸钠干燥，使用水浴蒸馏去除大部分二氯甲烷，待剩余 5 mL 溶剂时停止蒸馏，粗产物使用无水乙醇重结晶得白色固体 0.9 g，熔点 58～60℃，产率 60%。

$$\xrightarrow[H_2O,\ CH_2Cl_2]{HCl}$$

3. 色酮的结构鉴定（4 学时）

纯化后的色酮通过显微熔点仪测定其熔点。将 5～10 mg 样品使用氘代氯仿溶解后装入核磁管测试其核磁共振氢谱和核磁共振碳谱。以色谱纯乙腈为溶剂溶解样品，配制浓度为 1×10^{-4} mol/L 的待测样品，并使用紫外光谱仪测试其紫外吸收光谱。将 1 mg 样品经 KBr 压片法测试红外吸收图谱。依据测试所得谱图，对产物结构进行解析并对各信号峰进行归属。

【注意事项】

[1] 注意控制反应温度不宜过高，否则杂质增多，使得产物颜色加深。

[2] 环己烷溶解性弱时，可适当滴加少量乙醇溶液促进溶解。

[3] 烯酮亚胺需在酸性条件下进行，应使用浓盐酸以调节 pH＝1～2。

【问题与思考】

（1）为什么使用 *N*,*N*-二甲基甲酰胺二甲缩醛作为羟醛缩合反应物可以不使用碱作为催化剂？

（2）色酮合成实验中盐酸和副产物二甲胺如何除去？

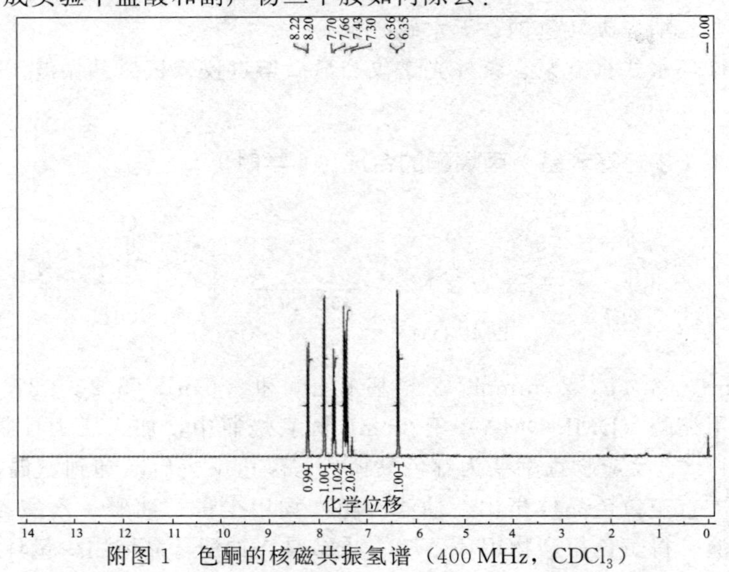

附图 1 色酮的核磁共振氢谱（400 MHz，$CDCl_3$）

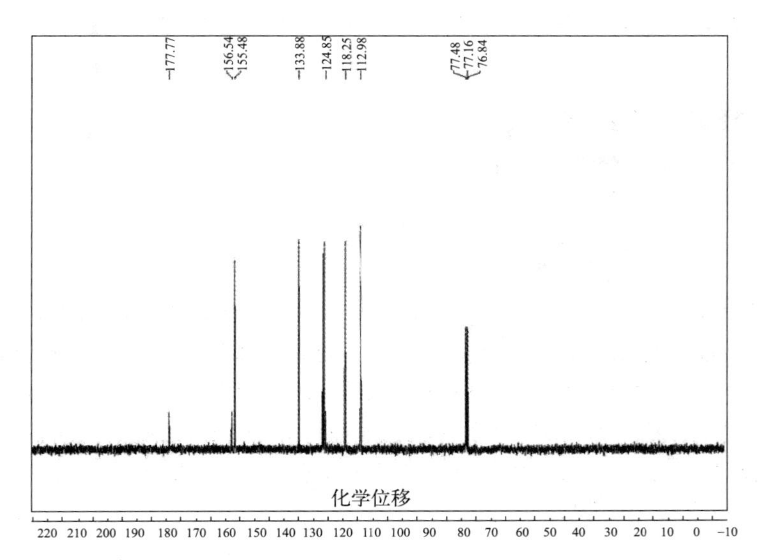

附图 2　色酮的核磁共振碳谱（100 MHz，$CDCl_3$）

（核磁数据参考文献：Yong Qiang Wang et al. *Advanced Synthesis & Catalysis*，2018，360（24）：4774-4783）

（肖军安编写）

实验 6-3　美沙拉嗪的合成及其结构表征

【实验目的】

（1）掌握硝化反应的原理及操作。

（2）掌握铁粉/盐酸还原硝基的基本操作。

（3）进一步巩固萃取、重结晶操作。

（4）学会利用熔点和核磁共振波谱等技术表征化合物结构。

【实验原理】

美沙拉嗪又名 5-氨基水杨酸，其可以抑制引起炎症的前列腺素的合成和炎性介质白三烯的形成，从而对肠黏膜的炎症起显著抑制作用，常用于治疗克罗恩病及溃疡性结肠炎。美沙拉嗪可以水杨酸为原料通过硝化反应引入硝基，再将硝基还原为氨基进行合成，该路线操作简单，反应产率尚可。

合成路线如下：

水杨酸（COOH，OH）$\xrightarrow[\text{浓 } HNO_3]{\text{乙酸}}$ 5-硝基水杨酸（O_2N，COOH，OH）$\xrightarrow[HCl,H_2O]{Fe}$ 美沙拉嗪（H_2N，COOH，OH）

【实验器材】

实验试剂：邻羟基苯甲酸、68％硝酸、5％NaOH、浓盐酸、铁粉、40％NaOH、40％硫酸、15％氨水、乙酸、活性炭。

实验仪器：循环水式真空泵、显微熔点仪、核磁共振波谱仪。

【实验过程】

1. 5-硝基-2-羟基苯甲酸的合成（4学时）

$$\text{水杨酸 (2-羟基苯甲酸)} \xrightarrow[\text{浓 } HNO_3]{\text{乙酸}} \text{5-硝基-2-羟基苯甲酸 } (O_2N,\ COOH,\ OH)$$

量取2.5mL（3.5g，25mmol）水杨酸、10mL水和1mL乙酸加入100mL三口烧瓶中，装上回流冷凝管、恒压滴液漏斗及磁力搅拌子，冷凝管顶部装稀5%氢氧化钠溶液尾气吸收装置。在搅拌下于70℃下缓慢滴加68%浓硝酸4mL[1]，控制温度在70℃下继续反应1h。反应完毕后将混合物冷却，倒入100mL冰水中，继续搅拌30min，抽滤，滤饼用水洗涤3次得淡黄色粗产物。粗品用40mL热水重结晶可得淡黄色固体2.9g，熔点227～230℃，产率63%。

2. 美沙拉嗪的合成（4学时）

$$\text{5-硝基-2-羟基苯甲酸 } (O_2N,\ COOH,\ OH) \xrightarrow[HCl,H_2O]{Fe} \text{5-氨基-2-羟基苯甲酸 } (H_2N,\ COOH,\ OH)$$

在100mL三口烧瓶中加入10mL水，搅拌下升温到70℃，然后加入1.0mL浓盐酸和2.5g铁粉，装上回流冷凝加热回流后，依次交替加入5-硝基-2-羟基苯甲酸2.8g（15.3mmol）和铁粉2.6g，加完后继续加热回流1h[2]。冷却，搅拌下用40% NaOH调节pH值为碱性，抽滤，使用5mL水洗涤滤饼。将滤液转移至烧杯中，加入3.8g保险粉搅拌20min[3]，抽滤除去不溶物，滤液用40%硫酸调节pH值至2，冷却析出固体，抽滤可得美沙拉嗪粗品。

将粗产物倒入30mL水、1.5mL浓盐酸和0.3g活性炭中加热回流10min脱色，趁热抽滤，滤液冷却后用15%氨水调节至pH值为2，冷却析出白色固体，抽滤并用少量蒸馏水洗涤滤饼，干燥后得美沙拉嗪1.4g，熔点275～280℃，产率60%。

3. 美沙拉嗪的结构鉴定（4学时）

纯化后的美沙拉嗪通过显微熔点仪测定其熔点。将5～10mg样品使用氘代氯仿（0.6mL）溶解后装入核磁管测试其核磁共振氢谱和核磁共振碳谱。将1mg样品经KBr压片法测试红外吸收图谱。依据测试所得谱图，对产物结构进行解析并对各信号峰进行归属。

【注意事项】

[1] 温度达70℃后才能加68%浓硝酸。此反应为放热反应，具有一定的危险性，需在通风橱中操作并注意回流。

[2] 搅拌最好采用机械搅拌方式，使用磁力搅拌子铁粉会聚集到特氟龙搅拌子上，导致反应无法充分进行而影响产率。

[3] 使用保险粉可反应掉反应体系中的硝酸，从而猝灭反应。

【问题与思考】

（1）制备5-硝基-2-羟基苯甲酸会产生哪些尾气？

（2）硝基的还原可否使用锌粉代替？为什么？

（刘志平编写）

实验 6-4 氧化吲哚螺环衍生物的合成、分离与结构鉴定

【实验目的】

(1) 了解多组分反应以及 1,3-偶极环加成反应的基本概念和反应特征。

(2) 掌握亲核取代反应和 Henry 反应的原理和反应规律。

(3) 掌握 TLC 薄层色谱技术和柱色谱分离技术。

(4) 进一步巩固萃取、重结晶和蒸馏操作。

(5) 学会利用熔点、紫外、高效液相色谱和核磁共振波谱等技术确定化合物结构。

【实验原理】

1,3-偶极环加成反应(1,3-dipolar cycloaddition,1,3-DC)是一类典型的协同式［3＋2］环加成反应。其反应机理与 Diels-Alder［4＋2］环加成反应类似，不同的是 1,3-偶极环加成反应以 1,3-偶极子和亲偶极子为底物。常见的 1,3-偶极子有亚甲胺叶立德、叠氮化合物、硝酮等，而亲偶极子可以是缺电子 α,β-不饱和化合物，例如烯酮、烯醛、烯酯、α,β-不饱和酰亚胺、亚胺及醛/酮类化合物等。

亚甲胺叶立德 1,3-偶极子可以预先制备，也可以原位生成。例如，二级胺可以与醛/酮类化合物通过加成-消除反应生成亚甲胺叶立德。

R1 N COOR2 H + R3 R4 O 加成 R1 N COOR2 OH R3 R4 消除 −H2O R1 N COOR2 R3 R4 亚甲胺叶立德

多组分反应（multi-component reaction，MCR）是指三个或三个以上化合物在一个反应容器中形成一个包含所有组分主要结构片段的新化合物的反应过程。某些亚甲胺叶立德参与的 1,3-偶极环加成反应也可以通过原位亚甲胺叶立德三组分反应实现。例如，*N*-苄基-2,3-吲哚二酮与 L-脯氨酸可以生成原位亚甲胺叶立德 1,3-偶极子，该偶极子不稳定，不能分离和纯化，在合适的亲偶极子存在下能进行［3＋2］环加成反应合成氧化吲哚螺环衍生物。其反应机理如下：

O O N Bn + N H COOH N COO⁻ O N Bn −CO2 N O N Bn

N-苄基-2,3-吲哚二酮　L-脯氨酸　亚甲胺叶立德

O2N Ph N O N Bn ← O2N N O N Bn Ph ← Ph NO2 + N O N Bn

氧化吲哚螺环衍生物　反应过渡态　β-硝基苯乙烯　1,3-偶极子共振式

反应底物β-硝基苯乙烯可通过硝基甲烷与苯甲醛的 Henry 反应合成。Henry 反应是指在碱催化下硝基烷烃与醛酮反应得到β-羟基硝基烷烃的反应。其反应机理与羟醛缩合反应（Aldol 反应）类似，故也称为硝基 Aldol 反应。例如，硝基甲烷与苯甲醛在氢氧化钠作用下首先生成硝基醇中间体，随后在强酸性条件下脱水生成β-硝基苯乙烯。

$$CH_3NO_2 \xrightarrow{NaOH} {}^{-}CH_2NO_2 \xrightarrow{PhCHO} PhCH(OH)CH_2NO_2 \xrightarrow[-H_2O]{H^+} PhCH{=}CHNO_2$$

【实验器材】

实验试剂：靛红、溴化苄、氢化钠、苯甲醛、硝基甲烷、L-脯氨酸、*N*,*N*-二甲基甲酰胺、乙醇、甲醇、盐酸、乙酸乙酯、氢氧化钠、氯化钠。

实验仪器：色谱柱、循环水式真空泵、紫外光谱仪、显微熔点仪、核磁共振波谱仪、高效液相色谱仪、旋转蒸发仪。

【实验过程】

1. *N*-苄基-2, 3-吲哚二酮的合成（4学时）

$$\text{2,3-吲哚二酮 (N-H)} \xrightarrow[DMF,\ 0℃]{BnBr,\ NaH} \text{N-苄基-2,3-吲哚二酮 (N-Bn)}$$

在 100 mL 圆底烧瓶中加入 20 mL *N*,*N*-二甲基甲酰胺和磁力搅拌子，并将反应瓶置于冰水浴中，在搅拌条件下依次加入 2,3-吲哚二酮（1.5 g，10.2 mmol）和氢化钠[1]（0.45 g，60%分散于硅藻土，11.2 mmol，1.1 倍当量）。混合物在 0℃冰水浴中继续反应 10 min，然后缓慢加入溴化苄[2]（1.3 mL，11.2 mmol，1.1 倍当量）。滴加完毕后混合物继续在 0℃冰水浴下反应 30 min，然后移去冰水浴，常温下继续反应 2 h，用 TLC 薄层色谱检测反应过程至原料完全消失，停止反应。将反应混合物倒入冰水混合物（100 mL）中并剧烈搅拌，此时有大量浅黄色固体析出，过滤，滤饼依次用 100 mL 水和预先冷却的少量无水乙醇（约 10 mL）洗涤。将粗产物用无水乙醇重结晶后烘干得深红色针状固体 2.2 g，熔点 128～130℃，产率 92%。

2. β-硝基苯乙烯的合成（4学时）

$$PhCHO + CH_3NO_2 \xrightarrow[2)\ HCl,\ H_2O]{1)\ NaOH} PhCH{=}CHNO_2$$

在冰水浴条件下向 100 mL 烧杯中依次加入 15 mL 无水甲醇、苯甲醛（3.0 g，28.3 mmol）和 4.0 mL 硝基甲烷（4.5 g，74.0 mmol，2.6 倍当量）。随后向混合物中缓慢滴加 2.2 mL 氢氧化钠溶液（1 mol/L），此时有大量白色黏稠状固体产生。滴加完成后再次补加 10 mL 甲醇并继续在 0℃冰水浴下搅拌反应 15 min。随后将黏稠状固体转移至 250 mL 烧杯，并加入 100 mL 冰水剧烈搅拌至白色黏稠状固体完全溶解。反应体系保持在冰水浴中，将预先冷却好的 60 mL 盐酸溶液[3]（6 mol/L）一次性加入烧杯中并剧烈搅拌，此时有淡黄色固体析出。将固体转移至 100 mL 烧杯，用无水乙醇[4]重结晶（约 10～20 mL）得淡黄色片状晶体 1.6 g，熔点 57～58℃，产率 37%。

3. N-苄基-2，3-吲哚二酮、 β-硝基苯乙烯与L-脯氨酸的三组分1，3-偶极环加成反应（5学时）

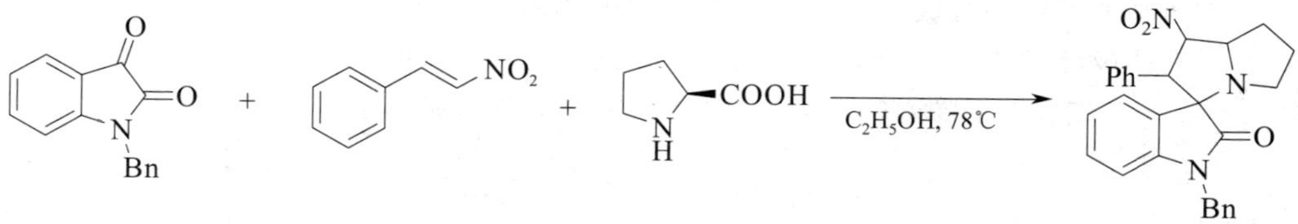

向装有30 mL无水甲醇的圆底烧瓶中加入磁力搅拌子，随后依次加入1.5 g N-苄基-2，3-吲哚二酮（6.3 mmol）、硝基苯乙烯（1.1 g，7.6 mmol，1.2倍当量）和L-脯氨酸（0.87 g，7.6 mmol，1.2倍当量）。反应物在65℃下回流反应3 h，使用TLC跟踪反应至原料N-苄基-2，3-吲哚二酮基本消失。减压蒸馏除去溶剂后得到白色固体粗产物2.2 g，熔点205～207℃，产率80%。

4. 氧化吲哚螺环衍生物的分离（4学时）

重结晶法：粗产物用乙酸乙酯（20 mL×2）萃取，10%氢氧化钠洗涤后使用无水硫酸钠干燥，减压蒸馏除去溶剂后用无水乙醇重结晶，得到氧化吲哚螺环衍生物针状晶体。

柱色谱分离法：粗产物使用外径32 mm、内径26 mm、长305 mm的色谱柱分离。使用石油醚拌匀200～300目硅胶粉湿法装柱，将粗产物与200～300目硅胶粉拌样并旋干，干法上柱[5]，用石油醚：乙酸乙酯＝9：1～5：1(体积比）洗脱[6]，分离得到氧化吲哚螺环衍生物。

5. 氧化吲哚螺环衍生物的结构鉴定（4～8学时）

纯化后的氧化吲哚螺环衍生物通过显微熔点仪测定其熔点。样品用色谱纯乙腈溶解，配制浓度为1×10^{-4} mol/L的待测样品，并使用紫外光谱仪测试其紫外吸收光谱。将2～5 mg样品使用色谱纯异丙醇溶解后，使用0.45 μm有机系滤膜过滤后使用手性色谱柱通过高效液相色谱仪分离消旋体[7]。将5～10 mg样品使用氘代氯仿溶解后装入核磁管测试其核磁共振氢谱和核磁共振碳谱。

【注意事项】

[1] 氢化钠属于强碱性化合物并且具有吸湿性，称量应当迅速完成。加料应当少批量多次加入，以防反应过于剧烈冲料。

[2] 溴化苄具有极强的刺激性和催泪性，量取操作一定要在通风橱中进行并全程佩戴好护目镜。

[3] β-硝基苯乙烯的合成实验中6 mol/L盐酸应当一次性加入并在低温条件下剧烈搅拌。若没有淡黄色固体析出可适当增加盐酸用量，延长搅拌时间。

[4] β-硝基苯乙烯的重结晶乙醇溶剂用量不宜过多，否则产物重结晶收率过低，甚至无晶体析出。

[5] 干法上样的拌样硅胶不宜过多，否则柱色谱柱效降低，分离效果不好。

[6] 氧化吲哚螺环衍生物的柱色谱分离采用梯度洗脱方式洗脱，逐渐增加洗脱溶剂极性可提高分离效率。

[7] 进行高效液相色谱测试的样品配制需使用色谱纯溶剂，不可用分析纯溶剂代替。高效液相色谱样品需过针筒过滤器滤膜后方可进样。核磁测试样品一定要干燥彻底，除去溶剂，否则影响谱图效果。

【问题与思考】

（1）N-苄基-2，3-吲哚二酮的合成中使用氢化钠的目的是什么？

（2）β-硝基苯乙烯的合成中加入6 mol/L盐酸的目的是什么？

（3）氧化吲哚螺环衍生物的萃取和重结晶实验中，10%氢氧化钠洗涤有机相的目的是什么？

（4）β-硝基苯乙烯的合成实验中白色黏稠状固体的主要成分是什么？

（5）1，3-偶极环加成反应与 Diels-Alder 环加成反应的异同是什么？

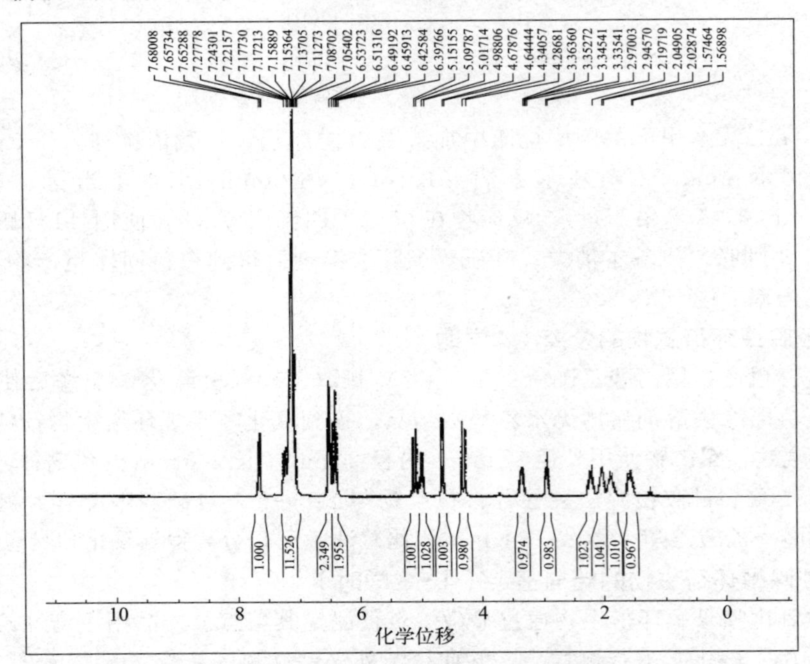

附图 1　氧化吲哚螺环衍生物的核磁共振氢谱（300 MHz，$CDCl_3$）

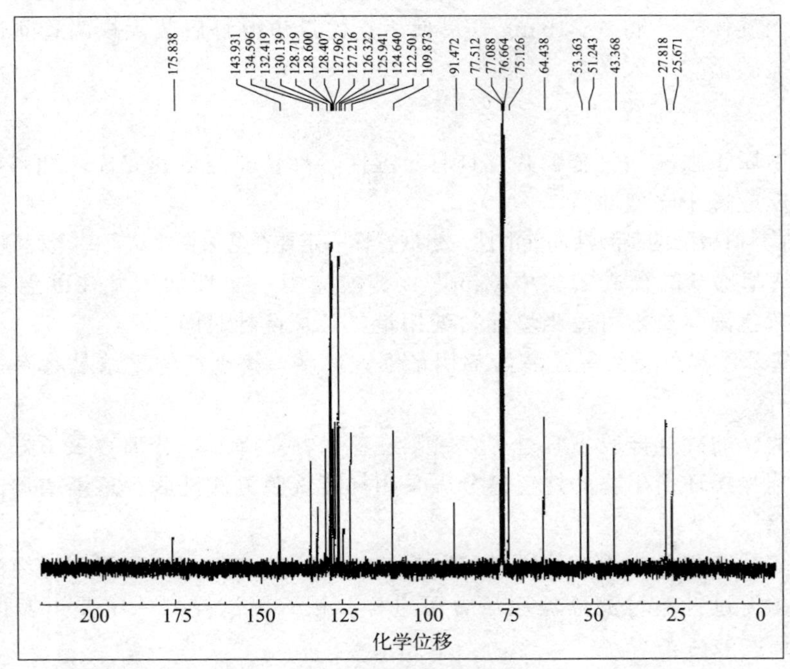

附图 2　氧化吲哚螺环衍生物的核磁共振碳谱（75 MHz，$CDCl_3$）

（核磁数据参考文献：Yaghoub Sarrafi et al. *Tetrahedron*，2021，67：1589-1597）

（肖军安编写）

附　　录

附录1　常用溶剂与试剂及其性质

溶剂名称	沸点(101.3kPa)/℃	溶解性	毒性
液氨	−33.35	特殊溶解性：能溶解碱金属和碱土金属	剧毒，腐蚀性
液态二氧化硫	−10.08	溶解胺、醚、醇、苯酚、有机酸、芳香烃、溴、二硫化碳，多数饱和烃不溶	剧毒
甲胺	−6.3	多数有机物和无机物的优良溶剂，液态甲胺与水、醚、苯、丙酮、低级醇混溶，其盐酸盐易溶于水，不溶于醇、醚、酮、氯仿、乙酸乙酯	中等毒性，易燃
二甲胺	7.4	有机物和无机物的优良溶剂，溶于水、低级醇、醚、低极性溶剂	强烈刺激性
石油醚		不溶于水，与丙酮、乙醚、乙酸乙酯、苯、氯仿及甲醇以上高级醇混溶	与低级烷相似
乙醚	34.6	微溶于水，易溶于盐酸，与醇、醚、石油醚、苯、氯仿等多数有机溶剂混溶	麻醉性
戊烷	36.1	与乙醇、乙醚等多数有机溶剂混溶	低毒
二氯甲烷	39.75	与醇、醚、氯仿、苯、二硫化碳等有机溶剂混溶	低毒，麻醉性强
二硫化碳	46.23	微溶于水，与多种有机溶剂混溶	麻醉性，强刺激性
丙酮	56.12	与水、醇、醚、烃混溶	低毒，类乙醇，但较大
1,1-二氯乙烷	57.28	与醇、醚等大多数有机溶剂混溶	低毒，局部刺激性
氯仿	61.15	与乙醇、乙醚、石油醚、卤代烃、四氯化碳、二硫化碳等混溶	中等毒性，强麻醉性
甲醇	64.5	与水、乙醚、醇、酯、卤代烃、苯、酮混溶	中等毒性，麻醉性
四氢呋喃	66	优良溶剂，与水混溶，能很好地溶解乙醇、乙醚、脂肪烃、芳香烃、氯化烃	吸入微毒，经口低毒
己烷	68.7	甲醇部分溶解，比乙醇高的醇、醚、丙酮、氯仿混溶	低毒，麻醉性，刺激性
三氟乙酸	71.78	与水、乙醇、乙醚、丙酮、苯、四氯化碳、己烷混溶	强腐蚀性
1,1,1-三氯乙烷	74	与丙酮、甲醇、乙醚、苯、四氯化碳等有机溶剂混溶	低毒类溶剂
四氯化碳	76.75	与醇、醚、石油醚、石脑油、冰醋酸、二硫化碳、氯代烃混溶	高毒
乙酸乙酯	77.112	与醇、醚、氯仿、丙酮、苯等大多数有机溶剂互溶，能溶解某些金属盐	低毒，麻醉性
乙醇	78.3	与水、乙醚、氯仿、酯、烃类衍生物等有机溶剂混溶	微毒类，麻醉性
丁酮	79.64	与丙酮相似，与醇、醚、苯等大多数有机溶剂混溶	低毒，毒性强于丙酮
苯	80.1	难溶于水，与甘油、乙二醇、乙醇、氯仿、乙醚、四氯化碳、二硫化碳、丙酮、甲苯、二甲苯、冰醋酸、脂肪烃等大多有机物混溶	高毒，一类致癌物
环己烷	80.72	与乙醇、高级醇、醚、丙酮、烃、氯代烃、高级脂肪酸、胺类混溶	低毒，中枢神经抑制作用

续表

溶剂名称	沸点(101.3kPa)/℃	溶解性	毒性
乙腈	81.6	与水、甲醇、乙酸甲酯、乙酸乙酯、丙酮、醚、氯仿、四氯化碳、氯乙烯及各种不饱和烃混溶,但不与饱和烃混溶	中等毒性,大量吸入蒸气,引起急性中毒
异丙醇	82.4	与乙醇、乙醚、氯仿、水混溶	微毒,类似乙醇
1,2-二氯乙烷	83.48	与乙醇、乙醚、氯仿、四氯化碳等多种有机溶剂混溶	高毒、致癌
乙二醇二甲醚	85.2	溶于水,与醇、醚、酮、酯、烃、氯代烃等多种有机溶剂混溶。能溶解各类树脂,还是二氧化硫、氯代甲烷、乙烯等气体的优良溶剂	低毒
三氯乙烯	87.19	不溶于水,与乙醇、乙醚、丙酮、苯、乙酸乙酯、脂肪族氯代烃、汽油混溶	一类致癌物
三乙胺	89.6	水中微溶,易溶于氯仿、丙酮,溶于乙醇、乙醚	易爆,皮肤黏膜刺激性强
丙腈	97.35	溶解醇、醚、DMF、乙二胺等有机物,与多种金属盐形成加成有机物	高毒性,与氢氰酸相似
庚烷	98.4	与己烷类似	低毒,刺激性、麻醉性
水	100	略	略
硝基甲烷	101.2	与醇、醚、四氯化碳、DMF 等混溶	麻醉性,刺激性
1,4-二氧六环	101.32	能与水及多数有机溶剂混溶,但溶解能力很强	微毒,强于乙醚 2~3 倍
甲苯	110.63	不溶于水,与甲醇、乙醇、氯仿、丙酮、乙醚、冰醋酸、苯等有机溶剂混溶	低毒类,麻醉作用
硝基乙烷	114	与醇、醚、氯仿混溶,溶解多种树脂和纤维素衍生物	局部刺激性较强
吡啶	115.3	与水、醇、醚、石油醚、苯、油类混溶,能溶多种有机物和无机物	低毒,皮肤黏膜刺激性
4-甲基-2-戊酮	115.9	能与乙醇、乙醚、苯等大多数有机溶剂和动植物油混溶	毒性和局部刺激性较强
乙二胺	117.26	溶于水、乙醇、苯和乙醚,微溶于庚烷	刺激皮肤、眼睛
丁醇	117.7	与醇、醚、苯混溶	低毒,大于乙醇 3 倍
乙酸	118.1	与水、乙醇、乙醚、四氯化碳混溶,不溶于二硫化碳及 C_{12} 以上高级脂肪烃	低毒,浓溶液毒性强
乙酸丁酯	126.11	优良有机溶剂,广泛应用于医药行业,还可以用作萃取剂	低毒
吗啉	128.94	溶解能力强,超过二氧六环、苯和吡啶,与水混溶,溶解丙酮、苯、乙醚、甲醇、乙醇、乙二醇、2-己酮、蓖麻油、松节油、松脂等	腐蚀皮肤,刺激眼结膜,蒸气引起肝、肾病变
氯苯	131.69	能与醇、醚、脂肪烃、芳香烃和有机氯化物等多种有机溶剂混溶	毒性低于苯,损害中枢神经系统
乙二醇一乙醚	135.6	与乙二醇一甲醚相似,但是极性小,与水、醇、醚、四氯化碳、丙酮混溶	低毒类,二级易燃液体
对二甲苯	138.35	不溶于水,与醇、醚和其他有机溶剂混溶	一级易燃液体
二甲苯	138.5~141.5	不溶于水,与乙醇、乙醚、苯、烃等有机溶剂混溶,乙二醇、甲醇、2-氯乙醇等极性溶剂部分溶解	一级易燃液体,低毒类
间二甲苯	139.1	不溶于水,与醇、醚、氯仿混溶,室温下溶解乙腈、DMF 等	一级易燃液体

续表

溶剂名称	沸点(101.3kPa)/℃	溶解性	毒性
乙酸酐	140	溶于氯仿和乙醚，缓慢地溶于水形成乙酸	易燃，有腐蚀性，有催泪性
邻二甲苯	144.41	不溶于水，与乙醇、乙醚、氯仿等混溶	一级易燃液体
N,*N*-二甲基甲酰胺	153	与水、醇、醚、酮、不饱和烃、芳香烃等混溶，溶解能力强	低毒
环己酮	155.65	与甲醇、乙醇、苯、丙酮、己烷、乙醚、硝基苯、石脑油、二甲苯、乙二醇、乙酸异戊酯、二乙胺及其他多种有机溶剂混溶	低毒类，有麻醉性，中毒概率比较小
环己醇	161	与醇、醚、二硫化碳、丙酮、氯仿、苯、脂肪烃、芳香烃、卤代烃混溶	低毒，无血液毒性、刺激性
N,*N*-二甲基乙酰胺	166.1	溶解不饱和脂肪烃，与水、醚、酯、酮、芳香族化合物混溶	微毒类
糠醛	161.8	与醇、醚、氯仿、丙酮、苯等混溶，部分溶解低沸点脂肪烃，无机物一般不溶	低毒，刺激眼睛，催泪
N-甲基甲酰胺	180～185	与苯混溶，溶于水和醇，不溶于醚	一级易燃液体
苯酚(石炭酸)	181.2	溶于乙醇、乙醚、乙酸、甘油、氯仿、二硫化碳和苯等，难溶于烃类溶剂，65.3℃以上与水混溶，65.3℃以下分层	高毒类，对皮肤、黏膜有强烈腐蚀性，可经皮吸收中毒
1,2-丙二醇	187.3	与水、乙醇、乙醚、氯仿、丙酮等多种有机溶剂混溶	低毒，吸湿
二甲亚砜	189	与水、甲醇、乙醇、乙二醇、甘油、乙醛、丙酮、乙酸乙酯、吡啶、芳烃混溶	微毒，对眼有刺激性
邻甲酚	190.95	微溶于水，能与乙醇、乙醚、苯、氯仿、乙二醇、甘油等混溶	参照甲酚
N,*N*-二甲基苯胺	193	微溶于水，能随水蒸气挥发，与醇、醚、氯仿、苯等混溶，能溶解多种有机物	抑制中枢神经系统和循环系统，可经皮肤吸收中毒
乙二醇	197.85	与水、乙醇、丙酮、乙酸、甘油、吡啶混溶，与氯仿、乙醚、苯、二硫化碳等难溶，对烃类、卤代烃不溶，溶解食盐、氯化锌等无机物	低毒类，可经皮肤吸收中毒
对甲酚	201.88	参照甲酚	参照甲酚
N-甲基吡咯烷酮	202	与水混溶，在低级脂肪烃中易溶	低毒
间甲酚	202.7	参照甲酚	与甲酚相似，参照甲酚
苄醇	205.45	与乙醇、乙醚、氯仿混溶，20℃在水中溶解3.8%(质量分数)	低毒，黏膜刺激性
甲酚	210	微溶于水，能于乙醇、乙醚、苯、氯仿、乙二醇、甘油等混溶	低毒类，腐蚀性，与苯酚相似
甲酰胺	210.5	与水、醇、乙二醇、丙酮、乙酸、二氧六环、甘油、苯酚混溶，几乎不溶于脂肪烃、芳香烃、醚、卤代烃、氯苯、硝基苯等	皮肤、黏膜刺激性，经皮肤吸收
硝基苯	210.9	几乎不溶于水，与醇、醚、苯等有机物混溶，对有机物溶解能力强	剧毒，可经皮肤吸收
乙酰胺	221.15	溶于水、醇、吡啶、氯仿、甘油、热苯、丁酮、丁醇、苄醇，微溶于乙醚	低毒
六甲基磷酸三酰胺	233(HMTA)	与水混溶，与氯仿络合，溶于醇、醚、酯、苯、酮、烃、卤代烃等	高毒
喹啉	237.1	溶于热水、稀酸、乙醇、乙醚、丙酮、苯、氯仿、二硫化碳等	中等毒性，刺激皮肤和眼

续表

溶剂名称	沸点(101.3kPa)/℃	溶解性	毒性
乙二醇碳酸酯	238	与热水、醇、苯、醚、乙酸乙酯、乙酸混溶，干燥醚、四氯化碳、石油醚、CCl_4 中不溶	低毒
二甘醇	244.8	与水、乙醇、乙二醇、丙酮、氯仿、糠醛混溶，与乙醚、四氯化碳等不混溶	微毒，经皮吸收，刺激性小
丁二腈	267	溶于水，易溶于乙醇和乙醚，微溶于二硫化碳、己烷	中等毒性
环丁砜	287.3	几乎能与所有有机溶剂混溶，除脂肪烃外能溶解大多数有机物	具有腐蚀性，可致人体灼伤
甘油	290	与水、乙醇混溶，不溶于乙醚、氯仿、二硫化碳、苯、四氯化碳、石油醚	无毒

附录 2　常用试剂配制方法

1. Jones 试剂

Jones 试剂（琼斯试剂）是三氧化铬、硫酸与水配成的水溶液。能将仲醇氧化成相应的酮，而不影响分子中存在的双键或叁键；也可氧化烯丙醇（伯醇）成醛。一般把仲醇或烯丙醇溶于丙酮或二氯甲烷中，然后滴入该试剂进行氧化反应，反应一般在低于室温的条件下进行。

配制方法为：在 500 mL 烧杯中用 75 mL 水溶解 25 g 三氧化铬。在冰浴下，慢慢滴加 25 mL 浓硫酸并大力搅拌。溶液的温度保持在 0～5℃。制备的试剂浓度约为 2.5 mol/L。此反应是放热反应，反应迅速，产率较高。

2. Lucas 试剂（盐酸-氯化锌溶液）

卢卡斯试剂（Lucas's reagent）是无水氯化锌溶于高浓度盐酸中所配成的一种溶液。这种溶液被用于鉴别低分子量的醇。反应中氯会取代短链醇中的羟基，生成不溶于水的氯代烷，呈现沉淀。

配制方法 1：将无水氯化锌在蒸发皿中加热熔融，稍冷后在干燥器中冷至室温，取出捣碎，称取 13.6 g 溶于 9 mL 浓盐酸中（溶解时有大量气体和热量放出），冷却后贮于试剂瓶中，塞紧瓶塞备用 。此法配制的卢卡斯试剂稳定性较差，放置时间短，使用时要求临时配制，实验效果不稳定且配制方法复杂。

配制方法 2：称取 5 g 锌粒，先用 5 mL 浓盐酸按 1∶1 比例配制成溶液，洗涤锌粒去掉氧化物，然后用干净滤纸条吸干。将锌粒放入 200 mL 烧杯中，把烧杯放在通风橱内，用量筒量取 40 mL 浓盐酸于烧杯中，此时锌粒溶解并有大量气体和热量放出，待锌粒完全溶解后，稍冷却转入 200 mL 试剂瓶中，再加入 60 mL 浓盐酸，塞紧瓶塞即得到盐酸氯化锌试剂。

3. 饱和亚硫酸氢钠溶液

向 100 mL 40%的亚硫酸氢钠溶液中加入 25 mL 无水乙醇。

4. Fehling 试剂

斐林试剂（Fehling reagent）是二价铜离子的酒石酸钾钠配合物，可以被脂肪醛或还原性糖还原为氧化亚铜。斐林试剂为深蓝色溶液，在与脂肪醛或还原性糖共热时，蓝色消失，析出红色的氧化亚铜沉淀。在氧化亚铜析出过程中，反应液的颜色可能经过由蓝色→绿色→黄色→红色沉淀的逐渐变化，反应较快时，直接观察到红色沉淀。

配制方法：0.1 g/mL NaOH（A 液）和 0.05 g/mL $CuSO_4$（B 液）。A 液配制方法是将

5 g 氢氧化钠和 13.7 g 酒石酸钾钠溶于 50 mL 蒸馏水中，贮存于棕色瓶中。B 液配制方法是将 3.5 g 结晶硫酸铜溶于 50 mL 水中混合均匀。

使用方法为将斐林试剂 A 液和 B 液等体积混合，再将混合后的斐林试剂倒入待测液，水浴加热或直接加热。

5. Tollens 试剂

托伦试剂（Tollens reagent）即银氨溶液，为弱氧化剂，可用来检验和定量测定有机物中含有的醛基，且不受酮的干扰。

配制方法为：取适量的 2 %硝酸银溶液加几滴 5 % NaOH，边摇边滴加 2 %的氨水，直到沉淀恰好溶解为止。

当向硝酸银中加氢氧化钠时，在 pH = 8 左右出现白色的氢氧化银沉淀。但此沉淀不稳定，会立即脱水而生成棕黑色的氧化银沉淀。

$$Ag^{+} + OH^{-} \longrightarrow AgOH\downarrow \text{（白色）}$$

$$2AgOH \longrightarrow Ag_2O\downarrow \text{（棕黑色）} + H_2O$$

$$Ag_2O + 4NH_3 + H_2O \longrightarrow 2[Ag(NH_3)_2]OH$$

托伦试剂需要现配现用，久置易析出具有爆炸性的黑色氮化银（Ag_3N）沉淀和雷酸银（AgONC）！

6. 碘-碘化钾试剂

取 2 g 碘和 5 g 碘化钾溶解于 100 mL 蒸馏水中。

7. 2,4-二硝基苯肼试剂

将 3 g 2,4-二硝基苯肼溶于 15 mL 浓硫酸中。将此酸性溶液慢慢加入 70 mL 95%乙醇中，再用蒸馏水稀释到 100 mL，过滤，滤液保存于棕色瓶中。

8. Schiff 试剂

Schiff 试剂又称品红醛试剂，其配制方法有多种。

配制方法 1：称取碱性品红 0.2 g 溶于 80℃热水中，加入 20 mL 100 g/mL 无水亚硫酸钠溶液和密度为 1.19 g/mL 盐酸 2 mL，加水稀释至 200 mL。放置 1 h，使溶液褪色并应具有强烈的二氧化硫气味（不褪色者，碱性品红不能用），贮于棕色瓶中，置于低温保存。

配制方法 2：称取碱性品红 0.2 g 溶于 100 mL 80℃热水中。溶解后冷却、过滤，加入 20 mL 10%亚硫酸钠水溶液，再加硫酸 2 mL 及适量蒸馏水，定容至 200 mL。试剂配制后放置 1 h 以上脱色后方可使用。

配制方法 3：将 0.5 g 对品红盐酸盐溶解于 100 mL 热水中，冷却后通入二氧化硫达到饱和，至粉红色消失，加入 0.5 g 活性炭，振荡、过滤，再用蒸馏水稀释至 500 mL。

9. Benedict 试剂

Benedict 试剂也叫本尼迪特试剂或班氏试剂，是一种浅蓝色化学试剂。配制方法：20 g 柠檬酸钠和 11.5 g 无水碳酸钠溶解于 100 mL 热水中。再取 2 g 结晶硫酸铜溶解在 20 mL 水中，缓慢地将该溶液加入至上述的柠檬酸钠和碳酸钠混合溶液中，当溶液不澄清时可过滤后再使用。本尼迪特试剂是斐林试剂的改良试剂，它与醛或醛糖反应生成红黄色沉淀。它是由硫酸铜、柠檬酸钠和无水碳酸钠配制成的蓝色溶液，可以存放备用而不易变质，避免斐林溶液必须现配现用的缺点。

10. α-萘酚乙醇试剂

将 10 g α-萘酚溶解于 95%乙醇中，再将上述溶液稀释至 100 mL。

11. 间苯二酚-盐酸试剂

将 0.05 g 间苯二酚溶解于 50 mL 浓盐酸内，再用水稀释至 100 mL。

附录 3　管制类化学品及其基本常识

公安部管制危险化学品包括：氧化剂、有毒物品、腐蚀品、压缩气体和液化气体、易燃或遇湿易燃物、易爆化学品和易制毒化学品。上述化学药品的采购、运输、保存和领用等都需要根据国家相关部门的规定和学校的规章制度执行。

易制毒化学品是指国家规定管制的可用于制造麻醉药品和精神药品的化学原料及配剂，包括可用于制造毒品的主要原料以及化学配剂。易制毒化学品既是工农业生产和人们日常生活中不可或缺的化工产品，也可以用来制造毒品。

随着国内外冰毒、“摇头丸”、“K 粉”（即氯胺酮）等人工合成毒品的发展蔓延，我国易制毒化学品流入非法渠道走私出境或被不法分子用于非法制造毒品问题日趋严重，给社会治安稳定和人民身体健康带来了严重危害。

结合国际国内禁毒形势，我国切实加强易制毒化学品的管理，对生产、经营、购买、运输和进口、出口易制毒化学品实行分类管理和许可制度，企业和个人必须取得相关部门的许可后方能从事易制毒化学品生产经营活动，易制毒化学品企业应当建立健全单位内部管理制度，严禁走私或者非法生产、经营、购买、转让、运输易制毒化学品，不得使用现金或者实物进行易制毒化学品交易。

易制毒化学品的分类和品种目录如下：

附表 1　第一类易制毒化学品目录

序号	药品名称	序号	药品名称
1	1-苯基-2-丙酮	11	麦角新碱*
2	3,4-亚甲基二氧苯基-2-丙酮	12	麻黄素、伪麻黄素、消旋麻黄素、去甲麻黄素、甲基麻黄素、麻黄浸膏、麻黄浸膏粉等麻黄素类物质*
3	胡椒醛	13	羟亚胺
4	黄樟素	14	邻氯苯基环戊酮
5	黄樟油	15	1-苯基-2-溴-1-丙酮
6	异黄樟素	16	3-氧-2-溴-1-丙酮
7	*N*-乙酰邻氨基苯酸	17	*N*-苯乙基-4-哌啶酮
8	邻氨基苯甲酸	18	4-苯胺基-*N*-苯乙基哌啶
9	麦角酸*	19	*N*-甲基-1-苯基-1-氯-2-丙胺
10	麦角胺*		

附表 2　第二类易制毒化学品目录

序号	药品名称	序号	药品名称
1	苯乙酸	7	1-苯基-1-丙酮
2	醋酸酐	8	α-苯乙酰乙酸甲酯
3	三氯甲烷	9	α-乙酰乙酰苯胺
4	乙醚	10	3,4-亚甲基二氧苯基-2-丙酮缩水甘油酸
5	哌啶	11	3,4-亚甲基二氧苯基-2-丙酮缩水甘油酯
6	溴素		

附表 3　第三类易制毒化学品目录

序号	药品名称	序号	药品名称
1	甲苯	5	硫酸
2	丙酮	6	盐酸
3	甲基乙基酮	7	苯乙腈
4	高锰酸钾	8	γ-丁内酯

说明：1. 第一类、第二类所列物质可能存在的盐类，也纳入管制。

2. 带有 * 标记的品种为第一类中的药品类易制毒化学品，第一类中的药品类易制毒化学品包括原料药及其单方制剂。

以上管制类易制毒化学品和其他易制爆化学品、有毒化学品等危险化学品必须经学校途径购买，不得私购！

附录 4　水的饱和蒸气压

温度 t/℃	饱和蒸气压 /kPa	温度 t/℃	饱和蒸气压 /kPa	温度 t/℃	饱和蒸气压 /kPa
0	0.61129	33	5.0335	66	26.163
1	0.65716	34	5.3229	67	27.347
2	0.70605	35	5.6267	68	28.576
3	0.75813	36	5.9453	69	29.852
4	0.81359	37	6.2795	70	31.176
5	0.87260	38	6.6298	71	32.549
6	0.93537	39	6.9969	72	33.972
7	1.0021	40	7.3814	73	35.448
8	1.0730	41	7.7840	74	36.978
9	1.1482	42	8.2054	75	38.563
10	1.2281	43	8.6463	76	40.205
11	1.3129	44	9.1075	77	41.905
12	1.4027	45	9.5898	78	43.665
13	1.4979	46	10.094	79	45.487
14	1.5988	47	10.620	80	47.373
15	1.7056	48	11.171	81	49.324
16	1.8185	49	11.745	82	51.342
17	1.9380	50	12.344	83	53.428
18	2.0644	51	12.970	84	55.585
19	2.1978	52	13.623	85	57.815
20	2.3388	53	14.303	86	60.119
21	2.4877	54	15.012	87	62.499
22	2.6447	55	15.752	88	64.958
23	2.8104	56	16.522	89	67.496
24	2.9850	57	17.324	90	70.117
25	3.1690	58	18.159	91	72.823
26	3.3629	59	19.028	92	75.614
27	3.5670	60	19.932	93	78.494
28	3.7818	61	20.873	94	81.465
29	4.0078	62	21.851	95	84.529
30	4.2455	63	22.868	96	87.688
31	4.4953	64	23.925	97	90.945
32	4.7578	65	25.022	98	94.301

续表

温度 t/℃	饱和蒸气压 /kPa	温度 t/℃	饱和蒸气压 /kPa	温度 t/℃	饱和蒸气压 /kPa
99	97.759	148	450.75	197	1458.5
100	101.32	149	463.10	198	1489.7
101	104.99	150	475.72	199	1521.4
102	108.77	151	488.61	200	1553.6
103	112.66	152	501.78	201	1568.4
104	116.67	153	515.23	202	1619.7
105	120.79	154	528.96	203	1653.6
106	125.03	155	542.99	204	1688.0
107	129.39	156	557.32	205	1722.9
108	133.88	157	571.94	206	1758.4
109	138.50	158	586.87	207	1794.5
110	143.24	159	602.11	208	1831.1
111	148.12	160	617.66	209	1868.4
112	153.13	161	633.53	210	1906.2
113	158.29	162	649.73	211	1944.6
114	163.58	163	666.25	212	1983.6
115	169.02	164	683.10	213	2023.2
116	174.61	165	700.29	214	2063.4
117	180.34	166	717.83	215	2104.2
118	186.23	167	735.70	216	2145.7
119	192.28	168	753.94	217	2187.8
120	198.48	169	772.52	218	2230.5
121	204.85	170	791.47	219	2273.8
122	211.38	171	810.78	220	2317.8
123	218.09	172	830.47	221	2362.5
124	224.96	173	850.53	222	2407.8
125	232.01	174	870.98	223	2453.8
126	239.24	175	891.80	224	2500.5
127	246.66	176	913.03	225	2547.9
128	254.25	177	934.64	226	2595.9
129	262.04	178	956.66	227	2644.6
130	270.02	179	979.09	228	2694.1
131	278.20	180	1001.9	229	2744.2
132	286.57	181	1025.2	230	2795.1
133	295.15	182	1048.9	231	2846.7
134	303.93	183	1073.0	232	2899.0
135	312.93	184	1097.5	233	2952.1
136	322.14	185	1122.5	234	3005.9
137	331.57	186	1147.9	235	3060.4
138	341.22	187	1173.8	236	3115.7
139	351.09	188	1200.1	237	3171.8
140	361.19	189	1226.1	238	3288.6
141	371.53	190	1254.2	239	3286.3
142	382.11	191	1281.9	240	3344.7
143	392.92	192	1310.1	241	3403.9
144	403.98	193	1338.8	242	3463.9
145	415.29	194	1368.0	243	3524.7
146	426.85	195	1397.6	244	3586.3
147	438.67	196	1427.8	245	3648.8

续表

温度 t/℃	饱和蒸气压/kPa	温度 t/℃	饱和蒸气压/kPa	温度 t/℃	饱和蒸气压/kPa
246	3712.1	289	7330.2	332	13187
247	3776.2	290	7438.0	333	13357
248	3841.2	291	7547.0	334	13528
249	3907.0	292	7657.2	335	13701
250	3973.6	293	7768.6	336	13876
251	4041.2	294	7881.3	337	14053
252	4109.6	295	7995.2	338	14232
253	4178.9	296	8110.3	339	14412
254	4249.1	297	8226.8	340	14594
255	4320.2	298	8344.5	341	14778
256	4392.2	299	8463.5	342	14964
257	4465.1	300	8583.8	343	15152
258	4539.0	301	8705.4	344	15342
259	4613.7	302	8828.3	345	15533
260	4689.4	303	8952.6	346	15727
261	4766.1	304	9078.2	347	15922
262	4843.7	305	9205.1	348	16120
263	4922.3	306	9333.4	349	16320
264	5001.8	307	9463.1	350	16521
265	5082.3	308	9594.2	351	16825
266	5163.8	309	9726.7	352	16932
267	5246.3	310	9860.5	353	17138
268	5329.8	311	9995.8	354	17348
269	5414.3	312	10133	355	17561
270	5499.9	313	10271	356	17775
271	5586.4	314	10410	357	17992
272	5674.0	315	10551	358	18211
273	5762.7	316	10694	359	18432
274	5852.4	317	10838	360	18655
275	5943.1	318	10984	361	18881
276	6035.0	319	11131	362	19110
277	6127.9	320	11279	363	19340
278	6221.9	321	11429	364	19574
279	6317.2	322	11581	365	19809
280	6413.2	323	11734	366	20048
281	6510.5	324	11889	367	20289
282	6608.9	325	12046	368	20533
283	6708.5	326	12204	369	20780
284	6809.2	327	12364	370	21030
285	6911.1	328	12525	371	21286
286	7014.1	329	12688	372	21539
287	7118.3	330	12852	373	21803
288	7223.7	331	13019	—	—

附录5 有机化学实验报告样式

实验名称	有机化学实验		实验项目名称		
班级		姓名		同组者	
日期		指导教师		成 绩	

一、实验目的与要求

二、实验原理

三、主要试剂及常数

四、实验装置图

五、实验步骤与现象记录

步骤 现象 备注

续表

六、数据处理

七、问题回答与总结

指导评语

姓名　　　　日期

附录6　英文缩写对照表

缩写	英文名	中文名
abs	absolute	绝对的
Ac	acetyl	乙酰基
AcCl	acetyl chloride	乙酰氯
AIBN	2,2′-azobis(2-methylpropionitrile)	偶氮二异丁腈
anh	anhydrous	无水的
aq	aqueous	溶液
Bn	benzyl	苄基
BnCl	benzyl chloride	氯化苄
Boc	*tert*-butyl oxycarbonyl	叔丁氧羰基
bp	boiling point	沸点
BQ	benzoquinone	苯醌
Bu	butyl	丁基
Bz	benzoyl	苯甲酰基

续表

缩写	英文名	中文名
CAN	diammonium cerium(Ⅳ) nitrate	硝酸铈铵
conc	concentrated	浓的
COD	1,5-cyclooctandiene	1,5-环辛二烯
Cp	cyclopentadiene	环戊二烯
CSA	camphorsulfonic acid	樟脑磺酸
Cy	cyclohexyl	环己基
DCC	dicyclohexylcarbodiimide	二环己基碳二亚胺
DCM	methylene chloride	二氯甲烷
DCE	1,2-dichloroethane	1,2-二氯乙烷
DEA	diethylamine	二乙胺
DEAD	diethyl azodicarboxylate	偶氮二甲酸二乙酯
DHP	3,4-dihydropyran	3,4-二氢-2*H*-吡喃
DMAP	4-dimethylaminopyridine	4-二甲氨基吡啶
DIAD	diisopropyl azodicarboxylate	偶氮二甲酸二异丙酯
DIPEA	*N*,*N*-diisopropyl ethylamine	*N*,*N*-二异丙基乙胺
DMF	*N*,*N*-dimethylformamide	*N*,*N*-二甲基甲酰胺
DMSO	dimethyl sulfoxide	二甲基亚砜
DBU	1,8-diazabicyclo[5.4.0]undec-7-ene	1,8-二氮杂双环[5.4.0]十一碳-7-烯
DABCO	1,4-diazabicyclo[2.2.2]octane	三乙烯二胺
dr	diastereoselective ratio	非对映体选择性比例
EDA	ethyl diazoacetate	重氮乙酸乙酯
Et	ethyl	乙基
EtOAc	ethyl acetate	乙酸乙酯
Fmoc	9-fluorene methoxycarbonyl	9-芴甲氧羰基
ee	enantiomeric excess	对映体过量值
er	enantioselective ratio	对映体选择性比例
(g)	gas	气态
HMPA	hexamethylphosphoric triamide	六甲基磷酰三胺
HOBt	1-hydroxybenzotriazole	1-羟基苯并三唑
HOAc	acetic acid	乙酸
KHDMS	potassium bis(trimethylsilyl)amide	双(三甲基硅基)氨基钾
i-	*iso*-	异
liq	liquid	液体
LHDMS	lithium bis(trimethylsilyl)amide	双(三甲基硅基)氨基锂
(l)	liquid	液态
m. p.	melting point	熔点
MOMCl	chloro(methoxy)methane	氯甲基甲醚
MTBE	methyl *tert*-butyl ether	甲基叔丁基醚
MsCl	methyl sulfonyl chloride	甲基磺酰氯
Ms	methyl sulfonyl	甲磺酰基
m-	*meta*-	间位
Me	methyl	甲基
NBS	*N-bromosuccinimide*	*N*-溴代丁二酰亚胺
NCS	*N*-chlorosuccinimide	*N*-氯代丁二酰亚胺
NMO	*N*-methyl morpholine-*N*-oxide	*N*-甲基氧化吗啉
NMP	*N*-methyl pyrrolidone	*N*-甲基吡咯烷酮
o-	*ortho*-	邻位
p-	*para*-	对位
PCC	pyridinium chlorochromate	氯铬酸吡啶盐
PIDA	phenyliodine(Ⅲ)diacetate	二乙酸碘苯

续表

缩写	英文名	中文名
Piv	pivalic acyl	叔戊酰基
Ph	phenyl	苯基
i-Pr	isopropyl	异丙基
PTSA	*p*-toluene sulfonic acid	对甲苯磺酸
pdt	product	产物
rac	racemic	消旋体
rr	regioselectivity ratio	区域选择性比例
(s)	solid	固态
SDS	sodium dodecyl sulfonate	十二烷基磺酸钠
TEA	triethylamine	三乙胺
TBS	*tert*-butyl dimethyl silyl	叔丁基二甲基硅基
TMS	trimethylsilyl	三甲基硅基
TBHP	*tert*-butyl hydroperoxide	过氧化叔丁醇
THF	tetrahydrofuran	四氢呋喃
TBAF	tetrabutylammonium fluoride	四丁基氟化铵
TBAB	tetrabutylammonium bromide	四丁基溴化铵
TCCA	trichloroisocyanuric acid	三氯异氰尿酸
TEMPO	2,2,6,6-tetramethylpiperidine 1-oxyl	2,2,6,6-四甲基哌啶氧化物
TfOH	methyl sulfonic acid	甲基磺酸
TFA	trifluoroacetic acid	三氟乙酸
TIPS	triisopropylsilyl	三异丙基硅基
TMEDA	*N*,*N*,*N'*,*N'*-tetramethyl ethylenediamine	*N*,*N*,*N'*,*N'*-四甲基乙二胺
TMG	tetramethylguanidine	四甲基胍
TPP	triphenylphosphine	三苯基膦
TPP	tetraphenylporphyrin	四苯基卟啉
Ts	*p*-toluene sulfonyl	对甲苯磺酰基
vac	vacuum	真空

(附录1、3、4由杜娟编写;附录2、5、6由肖军安编写)

参考文献

[1] 曾和平，王辉，李兴奇，等．有机化学实验［M］．5 版．北京：高等教育出版社，2020.

[2] 朱文，肖开恩，陈红军，等．有机化学实验［M］．2 版．北京：化学工业出版社，2021.

[3] 谷亨杰，刘妙昌，丁金昌，等．有机化学实验［M］．3 版．北京：高等教育出版社，2017.

[4] 肖玉梅，袁德凯．有机化学实验［M］．北京：化学工业出版社，2018.

[5] 苟绍华，段文猛，马丽华．有机合成化学实验［M］．北京：化学工业出版社，2018.

[6] 刘路，张俊良，肖元晶．现代有机化学实验［M］．上海：华东师范大学出版社，2019.

[7] 王玉良，陈静蓉，郑学丽．有机化学实验［M］．北京：科学出版社，2020.

[8] 李英，邵莺．有机化学实验［M］．南京：南京大学出版社，2021.

[9] Jonathan Clayden，Nick Greeves，Stuart Warren. Organic Chemistry［M］．Oxford：Oxford University Press，2011.

[10] 李景宁，杨定乔，潘玲，等．有机化学［M］．6 版．北京：高等教育出版社，2018.

[11] 徐伟亮．有机化学［M］．3 版．北京：科学出版社，2015.

[12] 王积涛，王永梅，张宝申，等．有机化学［M］．3 版．天津：南开大学出版社，2009.